F. Loewinson Lessing

Petrographisches Lexikon

Repertorium der petrographischen Termini und Benennungen

F. Loewinson Lessing

Petrographisches Lexikon
Repertorium der petrographischen Termini und Benennungen

ISBN/EAN: 9783743422261

Manufactured in Europe, USA, Canada, Australia, Japa

Cover: Foto ©berggeist007 / pixelio.de

Manufactured and distributed by brebook publishing software (www.brebook.com)

F. Loewinson Lessing

Petrographisches Lexikon

Petrographisches Lexikon.

Repertorium

der

petrographischen Termini und Benennungen.

Zusammengestellt

von

F. Loewinson-Lessing

Professor der Geologie und Mineralogie an der Universität Jurjew (Dorpat).

Gedruckt als Beilage zu den Sitzungsberichten der Naturforscher-Gesellschaft vom Jahre 1893.

——⊱—+·▓·+—⊰——

Jurjew.

Druck von C. Mattiesen.

1893.

Vorwort.

Bei der grossen und täglich wachsenden Zahl der in der Petrographie gebräuchlichen Benennungen und Bezeichnungen erschien mir ein kurzes Repertorium derselben als wünschenswerth. In meinen Mussestunden stellte ich das vorliegende Lexikon zusammen in der Hoffnung, dass es als Nachschlagebuch, sowohl Petrographen als auch Nichtspecialisten, dienen könnte. Bei jeder Benennung oder Bezeichnung ist ihre jetzige und ursprüngliche Bedeutung erklärt, nach Möglichkeit auch der Autor und die Synonymik angegeben. Ganz veraltete Bezeichnungen sind weggelassen, ebenso wie auch viele solche Benennungen, die von selbst begreiflich sind, z. B. Varietäten von Gesteinen, gekennzeichnet durch einen Nebengemengtheil, dessen Name an die Benennung der Gesteinsart angesetzt wird. Ich habe mich bemüht um die Vollständigkeit des Lexikons, doch ist es gewiss nicht frei von Lücken, die vielleicht in einem Supplement ausgefüllt werden könnte; alle Hinweise auf solche Lücken oder Irrthümer nehme ich mit grossem Dank an.

Für werthvolle Literaturnachweise und andere Auskünfte spreche ich meinen herzlichsten Dank aus den Herren Professoren: W. B r ö g g e r (Kristiania), J. G o s s e l e t (Lille), J. P i o l t i (Turin), A. S t e l z n e r (Freiberg) und insbesondere E. C o h e n (Greifswald) und E. K a l k o w s k y (Jena).

F. L.

Um Wiederholungen zu vermeiden, sind die sehr oft citirten Werke nicht im Text genannt; falls nicht speciell etwas Anderes citirt ist, wird bei den betreffenden Autoren auf ihre grossen Werke verwiesen; dieses bezieht sich auf:

Hauy. Traité de Minéralogie, IV. 1822. 2. Aufl.

A. Brongniart. Classification et caractères minéralogiques des roches homogènes et hétérogènes. 1827. Journ. d. M. XXXIV, 31.

K. v. Leonhard. Charakteristik der Felsarten. 1823.

F. Senft. Classification und Beschreibung der Felsarten. 1857.

B. v. Cotta. Die Gesteinslehre. 1862. II. Aufl.

A. v. Lasaulx. Elemente der Petrographie. 1875.

E. Kalkowsky. Elemente der Lithologie. 1886.

F. Zirkel. Lehrbuch der Petrographie. 1866.

H. Rosenbusch. Mikroskopische Physiographie der Mineralien und Gesteine. II. Massige Gesteine. 1887. II. Aufl.

E. Renevier. Classification pétrogenique. 1882.

W. Brögger. Die Mineralien der Syenitpegmatitgänge der südnorwegischen Augit- und Nephelinsyenite. II. Theil. Z. f. Kr. 1890. XVI.

A. Törnebohm. Die wichtigeren Diabas- und Gabbroarten Schwedens. N. J. 1877, pag. 258.

C. Naumann. Lehrbuch der Geognosie. 1849—1854.

A. Inostranzew. Studien über die metamorphosirten Gesteine im Gouv. Olonetz. 1879.

C. Gümbel. Grundriss der Geologie. 1886.

O. Lang. Versuch einer Ordnung der Eruptivgesteine nach ihrem chemischen Bestande. — T. M. P. M. 1891. XII.

P. Cordier. Distribution méthodique des substanzes volcaniques dites en masse. Journ. d. Mines. 1816.

St. Meunier, Guide dans la collection de météorites du Muséum d'Histoire Naturelle. 1882.

Abkürzungen für die Titel der Zeitschriften:

N. J. — Neues Jahrbuch für Mineralogie, Geologie und Paläontologie (seit der Begründung).

Z. f. K. — Zeitschrift für Krystallographie und Mineralogie. Herausgegeben von P. Groth.

T. M. P. M. — Tschermak's Mineralogische und Petrographische Mittheilungen.

A. d. M. Annales des Mines.

C.-R. — Comptes-rendus hebdomadaires des séances de l'Académie des sciences.

B. S. G. — Bulletin de la Société Geologique de France.

Z. d. g. G. — Zeitschrift der deutschen geologischen Gesellschaft.

J. g. R. — Jahrbuch der K. K. geologischen Reichsanstalt.

Geol. Mag. — The geological Magazine. Herausgegeben von Woodward.

Am. J. — The American Journal of Science and Arts.

Q. J. — The Quarterly Journal of the geological Society of London.

A.

Aasby - Diabas — nennt Törnebohm (Om Sveriges vigtigare
Diabas- och Gabbro-arter. K. Svensk. Vetensk. Akad. Förhandl. 1877. XIV, № 13) einen Olivindiabas ohne chloritischen Gemengtheil; er besteht aus Labradorit, Augit,
Olivin, Ilmenit, Biotit und Apatit. *Absarokit (Iddings) Lamprophyrgran*

Absonderung — eine durch regelmässige Systeme von Spalten *leucit O.*
(Folge der Contraction bei der Erstarrung, oder dem Fest- *Gest. von*
werden, oder dem Austrocknen) bedingte innere Zerklüftung *boidem l*
der Gesteine.

Absonderungsspalten = Leptoklasen.

Abyssische Gesteine — nennt Brögger die Tiefengesteine.

Accessorische Bestandmassen — von der Gesteinsmasse abweichende, für das Gestein nicht nothwendige, Mineral-
aggregate und Gebilde, wie Einschlüsse, Secretionen, Concretionen, Versteinerungen u. dgl.

C. Naumann — I, p. 403.

Accessorische Gemengtheile — sind solche, deren Anwesenheit für die Artbestimmung des Gesteins nicht nothwendig
ist, bei deren Wegbleiben das Gestein doch seinen Spe-
ciesnamen behält.

Achates Islandicus = Obsidian.

Acidite — Cotta's Sammelname für die sauren Eruptivgesteine
(N. J. 1864, p. 824), d. h. solche, die viel Kieselsäure
enthalten. Siehe saure Gest.

Adelogen (adelogène) — nannte Hauy ursprünglich die thonigen Gesteine, da sie nicht aus definirbaren Mineralspecies bestehen sollten. Jetzt ist der Ausdruck synonymisch
mit aphanitisch, kryptomer etc.; Bezeichnung für Gesteine,
deren Gemengtheile mit blossem Auge nicht unterschieden
werden können.

Adergneiss — nennt Sederholm die schon von Durocher beschriebenen Gneisse, Glimmerschiefer etc., die so innig
von einem Netzwerk von Granit in schmalen Gängen und

Adern durchsetzt sind, dass man die beiden heterogenen
Gemengtheile nicht mehr von einander unterscheiden kann.
„Symplektische Vermengung", wie beim Kalkschiefer.

Adern — von mineralischer Substanz ausgefüllte Risse und
Spalten in Mineralien und Gesteinen; secretionäre Ausfüllungsmassen, die bei grösseren Dimensionen als Gänge
bezeichnet werden. Syn. Trümmer.

Adiagnostisch — nennt Zirkel das Gefüge derjenigen krystallinischen Gesteine, deren einzelne Elemente nicht mehr erkennbar sind; es entspricht dem „kryptokrystallinisch"
anderer Autoren.

F. Zirkel. Petrogr. 1893, I, pag. 454.

Adinole — grau- bis gelblich - weisse dichte kieselschieferähnliche, hauptsächlich aus Quarz und Albit bestehende,
Contactgesteine, aus Schiefern im Contact mit Diabasen
entstanden. Bei deutlich schiefrigem Gefüge werden sie
Adinolschiefer genannt.

Hausmann. Mineralogie. 1847, I, 654.

Lossen. Z. d. g. G., 1867, XIX, 572.

Adinolschiefer — siehe Adinol.

Adlersteine — Concretionen von Eisenoxydhydrat in Sandsteinen.

Adulargneiss — Gneiss aus den Alpen (z. B. S. Gotthard)
mit Adular statt Orthoklas.

Adulargranit — Granit der Alpen mit Adular an Stelle des
Orthoklas.

Adularprotogin — Protogingranit (siehe dieses Wort) mit
Adular an Stelle des Orthoklas.

Aeolisch — nennt man Ablagerungen, die durch Wind und
Luftströmungen zusammengehäuft und abgesetzt werden,
wie der Löss. Syn. Aerogen, Atmogen.

Aegirinditroitschiefer — nennt Brögger (p. 112) schiefrige Aegi-
rinditroite mit Protoklasstructur.

Aerogen = Aeolisch = Atmogen — Gesteine, die, wie der
Löss, durch Windwehen angehäuft werden.

Aerolith — ist bald synonym mit Meteorit, bald gleichbedeutend mit Steinmeteorit.

Aëro-Siderolit — siehe Siderolith (Maskelyne).

Aetnabasalt — nennt Lang denjenigen Gesteinstypus, der 50 %
Kieselsäure, mehr Kalk als Alkalien und unter diesen
mehr Natron als Kali enthält.

Aftergranit — nannten ältere Schriftsteller bald Sandsteine,
bald solche Granite, in welchen einer der wesentlichen

Gemengtheile fehlt oder durch einen andern vertreten wird. Siehe Halbgranit, Granitell.

Afterkrystalle = Pseudomorphosen.

Agalysisch — nennt Brongniart die, wie er glaubte, durch Auflösung und Krystallisation gebildeten Gesteine (krystallinische Schiefer ?).

Agglomeratlaven — nannte Reiss (Fritsch und Reiss, Geol. Beschreib. d. Ins. Tenerife, 415), solche Laven, die Bruchstücke einer anderen oder früher verfestigten Lava eingeschmolzen enthalten und zu den sog. vulkanischen Reibungsbreccien gehören.

Agglomerattuffe — sind die eigentlichen, durch Anhäufung und Cementirung loser vulkanischerAuswürflinge gebildeten,Tuffe.

Aggregate — nennt man die Erscheinungsweise der Mineralien in Gruppen. In Gesteinen sind es oft richtungslos aneinandergeordnete Gemengtheile der Gesteine, die demzufolge sogenannte Aggregatpolarisation besitzen.

Aggregationsformen — nennt man (seit Naumann) die verschiedenen durch das Zusammentreten von vielen Individuen bedingten Gruppirungen der Minerale.

Aggregirte Gest. (roches agrégées) — nannte Brongniart (J. d. M. XXXIV. 31) die klastischen Gesteine. Syn. Collate G., Anhäufungsgest., klastische Gest., klastogene G.

Aiglite — schlug Stan. Meunier (Coll. d. Météor. 1882) vor die Meteorite vom Typus des Met. L'Aigle zu nennen.

Akerite — nennt Brögger quarzführende Augitsyenite: es sind krystallinisch-körnige Gesteine, die neben Orthoklas reichlich Plagioklas, dann dunklen Glimmer (vorherrschend), diopsidähnlichen Augit und Quarz enthalten.

W. Brögger, Miner, d. südnorweg. Nephelinsyenite. Allg. Th., p. 45. — Z. f. K., 1890. XVI.

Akmit-Trachyte — nannte Mügge (Petrogr. Untersuch. an Gesteinen von den Azoren. N. J., 1883, II, 189) phonolitähnliche holokrystalline Trachyte. deren pyroxenischer Gemengtheil Akmit oder Aegirin (und Cossyrit ?) ist und der Feltspath wohl meistens Anorthoklas.

Aktinolith-Chloritschiefer — nach Inostranzeff (p. 46)an Aktinolith und Quarz reicher Chloritschiefer mit Epidot, Eisenglanz und Biotit als accessorische Gemengtheile.

Aktinolithgestein — nannte Inostranzeff (p. 119) metamorphische aus Dioriten hervorgegangene Gesteine, die wesentlich aus Aktinolithmikrolithen und feinen Quarzkörnern, mit verschiedenen Beimengungen, bestehen.

Aktinolithperidotit — ist eine Abart von Amphibolpikrit (Hornblendepikrit) mit faseriger Hornblende.

Aktinolithserpentin — ist zu Serpentin umgewandelter Aktinolithperidotit, der in einer serpentinösen Masse Aktinolithaggregate enthält.

Aktinolithphyllit — Phyllit mit wesentlichem Aktinolithgehalt.

Aktinolithschiefer = Strahlsteinschiefer — Abart des Hornblendeschiefers; dickschieferiges Aggregat von graugrünem bis lauchgrünem Strahlstein in dünnstengeligen und faserigen Individuen, gewöhnlich mit Beimengung von etwas Feldspath und Quarz.

> *Reuss*, Strahlsteinschiefer von Klausen. N. J., 1840, 47.

Alabaster — ist feinkörniger weisser, etwas durchscheinender, Gyps.

Alabradorite — nennt Senft diejenigen gemengten krystallinischen Gesteine (zu denen er aber auch Itacolumit, Gneiss, Glimmerschiefer etc. rechnet) die keinen Labrador, sondern Alkalifeldspath und meist Quarz enthalten.

Alaunerde = Alaunthon — mit feinen Theilchen von Eisenkies und Bitumen (daher schwärzlich-grau bis schwarz) imprägnirter, zur Alaunfabrication geeigneter, Thon.

> *H. Müller*, Journ. f. pract. Chem., LIV, 1853, pag. 257.
> Z. d. g. G. IV. 342, 345. 442.

Alaunerz = Alaunerde.

Alaunfels — siehe Alaunschiefer.

Alaunschiefer — stark von kohligen Substanzen durchdrungener und reichlich mit Eisenkies imprägnirter schwarzer Thonschiefer (geht über in Brandschiefer).

> *O. Erdmann*, Journ. f. techn. Chem. XIII, 1832, p. 114.

Alaunstein — weissliche, gelbliche oder röthlich-graue Masse von bald erdiger und weicher, bald feinkörniger oder dichter Beschaffenheit — im wesentlichen ein mit Alunit gemengter Trachyttuff oder Bimsteintuff (oft wohl auch zersetzter Trachyt). Syn. Alaunfels, Tolfa, Aluminit. Alunit.

Alaunthon — siehe Alaunerde.

Albâtre calcaire — siehe Kalkalabaster.

Alben = Travertino = Kalktuff.

Alberese — kalkige Gesteine des italienischen Eocäns.

Alberino = Alberese.

Albertit (Albert-Kohle) — bituminöse Kohle, muschlig brechend, schwarz, in Adern des bituminösen Culmschiefers, bei Hilsborough, Albert Co. (Neubraunschweig).

> *How*, Am. Journ. 1860, XXX. 78.

Albitdolomit — dunkle Dolomite der Pyrenäen und Savoyen mit Albiteinsprenglingen.

Albite phylladifère — ist eine Abart der Porphyroide.
De Lavallée Poussin und *Renard*, Mém. sur les roches plutoniennes de l'Ardenne. 1879.

Albitgneiss — Gneiss, dessen Feldspathgemengtheil Albit ist.

Albitliparit — nennt Rosenbusch (p. 528) die Liparite, die vorwiegend Albit, und nicht Sanidin, als porphyrartige Einspringlinge führen. — Syn. Natronliparit.

Albitphyllit — Abart von Feldspathphyllit.

Albitporphyroide — sind solche Porphyroide, die neben Quarz reichlich Albitsteinsprenglinge enthalten.

Albitschiefer — Metamorphische Schiefergesteine, wo sich secundär aus klastischen Elementen Albit herausgebildet hat.
J. Wolff: Metamorphism of clastic feldspar in conglomerate schist. Bull. Mus. Comp. Zool. XVI, 173. 1891.

Alios — in sandigen Ebenen auftretender dunkelbrauner Sandstein, gebildet durch die Cementirung von Quarzkörnern, vermittelst von oben infiltrirter organischer Substanz und Eisenhydroxyd. Syn. Ortstein. *Alialinik (Rosenb.) Übergang von*
Faye, C.-R. 1870, 25/VII. *gabbro zu Summenlamprobrobit.*

Allgovit — nach *G. Winkler* (N. J. 1859, 641) dunkelgraue oder röthliche aus Labrador, Augit und Magneteisen bestehende Gesteine aus dem Allgäu: Gümbel hielt sie (Geogn. Beschr. d. Alpensystems, 186) für Melaphyre. Wahrscheinlich z. Th. Augitporphyrite, z. Th. Melaphyre.

Allochromatisch — heissen Mineralien, die ihre Färbung einem Pigment. einer fremden Substanz, verdanken.

Allochthon — nennt man manchmal den durch Ablagerung von pflanzlichem Detritus in Sümpfen, Seen, Teichen entstehenden Torf.

Allöosologie der Gesteine — nennt Naumann die Lehre von den Umwandlungen der Gesteine.
C. Naumann, Geogn., I, p. 417 u. 749. 1849.

Allogen — siehe allothigen.

Alloite — nannte Cordier die schwach cementirten weissen und gelben vulkanischen Tuffe (vom Typus der Bimsteintuffe).

Allomorph = Xenomorph.

Allothigen — Kalkowsky's Bezeichnung für die ursprünglichen, bei der Krystallisation des Gesteins entstandenen, Gemengtheile.
E. Kalkowsky, N. J. 1880, I, p. 4.

Allotriomorph — nennt Rosenbusch diejenige Ausbildungsform der gesteinsbildenden Mineralien, wenn ihre äussere Umgrenzung durch andere Ursachen als die eigene Molecularordnung bedingt ist, d. h. wenn sie keine äussere krystallographische Umgrenzung besitzen. Syn. Xenomorph.
H. Rosenbusch, Mass. Gest. 1887. p. 11.

Alm — ist Torfmergel, d. h. ein Mergel (auch Kalktuff) mit mehr oder weniger Gehalt an organischer Substanz.

Alnöit — den Melilithbasalten analoge Ganggesteine; von Törnebohm (Melilithbasalt från Alnö.— Geol.Fören. i. Stockh. Förhnel. 1882, VI, 240) bei Alnö im Elaeolithsyenit entdeckt. Benennung von *H. Rosenbusch*, Mass. Gest., 1887, p. 805.

Alpengranit — nannte Studer den von Jurine als Protogingranit bezeichneten talkhaltigen Granit der Alpen.
Studer, Geologie der Schweiz. I, 286.

Alteruptive Gesteine — nennt man alle vortertiären eruptiven Gesteine. Syn. z. Th. — palaeovulkanisch.

Aluminit = Alaunstein.

Alum-shale — siehe Alaunschiefer.

Alunit = Alaunstein.

Amas — siehe Stock.

Amausit = Granulit.

Ambre — siehe Bernstein.

Amiatit — von O. Lang in seinem chemischen System der Eruptivgesteine als Typus derjenigen Gesteine der Alkalien-Vormacht, wo die Menge des Kali grösser als die des Natrons und auch als die des Kalkes ist, aufgestellt. Das Verhältniss $CaO_1 : Na^2O : K^2O = 1,1 : 1 : 1,8$. (Hierher gehören Dacite, Trachyte).
H. O. Lang, Versuch einer Ordnung der Eruptivgesteine nach ihrem chemischen Bestande. — T. M. P. M. 1891, XII, 3, p. 226.

Amorph — bedeutet Structurlosigkeit: es ist der Gegensatz von Krystallin; für Mineralien und Gesteine gebräuchlich.

Ampélite alumineux — siehe Alaunschiefer.

Ampélite graphique — siehe Zeichenschiefer.

Amphibol-Adinol — mikrokrystallines Gemenge von Quarz und Plagioklas nebst etwas Hornblende, Epidot und Magneteisen. Metamorphisches Schiefergestein.

Amphibol-Adinolschiefer — gehört zu den Hornblendeschiefern; grünlich-grau, dicht oder feinkörnig; dünne Lagen von dunkelgrünem Epidot-Amphibolschiefer wechseln mit hellem Amphibol-Adinol ab. Syn. Felsitschiefer, Hornschiefer.

Amphibolandesite — sind Andesite, deren gefärbter Gemengtheil ausschliesslich oder stark vorwiegend Hornblende ist.

Amphiboleklogit — siehe Eklogit.

Amphibolgabbro — nannte Howitt (The diorites and granites of Swift Creek etc. 1879, Royal Society of Victoria, Melbourn) ein zu den Peridotiten gehörendes mit dem Schillerfels identisches und aus Olivin, Amphibol, Hyperthen, Diallag und etwas Biotit bestehendes Gestein.

Amphibolgesteine — allgemein umfassender Ausdruck für Gesteine mit wesentlichem Amphibolgehalt (ungeachtet der Structur und Entstehungsart).

B. v. Cotta, Die Gesteinslehre. 1862.

Amphibolgranit — siehe Hornblendegranit.

Amphibolgranitit — nennt Rosenbusch (Mass. Gest. 1887, p. 32) Biotitgranite mit wesentlichem Amphibolgehalt.

Amphibolgrünstein (Senft) = Amphibolit (Senft).

Amphibolit — körniges oder schieferiges Aggregat von dunkelgrüner bis schwarzer Hornblende oder lauchgrünem Strahlstein. Unter dieser Bezeichnung haben verschiedene Autoren metamorphisirte Diabase, Gabbro und Diorite, aus Hornblende und Quarz bestehende Schiefer und ursprüngliche Hornblendegesteine bezeichnet. Syn. Hornblendegestein, Hornblendeschiefer.

Amphibolite — umfassen bei Senft die körnigen porphyrischen und schieferigen gemengten Amphibolgesteine, also Diorite, Porphyrite, Epidosite.

Amphibolitschiefer — besser Hornblendeschiefer, nennt man schieferige Hornblendegesteine, also schieferige Amphibolite die oft verschiedene accessorische Gemengtheile enthalten. Siehe auch Strahlsteinschiefer.

Amphibolitische Schiefer (oder schieferige Amphibolite) — sind schieferige und faserige dynamometamorphe Diabase und Gabbro mit zu Hornblende verwandeltem Augit oder Diallag. Syn. Flaserdiabase, Flasergabbro.

Amphibolitserpentin — nennt Kalkowsky (Elem. d. Lithol. 1886. p. 209) aktinolithische Amphibolite, deren Amphibol zu Serpentin verwandelt ist und dadurch das Gestein zu einem Serpentin macht.

Amphibolmagneteisenstein.

Amphiboloide = Diorit.

Amphibol-Olivinfels — aus Strahlstein und Olivin, mit verschiedenen accessorischen Gemengtheilen, bestehender Peridotit. Siehe Cortlandit. — *Becke*, T. M. P. M. 1882, IV, p. 337.

Amphibolorthophonit (Lasaulx) = Foyait.

Amphibol-Orthophyr — nennt Rosenbusch (Mass. Gest. 1887, 428) diejenigen, den Amphiboltrachyten entsprechenden, quarzfreien Porphyre, deren pyroxenischer Gemengtheil ausschliesslich oder überwiegend Hornblende ist.

Amphiboloschiste = Hornblendeschiefer.

Amphibolpikrit — ist Bonney's Benennung (On a boulder ot Hornblende - Picrite near Pen-y-Carsiniog. R. J. 1881. XXXVII, 137) für die zuerst von Howitt (The diorites and granites of Swifts Creek and their contact zones with notes on the auriferous deposits. 1889) beschriebenen Peridotite. die bei massiger Beschaffenheit wesentlich aus Olivin und Hornblende bestehen. — Syn. Hudsonit part., Cortlandit.

Amphibolporphyrit = Hornblendeporphyrit.

Amphibolvogesit — lamprophyrische Ganggesteine, die wesentlich aus Orthoklas und Hornblende bestehen. Siehe Vogesit.

Amphilogitschiefer — zartschuppiger grünlichweisser Glimmerschiefer vom Zillerthal in Tyrol.
> *Schafhäutl*, Ann. d. Chem. u. Pharm. 1843, XLVI. p. 332, 335.

Amphisylenschiefer — siehe Klebschiefer.

Amphogen — nennt Loewinson - Lessing ("Die Gesteine", in Brockhaus' und Efron's Conversationslexikon, 1893, XVIII) diejenigen Sedimentgesteine, die z. Th. organischen, z. Th. anorganischen Ursprungs sind und eine Zwischenstellung zwischen organogenen und anorganogenen Sedimenten einnehmen, wie einige Kalk- und Kieselgesteine, Tiefseeschlamm etc.

Amphoterer grauer Gneiss — bei der früheren strengen Unterscheidung zwischen saurem und neutralem (rothem und grauem) Gneiss benannte so Müller Mittelgesteine mit 68—70 % Kieselsäure. Syn. Mittelgneiss.
> *H. Müller*, Rother und grauer Gneiss. N. J. 1850. p. 592.

Amphoterer Granit.

Amphoterit — ist Tschermak's Bezeichnung (Sitz.-Ber. Wien. Akad. 1883, I, 88, p. 363) für Steinmeteorite, die wesentlich aus Bronzit und Olivin bestehen.

Amygdalaire — Hauys Bezeichnung für „mandelsteinartig".

Amygdaloïde — als Gesteinsbenennung von Brongniart (J. d. M. XXXIV, 31) in Anwendung gebracht für den Mandelstein im Sinne Werners; als structurelle Bezeichnung jetzt noch gebraucht für „Mandelsteinstructur".

Amygdaloidisch — nennt man die Structur der porösen Eruptiv-gesteine, deren rundliche oder ellipsoidale Poren secundär mit mandelförmigen Infiltrationsproducten gefüllt sind.

Amygdalophyr — von *Jenzsch* (N. J. 1853, p. 386) für den Glimmerporphyrit von Weissig vorgeschlagen ; oft mandel-steinartig; wird auch als Synonym mit Mandelstein gebracht.

Anagenit (Anagénite) — nannte Hauy einige gut cementirte mittelkörnige Pouddinggesteine. Nach Studer : Conglomerat, dessen Cement glimmerschieferartig ist.

Analcimit — zum grossen Theil in Analcim umgewandeltes Basaltgestein. *Gemellaro*.

Anamesit — structurelle Bezeichnung für feinkörnige Basalt-gesteine. In mineralogischer Zusammensetzung identisch mit dem Dolerit (siehe dieses Wort), aber die Gemengtheile mit blossem Auge schon schwer zu erkennen — so definirte man ursprünglich den Anamesit. Nach der Korngrösse steht der A. zwischen Basalt und Dolerit.

Leonhard, Basaltgebilde, 1832.

Andalusitglimmerfels — hat man grobkörnige Hornfelse, in denen man auch mit blossem Auge die genannten Gemeng-theile erkennen kann, genannt.

Andalusit-Glimmerschiefer.

Andalusitgranulit — röthliche Granulite, die neben Granat, (Cyanit und Fibrolith), Andalusitaggregate enthalten.

Andalusit-Hornfels — ist ein in der Schiefercontactzone der Granite vorkommender Hornfels mit wesentlichem Anda-lusitgehalt.

Andalusitthonschiefer.

Andendiorit — jüngere Quarzaugitdiorite.

A. Stelzner, Beiträge zur Geologie der Argentinischen Republik. I, 1885.

Andengesteine — sind nach Stelzner (Beitr. z, Geol. u. Pa-läont. d. Argent. Republik, 1885, I, p. 194) jüngere Erup-tivgesteine von granitischem und dioritischem Habitus. Der Ausdruck, ebenso wie Andengranit und Andenporphyr, wurde schon von Darwin (Voyage of the Beagle, III, 1846) für vermeintliche Albitgesteine der Cordilleren gebraucht.

Andengestein — nennt O. Lang (siehe Dolerit-Diorit) einen Typus seiner Gesteine der Alkalimetall-Vormacht, wo Na (Ca) K.

Andengranit — nannte Stelzner (Beiträge zur Paläont. d. Ar-gentin. Republik, I, 1885) chilenische Amphibolgranitite, deren Feldspath und Quarz neben Flüssigkeitseinschlüssen auch Glaseinschlüsse enthalten. Siehe Andengesteine.

Andenporphyr — liparitähnlicher Quarzporphyr aus Chile. *W. Möricke.* Einige Beobachtungen über chilenische Erzlagerstätten und ihre Beziehungen zu Eruptivgesteinen. T. M. P. M. 1891, XII. p. 197. Siehe Andengesteine.

Andesit — quarzfreie neovulkanische effusive Kalknatronfeldspath-Gesteine; porphyrische (hyalopilitische und pilotaxitische) Structur, Grundmasse vorherrschend feldspathig; als porphyrartige Einsprenglinge ausser Plagioklas noch eins oder mehrere Mineralien aus der Gruppe des Biotits, Amphibols und Pyroxens.

Benennung, von L. v. Buch für trachytähnliche Gesteine aus den Anden vorgeschlagen, deren Feldspath ursprünglich für Albit, dann für Oligoklas gehalten wurde. *L. v. Buch*, Pogg. Ann. XXXV, 1836, pag. 188.

Andesitbasalte — nannte Bořicky einige nephelin- oder leucitführende Basalte, die meist als Basanite bezeichnet werden. *Bořicky*, Petrographische Studien an den Basaltgesteinen Böhmens. — Arb. d. geol. Abth. d. Landesdurchforschung Böhmens. II, 1873.

Andesitgläser — sind, entsprechend dem Obsidian, Pechstein etc., glasige Ausbildungsformen der Andesite. Syn. Hyaloandesite. Vitroandesite.

Angehäufte Gesteinsformen = Anhäufungsgebilde.

Anhäufungsgebilde — sind solche Gesteinmassen, die durch Windwehen, durch vulkanische Auswurfsmassen und durch Gletscher gebildet sind — Löss, Gletscherschutt, vulkanische Auswürflinge. — *Gümbel*, p. 230.

Anhydrit — körniges oder dichtes Aggregat von rhombischem wasserfreiem schwefelsaurem Kalk; weiss, grau, blau. — Syn. Karstenit, Muriacit.

Anhydrit-Quarzit.

Anhydrolyte — nennt Senft die in Wasser unlöslichen oder schwer löslichen einfachen Gesteine, zu denen er aber auch den Talkschiefer, die vulkanischen Gläser, den Thonschiefer etc. rechnet.

Anisomere Gest. (roches cristallisées anisomères) — bezeichnet Brongniart (J. d. M. XXXIV, 31) als „roches formées en tout ou en partie par voie de cristallisation confuse; une partie dominante servant de base, de pâte en de ciment aux autres ...." Dazu gehörten Gneiss, Glimmerschiefer, Phyllit, Variolit, Porphyr, Trachyt und viele andere; es werden darunter hauptsächlich wohl porphyrische Structuren gemeint sein.

Anisometrisch — ist die Structur der körnigen Gesteine, wenn die Körner von verschiedener Grösse sind.

Anisotrop = doppelbrechend.

Anogen — sind diejenigen Gesteine, deren Material von unten nach oben gelangt ist, die sich durch Aufsteigen bilden — also Eruptivgesteine.

Anorganogen — heissen Minerale und Gesteine nicht organischen, mineralischen Ursprungs.

Anorganolithe — sind die anorganischen, nur aus anorganogenen Mineralien gebildeten, Gesteine.

Anorthit-Amphibolit — sind Amphibolite mit reichlichem Anorthitgehalt; siehe Feldspath-Amphibolit.

Anorthit-Augitgestein — siehe Eukrit.

Anorthitdiabas = Eukrit.

Anorthitdiorit = Corsit.

Anorthitgabbro = Trocrolith?. Krystallinisch - körnige aus Anorthit und Diallag bestehende Gesteine.

Anorthitgesteine — nennt man die tellurischen sowie meteoritischen Eruptivgesteine, deren feldspathiger Gemengtheil ganz oder zumeist Anorthit ist; der andere Hauptgemengtheil ist Hornblende oder Augit: es sind also anorthitische Grünsteine und Andesite (Corsit, Eukrit, Matrait).

Anorthit-Hornblendegesteine — siehe Corsit und Matrait.

Anorthittuff — braune palagonitische Tuffe mit Anorthit- und Augit-Krystallen.

Forchhammer, N. J. 1845, p. 598.

Anorthosite — hat Sterry Hunt in Amerika sehr pyroxenarme, fast ausschliesslich aus Feldspath bestehende Gabbrogesteine genannt.

Anoterite (oder anoterische Gesteine) — von Sederholm für gleichkörnige, durch den hohen Idiomorphismus des Quarzes gekennzeichnete, finnländische Granite vorgeschlagen, „weil sie wahrscheinlich in höheren Niveaus krystallisirten".

J. J. Sederholm, Ueber die finnländischen Rappakiwigesteine. — T. M. P. M.. Bd. XII, 1. Heft.

Antracide — heissen die mineralischen Kohlen und ihnen verwandte Gesteine.

Anthracit — fossile Kohle mit mehr als 90 % Kohlenstoff, glas- bis halbmetallisch - glänzend, spröde, gräulich bis röthlich-schwarz, muschelig brechend, mit schwacher Flamme und geringem Rauch verbrennend: spec. Gew. 1,4—1,7. Als Mineral von Haidinger so benannt.

Anthraconit — kohlenstoffreiche und dadurch schwarze körnige Kalksteine, gewöhnlich als Nester, Adern, Linsen, radialstrahlige Kugeln etc. Siehe Lucullan.

Antigoritserpentin — aus Augitgesteinen (olivinfrei?) entstandene serpentinähnliche Gesteine, die Antigorit und Talk enthalten.

Anwachsschichten (Streifung) — sind die durch zonalen Bau gekennzeichneten concentrischen Schichten, aus denen die Mineralien aufgebaut sind.

Aphanit — Benennnung von Hauy für dichte, scheinbar homogene, dunkelgrüne oder schwarze Gesteine (in denen die Gemengtheile mit blossem Auge nicht zu unterscheiden sind): manchmal treten porphyrartig Feldspath, Pyroxen, Hornblende auf; oft blasig und mandelsteinartig. Es war für Hauy „amphibole compacte et feldspath fondus imperceptiblement l'un dans l'autre; apparence homogène avec une couleur noirâtre." Uebergänge in die betreffenden Gesteine und das Mikroskop führten zur Unterscheidung von Diapasaphanit, Dioritaphanit etc. Jetzt wird nur das Adjectiv „aphanitisch" als structurulle Bezeichnung für dichte Gesteine, deren Gemengtheile mit blossem Auge nicht unterscheidbar sind, gebraucht.

Aphanitisch — siehe Aphanit.

Aphanitmandelstein — aphanitische Augitporphyrite mit von Kalkspath, Zeolithen etc. erfüllten Mandeln; siehe Spilit, Variolite du Drac.

Aphanitporphyr — nannte man früher durch Labrador und andere Einsprenglinge porphyrartige aphanitische Labradorporphyre.

Aphanitschiefer — veraltete Benennung für verschiedene schiefrige Diabasgesteine, grüne Schiefer u. desgl.

Aphanitwacke — veraltete Bezeichnung für erdig zersetzte aphanitische Gesteine aus der Diabas- und Augitphorpyritgruppe.

Aphanogen — nennt Loewinson-Lessing („Die Gesteine", in Brockhaus' und Efron's Conversationslexikon, 1893, XVII) die krystallinischen Schiefergesteine, deren Ursprung noch streitig sein kann, wie Gneisse, Granulite, Glimmerschiefer etc.

Aplit — schwedische Benennung für sehr glimmerarme oder glimmerfreie Granitgesteine. Rosenbusch bezeichnet damit Muscovitgranite, die er als Ganggesteine betrachtet; meistens auf feinkörnige Muscovitgranite (und Mikrogranite) anwendbar.

Apolar — siehe isotrop.

Apophysen — Seitenausläufer, Seitenzweige von Ganggesteinen, auch von Decken und Massiven.

Architektur — nennt Brögger die structurellen Verhältnisse complexer, aus mehreren Gesteinen bestehender, Gneissbreccienartiger Gebilde. Wohl als allgemeiner Ausdruck für die Bezeichnung der gegenseitigen Verknüpfungsverhältnisse complexer Gesteinsgebilde oder auch für die gegenseitigen Beziehungen von Gesteinsmassen in statigraphischer Hinsicht zu gebrauchen.

W. Brögger, Mineral. d. Syenitpegmatitgänge.

Naumann gebraucht den Ausdruck für die allgemeinen stratigraphischen Beziehungen der Gesteine einer Gegend.

Arculite — bogenförmige Krystallitenaggregate (Skelette).

F. Rutley. Notes on crystallites (Mineral. Magaz. 1891, IX, p. 261).

Ardoise — siehe Dachschiefer und Thonschiefer.

Arenaria di transitione — Grauwacke.

Arénacés (roches) — siehe psammitische Gesteine.

Arène — nennt man in Centralfrankreich Granitgneiss und Granitsand. — Siehe auch Haidesand.

Argilisation — Verwandlung von Laven und anderen Gesteinen in Thon.

Argillite — siehe Thonschiefer.

Argiloide — ist Senft's Bezeichnung für die Gruppe der Thonschiefer, Brandschiefer, Schieferthone u. dsgl. (Classific. d. Felsarten, 1857, p. 43).

Argilolithe — sind thonige oder verkieselte geschichtete Tuffe von rother oder grünlicher Farbe mit weissen rundlichen Flecken und sandigen Einlagerungen. Wohl als allgemeine Bezeichnung für thonige Tuffe aufzufassen.

Vélain, Bull. Soc. Géol., 1885 (3), XIII, pag. 541.

Argilophyr = Brongniart's Bezeichnung für Thonporphyr, d. h. Porphyre mit zersetzter thoniger Grundmasse. — (J. d. M. XXXIV, 31.)

Arkesine — nannte *Jurine* (J. d. M. XIX, 1806, p. 375) einen am Montblanc vorkommenden talk- und chlorithaltigen Hornblendegranit. Vielleicht Protogingranit? Es wurden auch höchst krystalline Abänderungen des Arollagneisses ebenso benannt: eine dichte graue Grundmasse enthält bis zollgrosse Orthoklase, Quarzkörner, Hornblende, Titanit, etwas Plagioklas und braunen Glimmer. (Bei Dent blanche, Arollagletscher). In den Walliser Alpen wird so auch ein vielleicht zu den Porphyroiden gehörendes Gestein genannt.

Arkose — aus Granit- und Gneiss-Schutt entstandene Sandsteine, die neben Quarz reichlich Orthoklas (und anderen Feldspath) meist auch Glimmer enthalten. Benennung Al. Brongniart's. Syn. Feldspathpsammit.

Arollagneiss — die Hauptmasse des Matterhorns, Weisshorns und Dent blanche bildender Gneiss, in welchem verwebte Flasern oder Lamellen von lichtgrünem Glimmer und Talk dicht verwachsene Gemenge von Feldspath (Orthoklas und Plagioklas) und Quarz enthalten. — *Jurine* (J. d. M. 1806).

Arthrolithe — nannte Tschersky cylindrische quergegliederte Concretionen, wie sie in Thongesteinen und Mergeln vorkommen.

J. Tschersky. Arb. d. St. Petersb. Naturf.-Ges. 1887.

Aschaffit — ein zwischen Kersantit und Minette stehendes Ganggestein (Stengert bei Aschaffenburg), dessen Gehalt an Quarz- und Feldspatheinsprenglingen dem durchbrochenen Gneiss entnommen sein soll.

C. Gümbel, Bavaria, IV, 11. Heft, p. 23. 1865.

Asche (vulkanische) — ist zu feinem Pulver zerstäubte Lava, die mit den Wasserdämpfen aus dem Krater hinausgeschleudert wird und als Staub niederfällt. Besteht aus Glaspartikeln und Krystallbruchstücken.

Ashbeddiabase — hell- und dunkelgraue oder schwarze dichte Augitporphyrite von Keweenaw Point, gekennzeichnet durch die untergeordnete Stellung des Augits und durch dessen Auftreten in gerundeten Körnern.

Pumpelly, Geology of Wisconsin, III, p. 32.

Aschenstructur — nennt Mügge (N. J., B.-B. VIII, p. 648, 1893) die eigenthümliche bunte Beschaffenheit der Keratophyr-Tuffe, die als metamorphisirte Aschenansammlungen mit Krystallbruchstücken und pisolithischen Körnern erscheinen. Wohl identisch mit Loewinson-Lessings pisolithischen Tuffen.

Asclerine — nannte Cordier Bimstein, zersetzten Obsidian u. desgl.

Asidères (Asidérites) — ist Daubrée's (C.-R., 65, 1867, p. 60) Bezeichnung für die eisenfreien Steinmeteorite, d. h. solche Meteorite, die bei verschiedener Structur und Zusammensetzung wesentlich aus Silicaten (selten aus kohliger Substanz) bestehen und kein metallisches Eisen enthalten.

Asphaltsandstein — von Asphalt durchtränkter Sandstein, oder Sand mit Asphalt als Bindemittel. Abart des bituminösen Sandsteins.

Asterolith — siehe Meteorit.

Atacamaite — nennt Stan. Meunier (Coll. d. Météor. 1882) die Meteorite vom Typus des Met. Atacama

Ataxit — ist Loewinson - Lessing's (T. M. P. M. 1888, 529) Bezeichnung für solche breccienartige Laven (Taxite), wo zwei verschieden geartete Bestandmassen in regelloser Verknüpfung das Gestein bilden, indem unregelmässige Partieen einer Masse in der anderen als Einschlüsse erscheinen. — Siehe Taxite, Schlieren.

Athrogene Gest. — nennt Renevier die vulkanischen Trümmergesteine (Asche, Lapilli, Tuffe etc.).

Atmogen — durch Fumarolenwirkung entstandene Bildungen. Auch wohl synon. mit Aeolisch.

Augen — siehe die Definition bei Augitaugen.

Augenditroite— durch Protoklasstructur gekennzeichnete Ditroite mit primären Augen; enthalten, ausser den üblichen Gemengtheilen, Lepidomelan, Aegirin, Albit.
    W. Brögger (p. 110).

Augengneiss — nennt man flaserigen Gneiss, in welchem abgerundete linsenförmige porphyrartig eingesprengte Feldspathkrystalle (oder Gemenge mit Quarz) im Durchschnitt des Gesteins als Augen erscheinen.

Augengranulit — solche Granulite, die porphyrartig ausgeschiedene rundliche oder linsenförmige Einsprenglinge von Feldspath, Granat, oder Gemenge dieser Mineralien unter sich und Quarz enthalten.

Augenkohle — durch an die Augenstructur erinnernde Gruppirung der Absonderung gekennzeichnete Kohle.

Augensteine — concretionäre Gebilde; rundliche und plattgedrückte nierenförmige Knollen mit concentrischen Wülsten und Ringen umgeben, häufig zu zweien oder mehreren verwachsen.

Augenstructur — in krystallinisch-schiefrigen und metamorphen Gesteinen häufig auftretende Structur, dadurch bedingt, dass Krystallkörner oder Gruppen von solchen Körnern linsenförmig aus der übrigen Masse des Gesteins, von blättrigen und feinkörnigen Gemengtheilen flaserig umgeben, wie Augen hervortreten.

Augitandesite — sind diejenigen, meist hyalopilitischen, Andesite (siehe dieses Wort), deren gefärbter, pyroxenischer Gemengtheil Augit ist.

Augitaugen — nennt Möhl Zusammenrottungen grösserer Augitkrystalle, welche rundliche Concretionen innerhalb der

Grundmasse von Gesteinen bilden und gewöhnlich von einer absonderlichen, recht dichten und dunklen Grundmasse umgürtet werden. In diesem Sinne wird überhaupt der Ausdruck „Augen" gebraucht.

Möhl, Die Basalte und Phonolite Sachsens. 1873, p. 7.

Augitbiotit-Granit (Teall) — ist ein augitführender Granitit. Siehe Augitgranitit.

Augitdiabasit = Augitporphyr.

Augitdiorit — körnige (granitoïde) Diabasgesteine, oft mit secundärer Hornblende und etwas saurer (?) als die eigentlichen ophitischen Diabase, wegen des Oligoklasgehalts statt Labrador. Auch quarzhaltig.

A. Streng und *Kloos*, Ueber die krystallinischen Gesteine von Minnesota in Nord-Amerika. N. J. 1877, 117.

Augitdioritporphyrit — siehe Ortlerit.

Augitfels — nannte man früher Lherzolithe und körnige oder dichte Augitgesteine. Gehört in den Pyroxenit Williams'.

Augitglimmerporphyrit — ist augitführender Kersantit.

Augitgneiss — Gneisse, deren gefärbter Gemengtheil Augit ist.

Becke, T. M. P. M. 1882, 365.

Augitgranulite — dunkelfarbige, feinkörnige bis dichte, unvollkommen schiefrige Granulite, die Augit (und rhombischen Pyroxen), Plagioklas, Granat, Biotit, Quarz u. and. weniger wichtige Gemengtheile enthalten. Syn. Trappgranulite.

H. Credner, Das sächsische Granulitgebirge. 1884, 8 und 16.

Augitgranit — ist ein solcher Granit, dessen eisenhaltiger gefärbter Gemengtheil beinahe oder ganz ausschliesslich Augit ist.

Augitgranitite — sind Biotitgranite („Granitite") mit wesentlichem Augitgehalt.

Augitgrünschiefer = Diabasschiefer.

Augitgrünsteine — Diabase; im Sinne von Senft — Diabasite.

Augithyalomelan — schlug Lasaulx (Elem. d. Petrogr. 1875, 230) vor für Limburgit.

Augitit — neovulkanische, den körnigen Peridotiten entsprechende, glasige Gesteine; in brauner Glasbasis Augit und Magneteisen; manchmal accessorisch Olivin, Nephelin, Biotit etc.

Dölter, Verhandl. d. k. k. geol. Reichsanst., 1882, № 8, 143. — Ursprünglich von *Dölter*, Die Vulkane der Capverden 1882, p. 74, „Pyroxenit" genannt. Syn. Magmabasalt, Augithyalomelan, Limburgit.

Augitmelaphyr (Kalkowsky) = Augitporphyrit.

Augitminette -- syenitische Ganggesteine, die neben Ortholas und Biotit einen wesentlichen Augitgehalt aufweisen holokrystallin-porphyrisch. *Rosenbusch*, p. 318.

Augitophyr = Augitporphyr.

Augitoporphyr = Augitporphyrit.

Augit-Orthophyr — nennt Rosenbusch (Mass. Gest. 1887, 428) diejenigen, den Augittrachyten entsprechenden, quarzfreien Porphyre, deren pyroxenischer Gemengtheil vorwiegend oder ausschliesslich Augit ist.

Augitpikrit — siehe Pikrit.

Augitporphyr — ursprünglich dichte, dunkelgrüne oder schwarze, paläovulkanische Gesteine mit reichlichen Augiteinsprenglingen. Jetzt noch für Labradorporphyre mit herrschendem Augit gebräuchlich.

> *L. v. Buch.* Leonhard's Taschenbuch, 1824, II, p. 289, 372, 437, 371.

Augitporphyrit — paläovulkanische (den Augitandesiten entsprechende) Effusivgesteine wesentlich aus Augit, Plagioklas und amorpher Basis bestehend. Structur — porphyrisch in verschiedenen Abänderungen. — Syn. Augitporphyr, Labradorporphyr, Spilit u. and.

Augitpropylite — nennt Richthofen (Z. d. g. G. 1868, XIX, p. 668) solche Propylite, die einen wesentlichen Gehalt an Augit aufweisen, also Augitandesite mit dem Habitus älterer Grünsteine. Siehe Propylit.

Augitquarzit.

Augitquarzschiefer — grünlichgrauer Quarzschiefer mit einem glimmerartigen Mineral und zum $\frac{1}{3}$ aus hellem Augit bestehend.

> *Benecke* und *Cohen*, Geogn. Beschr. der Umgeg. von Heidelberg. 1881, pag. 26.

Augitschiefer — siehe Diabasschiefer.

Augitsericitschiefer (Lossen) — grünen Diabasschiefern ähnliche Sericitschiefer mit ausgeschiedenem Augit.

Augitserpentin — sind serpentinisirte augithaltige Peridotite.

Augit-Skapolitgneiss — an der Kupfermine im Hererolande (Südafrika), auftretender Gneiss, der aus Augit, Skapolith und etwas Plagioklas, Quarz, Apatit und Muscovit besteht.

> *H. Wulf*, Beitr. zur Petrogr. des Hererolandes in Südwest-Afrika. T. M. P. M. 1887, p. 214.

Augitsyenit — krystallinisch-körnige Gesteine, die wesentlich aus Orthoklas und Augit mit Plagioklas bestehen; daneben führen diese sehr verschiedenartigen Gesteine, die oft mit Eläolithsyeniten verknüpft sind, accessorisch etwas Biotit, Hornblende, Olivin und noch andere Gemengtheile. — Zuerst von G. v. Rath am Monzoni beschriebene, mit Diabasen verknüpfte, Syenite. — Syn. Monzonit.

G. v. Rath, Ueber die Gesteine des Monzoni. Z. d. g. G. 1875. XXVII, 343—357 (351).

Augitsyenitporphyr — porphyrische Ausbildungtformen der Augitsyenite.— Syn. Orthoklas-Augitporphyr. *Tschermak.* T. M. P. M. 1875. 133—136.

Augittachylyt — schlug Lasaulx (Elem. d. Petrogr. 1875, p. 230) für Magmabasalt vor.

Augittrachyte — sind solche Trachyte, deren porphyrische Einsprenglinge Sanadin und Augit sind, während Biotit fehlt. — Syn. Tr. Ponza-Typus Rosenb.

Augitvitrophyrit — ist die moderne Bezeichnung für Abarten von Augitporphyriten mit vorwiegend glasiger Grundmasse. *Rosenbusch,* Mass. Gest. p. 806.

Augitvogesite — lamprophyrische Ganggesteine, die wesentlich aus Orthoklas und Augit bestehen. Siehe Vogesit.

Aumalite — nennt Stan. Meunier (Coll. d. Météor, 1882) die Meteorite vom Typus des Met. Aumale.

Ausfüllungsmineralien (Uttfyllningsmineralier) — nennt Törnebohm (Geol. Fören. i. Stock. Förh., VI, 1882—1883, p. 140) solche Gemengtheile, die zu den letzten Ausscheidungen aus dem Magma gehören und vielleicht als Zersetzungsproducte der früher gebildeten Minerale erscheinen; sie sind also weder rein primär noch rein secundär; z. B. der Calcit und Mikroklin einiger Granite.

Ausscheidungstrümer — sind trumähnliche Adern, Schlieren, die das vulkanische Gestein durchsetzen und primären Ursprungs sind, also bei der Verfestigung des Gesteins durch Differenzirung und Ausscheidung sich gebildet haben.

Ausweichungsclivage — durch Dynamometamorphose entstandene Schieferung. — Syn. transversale, falsche, diagonale Schieferung.

A Heim, Mechanismus der Gebirgsbilduug. II, p. 53.

Auswürflinge (vulkan.) — sind diejenigen Bruchstücke von Laven oder dem Vulkan fremden Gesteinen, die von demselben als lose Gebilde ausgeschleudert werden und als Bomben, Blöcke und Lapilli niederfallen. — Syn. Ejectamente, Projectile.

Authigen — Bezeichnung Kalkowsky's für an Ort und Stelle, durch Neubildung, in Sedimenten und klastischen Gesteinen) entstandene secundäre Gemengtheile.

E. Kalkowsky, N. J. 1880, I, p. 4.

Autochthon — nennt man manchmal die an Ort und Stelle entstandenen Gebilde, wie z. B. Torf; auch auf die Gemengtheile der Gesteine anwendbar.

Automorph — ist synonym mit idiomorph, vor welchem es die Priorität hat; Bezeichnung für diejenigen Gemengtheile der Gesteine, die gut ausgebildet sind und eigene krystallographische Begrenzung aufweisen.

C. Rohrbach. T. M. P. M. VII, p. 18. 1886.

Axiolithe — sphaerolitische Gebilde, in welchen die sie bildenden Fasern nicht um einen Punkt strahlig, sondern longitudinal längs einer geraden oder gekrümmten Linie angeordnet sind.

F. Zirkel, Microscopical Petrography, 1876, p. 167.

— Ber. Sächs. Ges. d. Wiss. 1878, 214.

Axotom (axotomisch) — in einer Richtung spaltbar (Clivage vorhanden).

Azabache = Pechkohle.

B.

Bacillite — stabförmige Krystallite, die aus mehreren parallel ihren Längsaxen gelagerten Longuliten zusammengesetzt sind. — *F. Rutley.* Mineral. Magaz. 1891, IX, p. 261.

Backkohle — Abart von Steinkohle.

Backofenstein — nannte man früher Trachytglomerate; siehe auch Trümmerporphyr.

Bänke — nennt man solche Platten, d. h. durch meist ebene, obere und untere, Flächen begrenzte Theile, von Gesteinen, die eine bedeutende Länge und Breite besitzen.

Baggertorf — in Holland und anderen Gegenden verbreitete breiartige schwarzbraune Torfmasse, ohne pflanzliche Structur, welche mit Netzen geschöpft (gebaggert) wird.

Balkeneisen (Reichenbach, Pogg. Ann. 1861, Bd. 114)=Kamazit.

Banatit — nach B. v. Cotta, mit den Erzlagerstätten des Banats eng verknüpfte Dioritgesteine, meistens quarzhaltig und augitführend. Z. Th. Synon. mit Quarzdiorit.

Bandeisen (Reichenbach, Pogg. Ann. 1861, Bnd. 114) = Taenit.

Bandjaspis — dichte farbige, gebänderte oder gestreifte, Kieselsäuregesteine. Siehe Basaltjaspis.

Bandporphyr — heissen die durch abwechselnde, verschiedenartig gefärbte, Lagen von Quarz und Feldspath gebänderten oder streifigen Felsitporphyre.

Bandschiefer — siehe Desmosit.

Bandstructur — besteht darin, dass mehr oder weniger dünne und durch parallele Ebenen begrenzte Lagen von verschiedener Structur, Farbe, Korn, oder Zusammensetzung im Gestein abwechseln ; z. B. in Felsitporphyren, Schiefern etc.

Banjite — nennt Stan. Meunier (Coll. d. Météor. 1882) die Meteorite vom Typus des Met. Soko Banja (Sarbonovać, Alexinač).

Bankung — heisst eine sehr dicke plattenförmige Absonderung. Siehe Bänke.

Bardellone — nannte Brocchi, den apenninischen (eocänen?) glimmerhaltigen schieferigen Sandstein.

Barytgestein — dunkles, schwärzlich-graues, dichtes Gestein, bestehend aus Schwerspath mit Beimengung von Kieselsäure, Coelestin, Eisenoxyd (*v. Dechen*, in Kerten's u. v. Dech. Arch., XIX, 1845, 748).

Barytsandstein.

Basalt — ist eine der ältesten petrographischen Bezeichnungen. Der Ausdruck soll vom äthiopischen „basal" (oder „bselt", „bsalt" = gekocht?) = eisenführender Stein stammen ; nach Plinius wurden die ersten Basalte aus Aethiopien gebracht. Bis zur Einführung des Mikroskopes hielt man den Basalt für eine einfache Substanz, seit Cordier sah man darin die dichten Aequivalente der Dolerite. Jetzt versteht man im Allgemeinen darunter neovulkanische Effusivgesteine, die bei verschiedener, aber meist porphyrischer, Structur aus Plagioklas, Olivin, Augit und Magneteisen, als wesentlichen Gemengtheilen, bestehen. Sie sind dicht oder sehr feinkörnig, schwarz oder jedenfalls dunkel gefärbt und oft mit ausgezeichneter säulenförmiger Absonderung. Von den eigentlichen Basalten trennte Zirkel Leucit- und Nephelinbasalte, Stelzner die Melilithbasalte, wo der Plagioklas durch einen der genannten Minerale vertreten wird. Als Basaltgesteine schlechtweg fasst man manchmal alle Basalte, Basanite, Tephrite und ähnliche Gesteine zusammen.— Syn. z. Th. Trapp, Basanit, Basaltit und verschiedene veraltete Benennungen.

Basaltgläser — sind die glasigen Ausbildungsarten der Basalte, wie z. B. Tachylyt, Hyalomelan. — Syn. Hyalobasalt, z. Th. Vitrobasalt.

Basaltische Absonderung wird die, bei Basalten besonders schön ausgeprägte, sechskantige säulenförmige Absonderung der vulkanischen Gesteine genannt.

Basaltit. Diese in der modernen Petrographie nicht mehr gebrauchte Benennung hat einen doppelten Ursprung. *V. Raumer* gab diesen Namen niederschlesischen basaltähnlichen Gesteinen, die später zum Melaphyr und dann zu Porphyriten gezählt wurden. Bei *Senft* (Classif. d. Felsarten, 1857, 63) ist es eine allgemeine Bezeichnung für die Gruppe der Basaltgesteine (Basalt, Dolerit, Nephelinbasalt, Leucitbas. etc.). Die Bezeichnung wurde auch auf Melaphyre angewandt; endlich hat Lasaulx (p. 231) vorgeschlagen, damit die eigentlichen, dichten, homogen erscheinenden Basalte, zu bezeichnen.

Basaltjaspis — nennt man die im Contact mit Basalten zu Jaspis verwandelten Schieferthone oder Sandsteinmergel. Hart, undurchsichtig, hell bis schwarz, mit muscheligem Bruch. — Syn. Systyl.

Basalt-Limburgit — nennt Kalkowsky (Elem. d. Lithol. 1886, 137) die Limburgite, um ihre Zugehörigkeit zu den Basalten hervorzuheben.

Basaltobsidian — nannte man manchmal wasserfreie Basaltgläser, die wohl unter Sideromelan oder Hyalomelan eingereiht werden können, wenn man die Benennung Obsidian nicht als Gattungsname, ohne Hinsicht auf die chemische Zusammensetzung, für fast krystallfreie (oder -arme) und wasserlose vulkanische Gläser behalten will.

Basaltpeperin — nennt Kalkowsky (Elem. d. Lithol., 1886. 138) die an grossen porphyrischen Krystallen reichen Basalttuffe.

Basaltporphyr (oder porphyrartiger Basalt) — nannte man früher Basaltvarietäten mit, durch grössere Olivin- und Augit-Einsprenglinge, scharf ausgeprägter porphyrischer Structur.

Basaltthon — siehe Wackenthon.

Basaltwacke — nennt man die zu thoniger Masse verwitterten Basalte; es ist eine dichte oder erdige Masse von grünlichgrauer, bläulich-grauer, bräunlich-schwarzer Farbe und enthält mehr oder weniger noch unzersetzte Theile des ursprünglichen Basaltes.

Basanit — neovulkanische Ergussgesteine, die wesentlich aus Kalknatronfeldspath, Augit, Olivin und einem oder beiden Mineralen: Nephelin und Leucit bestehen. Zuerst von *Brongniart* gebraucht im Sinne von Basalt. Den jetzigen Sinn erhalten von *Fritsch* und *Reiss*, Geol. Beschr. der Insel Tenerife, 1868, und *Rosenbusch*. Man unterscheidet Leucitbasanite, Nephelinbasanite und Leucit-Nephelin-

Basanite. Bei älteren Autoren manchmal auch wohl für Kieselschiefer gebraucht.

Basanitoïd. So bezeichnet *Bücking* solche Basaltgesteine, die keinen Nephelin enthalten, aber eine ihn ersetzende, mit Säuren gelatinirende, sehr natronreiche Basis. Es ist also gewissermaassen eine besondere Abart von Basaniten (siehe dieses Wort).

H. Bücking, Basaltische Gesteine aus der Gegend südwestlich vom Thüringer Wald und aus der Rhön. 1881.

H. Bücking, Ueber basaltische Gesteine der nördlichen Rhön. Jahrb. d. k. k. preuss. Landesanst. 1882.

Basanitoïde — ist Gümbels Bezeichnung (p. 88) für die Gesammtheit der basaltischen Gesteine.

Basanoïde = Basanitoide.

Basanus — veraltete Bezeichnung für Kieselschiefer.

Basis — wird nach Zirkels Vorschlag der amorphe und isotrope Krystallisationsrückstand (glasig und mikrofelsitisch) in der Grundmasse der halbkrystallinischen und glasigen Gesteine genannt. — Syn. Mesostasis, Zwischenklemmungsmasse, Magma, pâte amorphe . . Der Ausdruck „Basis" kommt schon bei Brogniart (J. d. M. XXXIV, 31) vor.

Basische Gesteine — nennt man diejenigen Eruptivgesteine, welche verhältnissmässig kieselarm sind und keine freie Kieselsäure enthalten. Bei verschiedenen Autoren stimmt jedoch die Grenze gegen die sauren oder neutralen G. nicht überein; bald werden zu den basischen Gest. solche gerechnet, die weniger SiO^2 als 60% enthalten, bald solche nicht über 55%, bald nicht über 50% etc. — Syn. Basite.

Basite — v. Cotta's (N. J. 1864, p. 824) Benennung für die basischen Gesteine.

Basittypus — ist Vogelsang's Gruppe der Nephelin- und Leucit-Gesteine (Z. d. g. G. 1872, 533).

Basitporphyre (und **Basitporphyrite**) — nannte Vogelsang die porphyrischen Nephelin- und Leucit-Gesteine (Z. d. g. G., 1872, 542).

Bastitfels — ist ein vorherrschend oder ausschliesslich aus Bastit bestehender Pyroxenit.

Bastkohle — Abart von Braunkohle.

Batholithe — ist die von Süss eingeführte Bezeichnung für ausgedehnte, unregelmässig gestaltete, tief unter der Erdoberfläche liegende und nur durch Erosion oder Gebirgsbildung zu Tage tretende, Massen von Tiefengesteinen (z. B. Granit, Gabbro, Diorit etc.). Die B. sind dadurch ent-

standen, dass das feuerflüssige Magma grosse, im Innern
der Erdrinde befindliche oder durch das Empordringen des
Magmas selbst gebildete Hohlräume ausfüllte.

Batholithite — will Lagorio (Ueber einige massige Gesteine
der Krim. — Warschauer Universitätsnachrichten, 1887)
die als Batholithe erscheinenden Tiefengesteine nennen. —
Syn. Tiefengesteine, intrusive, irruptive, plutonische G.,
Plutonite.

Bathvillit — dem Asphalt oder stark bituminöser Kohle ver-
wandtes Gebilde bei Bathville.
Williams, Jahresb. d. Chem. 1863, p. 846.

Bathygene Sedimente sind Tiefseeablagerungen.

Bathylite = Batholithe.

Batistschiefer — bergmännischer Ausdruck für im Querbruch
schillernden Kupferschiefer.

Baulit — gewisse Abänderungen von Isländischen Ryolithen.
Forchhammer, Journ. f. prakt. Chemie. 1843, p. 390.

Baulit-Granit — nennt O. Lang (siehe Dolerit - Diorit) einen
Typus seiner Gesteine der Alkalimetall -Vormacht, wo
Ca⟨K⟩Na ist.

Beat = Torf.

Beauxit — ist ein rothes thonartiges Gestein, das aus Thonerde, Eisenoxyd und Wasser besteht (auch etwas Kieselsäure); benannt nach dem Fundort Beaux bei Arles.

Belajite — nennt Stan. Meunier (Coll. d. Météor. 1882) die
Meteorite vom Typus des Met. Belaja Zerkow.

Belonite — nadelförmige Mikrolithe, gewöhnlich an den Enden rundlich oder stumpf zugespitzt.

Belonosphaerite — radialstrahlige sphärolitische Gebilde.
H. Vogelsang, Archives néerlandaises, p. 134, VII, 1872.

Beresit — gangförmiger Muscovitgranit von Beresovsk, oft
reich an Schwefelkies und von goldhaltigen Quarzgängen
durchsetzt.
G. Rose, Reise nach dem Ural, I, p. 586.
Nach *Karpinsky* giebt es auch feldspathfreie Beresite.
Genauer untersucht von *Arzruni* (Z. d. g. G. 1885,
XXXVII, 865).

Bergmehl — lockeres, erdiges oder kreideähnliches Gestein
von weisser, graulicher oder gelblicher Farbe, welches aus
kieseligen Diatomeenresten besteht. — Syn. Diatomeenpelit,
Kieselguhr, Kieselmehl, Infusorienmehl.

Bergmilch = Kalkguhr.

Bergöl — siehe Naphtha.

Bergtheer — bräunliches, mehr oder weniger zähflüssiges, Petroleum.

Bernstein — ist gelber oder rothbrauner harter fossiler Harz der 3—5 % Bernsteinsäure enthält.

Berstschiefer — siehe Klebschiefer.

Bimagmatische Structur der Porphyritgesteine — ist die so zu sagen doppelte, aus zwei Generationen bestehende, Grundmasse einiger porphyrischer Gesteine.

F. Loewinson-Lessing, Die Olonezer Diabasformation. (Arb. d. St. Petersb. Naturf.-Ges. 1888, XIX.)

Bimstein — wurde früher auf trachytische Gesteine beschränkt; jetzt wird es als genereller Ausdruck für die schaumige Abart der Laven überhaupt gebraucht. Es ist eine leichte weisse, höchst poröse, Masse, die entweder schaumig-rundblasig oder langfaserig-haarförmig ist und ein Gewebe parallel laufender oder verfilzter Glashäute und Glasfäden darstellt.

Bimsteintuff — ist eine gelblich- oder graulich - weisse thonartige, erdige oder dichte, Tuffmasse, die aus fein zerriebenem Bimstein besteht und oft Pisolithe und Bruchstücke von Mineralien und Gesteinen enthält.

Bindemittel = Cement.

Biolithe — nannte Ehrenberg die lediglich aus organischen Ueberresten gebildeten Gesteine. — Syn.: organische G., Organolithe.

Biotit - Aktinolithschiefer — nach Inostranzeff (p. 47) aus Chlorit, Aktinolith, Quarz, Biotit, Epidot und Eisenglanz bestehende Schiefer.

Biotitamphibolite — sind an Biotit reiche und gewöhnlich quarzführende Uebergangsgesteine zwischen Amphibolit und Glimmerschiefer.

Biotitandesit — ist Andesit, dessen gefärbter Gemengtheil ausschliesslich oder überwiegend Biotit ist.

Biotit-Augitgabbro — sollen Abarten von Gabbro heissen, die ungefähr gleich viel Augit und Biotit enthalten.

Biotit-Chloritschiefer — nach Inostranzeff (p. 47) aus Chlorit und Biotit bestehender Schiefer.

Biotitdacit — ist Dacit mit Biotit als ausschliesslichem oder überwiegendem gefärbtem Gemengtheil.

Biotit-Felsitporphyr = Biotitporphyr.

Biotitgabbro — verhält sich zum gewöhnlichen Gabbro, wie Glimmerdiorit zum gewöhnlichen Diorit; es ist also ein Gabbro, dessen pyroxenischer Gemengtheil zum grossen Theil oder ganz durch Biotit vertreten wird.

Biotit-Glimmerschiefer — ist, entsprechend dem Biotitgneiss, ein Glimmerschiefer mit Biotit allein, ohne andern Glimmer.

Biotitgneiss — ist einglimmeriger Gneiss, der nur Biotit und keinen Muscovit enthält; unter den Granitgesteinen entspricht er dem Granitite.

Biotitgranit = Granitit.

Biotitgranulit — ist ein Granulit mit viel Biotit und wenig Granat; er bildet also den Uebergang zum Gneiss.

Biotithornfels — ist gekennzeichnet durch grossen Reichthum an Biotittäfelchen; siehe Hornfels.

Biotitorthophyr — nennt Rosenbusch (Mass. Gest. 1887, p. 428) diejenigen, den Glimmertrachyten entsprechenden, quarzfreien Porphyre, deren gefärbter Gemengtheil vorwiegend oder ausschliesslich Biotit ist.— Syn. Biotitporphyr.

Biotitpechsteine — enthalten Einsprenglinge von Biotit.

Biotitporphyr oder **Biotitfelsitporphyr** — sind solche Felsitporphyre, die als porphyrartige Ausscheidungen nur Biotit enthalten (Jokély, Biotitfelsitporphyr d. mittl. Böhmens.— J. k. k. geol. Reichsanst., 1885, VI, p. 203). — Syn. Biotitorthophyr.

Biotitphyllit — siehe Phyllit.

Biotitsalitschiefer — sind krystallinische Schiefer, die, bei dichtem oder feinkörnigem Gefüge, aus Biotit, Salit, Quarz und manchmal Feldspath als wesentlichen Gemengtheilen bestehen.

Biotitschiefer — sind solche Glimmerschiefer, die nur dunklen Magnesiaglimmer führen und also als feldspathfreie Biotitgneisse betrachtet werden können.

Biotittrachyte — sind solche trachytische Gesteine, deren gefärbter Gemengtheil ausschliesslich oder stark überwiegend Biotit ist.

Bisomatisch — nennt Loewinson-Lessing („Die Gesteine", in Brockhaus' und Efron's Conversationslexikon, 1893, XVII) die aus zwei innig vermengten Gesteinsvarietäten bestehenden schlierigen Gesteine. Siehe Taxit.

Bitume solide — siehe Asphalt.

Bituminös — heisst: von organischer, meist theeriger Substanz (Bitumen) durchtränkt; Kalksteine, Mergel, Schiefer, Thone, Sandsteine können bituminös sein.

Bituminöser Schiefer — siehe Brandschiefer.

Blackband — siehe Kohleneisenstein.

Blatternstein — siehe Wacke.

Blätterkohle — Abart von Braunkohle.

Blätterthon — siehe Klebschiefer.

Blättrig — heissen die Gesteine (oder deren Structur), die leicht nach ebenen Flächen in Blätter sich theilen, zum gr. Th. synonym mit schiefrig.

Blasenräume — sind die in Laven beim Entweichen der Gase und des Wasserdampfes gebildeten elliptischen oder rundlichen kleinen Hohlräume.

Blasensandstein — grobkörniger Sandstein, durch Auswitterung von Thonparticen zellig oder blasig geworden.

Blasig — nennt man diejenigen vulkanischen Gesteine (oder deren Textur), die reichlich rundliche, ellipsoidische oder schlauchförmige, bei der Verfestigung von den entweichenden Dämpfen gebildete, Hohlräume enthalten.

Blatt (Blätter) — heissen die einzelnen Lagen sehr dünnschieferiger Gesteine.

Blatternarbig — nennt man das äussere Aussehen der variolitischen Gesteine, wo in einer dunkleren Masse hellere runde Flecken liegen; besonders aber anwendbar auf die verwitterte Oberfläche solcher Gesteine, wo die härteren Variolen pockennarbenähnlich hervorstehen.

Blatterstein — so nannte man früher z. Th. variolitische, z. Th. dichte mandelsteinartige Diabasgesteine.

Blattersteinschiefer — heissen schieferige, durch Kalkkügelchen porphyrische Diabastuffe (oder zersetzte Porphyrite). Siehe Spilit, Variolite du Drac, Schalsteinschiefer, Schalstein.

Blattkohle — Abart von Braunkohle.

Blauschiefer — nannte v. Holger den Kalkglimmerschiefer (siehe dieses Wort).

> *v. Holger.* Zeitschr. f. Phys. von v. Holger, VII, 13.

Blaustein — nennt man manche graue Kalksteine, die durch Behauen einen bläulichen Anstrich bekommen.

Blaviérite — Benennung von Munier-Chalmas für ein zuerst von Blavier beschriebenes Gestein, das er als Steatit bezeichnete. Es ist ein durch Mikrogranulit-Injection verändertes Schiefergestein, aus Steatit, Schiefersubstanz mit Feldspath und Quarz bestehendes metamorphes, den Porphyroïden nahestehendes, Gestein.

> Munier-Chalmas in *Oehlert.* Notes géologiques sur le département de la Mayenne. 1862, p. 136.

Blitzröhren = Fulgurite.

Blocklava — nennt man mit Heim (Z. d. g. G. 1873, XXV, 1) diejenigen Laven, die beim Erstarren, das von massenhafter Dampfentbindung begleitet wird, in unregelmässige Blöcke oder Schollen zerfallen, so dass die Stromoberfläche solcher Laven klastisch ist. — Syn. Schollenlava.

Blocklehm — nennt man die diluvialen grauen und rothen Thone und Lehme, die mehr oder weniger reich sind an Blöcken fremder Gesteine von der verschiedensten Grösse — vom Sandkorn bis zur Hausgrösse.

Blöcke, glasirte, — wie polirt glänzende, in Sanden und anderen losen Gebilden vorkommende Concretionen fester Kieselsandsteine, Kieselconglomerate u. dgl. Benennung von v. Dechen.

Blöcke, erratische, — nennt man nach A. Brongniart die fremdländischen Geschiebe, welche in grossen Mengen an der Zusammensetzung der Diluvialablagerungen und Morainen theilnehmen.

Blumen, gelbe, — werden von den Arbeitern die kleinen, mit gelber erdiger Substanz erfüllten, Höhlungen im Trass genannt.

Boghead — eine stark bituminöse Steinkohle.

Bog-Iron-ore — siehe Raseneisenstein.

Bohnerz — Abart des Brauneisensteins: erbsen- oder bohnenförmige concentrisch-schaalige Kugeln von schmutziggrünem oder ockergelbem thon- und kieselhaltigem Brauneisenstein; lose Kugeln oder zu einem Conglomerat verbunden.

Bokkevelite — ist Stan. Meunier's Bezeichnung (Coll. d. Météor. 1882) für die Meteorite vom Typus des Met. Cold-Bokkeveld.

Bolsenit — von O. Lang, in seinem chemischen System der Eruptivgesteine, als Typus seiner Gesteine der Kali-Vormacht, wobei aber die Menge des Kalkes die des Natrons übersteigt, aufgestellt; 55 % SiO².

Bomben (vulkanische) — aus dem Krater geschleuderte und in der Luft erstarrte Stücke Lava; ellipsoidisch, gedreht, rundlich etc.

Bonebed — heisst eigentlich Knochenlager; in der stratigraphischen Geologie wird es, wie ursprünglich, nur auf eine bestimmte zum obersten Keuper gehörende Knochenbreccie beschränkt; es kommen auch in anderen Ablagerungen auch Bonebeds vor. *Bonebed (Bonerus) = Samökit*

Borolanit — nennt Teall ein cambrisches, intrusives Eruptivgestein von Borolan (Sutherlandshire), welches bei massiger Beschaffenheit hauptsächlich aus Orthoklas und Melanit besteht, neben welchen Biotit, Pyroxen, Umwandlungsprodukte von Nephelin und Sodalith, ferner Titanit, Apatit und Magneteisen, auftreten. Teall glaubt das Gestein zu den Eläolithsyeniten rechnen zu müssen. *J. Horne and J. H. Teall.* On Borolanite. Trans. Roy. Soc. of Edinb., vol. XXXVII, Part 1 (Nr. 11), p. 163. 1892.

Borzolit — nennt *Capacci* (Bull. geol. d'Italia, 1881, p. 279) mit Gabbrogesteinen verknüpfte Kalkmandelsteine (ob nicht Melaphyre?).

Bostonit — Rosenbusch (T. M. P. M. 1890, XI, p. 447). Es sind syenitische Ganggesteine, welche in einer feinkörnigen, fast nur aus Feldspath bestehenden, Grundmasse Einsprenglinge von Anorthoklas enthalten; fast von basialen Gemengtheilen freie Syenitporphyre. Ursprünglich als Trachyte und Keratophyre beschrieben.

Bouteillenstein — heissen aus reinem Glas bestehende, in Böhmen vorkommende, glatte Körner und dicke gerippte Knollen von dunkelolivengrüner Farbe; gehört wohl zum Obsidian? — Syn. Moldawit, Pseudochrysolith.

Bräcka — ist die schwedische bergmännische Bezeichnung für archäische schieferige Amphibolitgesteine von verschiedener Zusammensetzung. — Syn. Skarn.

Brahinite — nennt Stan. Meunier (Coll. d. Météor. 1882) die Meteorite vom Typus des Met. Rakita (Bragin).

Branderz — ist stark bituminöser Kupferschiefer.

Brandschiefer — von organischer Substanz durchtränkter brennbarer schieferiger Mergel; hellgelb, braun, schwarz.

Brauneisensteine — sind die verschiedenartig beschaffenen Eisenerze, die aus wasserhaltigem Eisenoxyd bestehen und meist gelbbraun gefärbt sind und einen braunen Strich haben. Dicht, faserig, erdig etc. — Syn. Limonit.

Braunite — ist Stan. Meunier's (Coll. d. Météor. 1882) Bezeichnung für die Meteorite vom Typus des Meteorits von Braunau.

Braunkohle — heissen diejenigen mineralischen Kohlen, die, bei brauner oder schwarzer Farbe, dicht oder erdig sind, leicht brennen, oft stark bituminös sind, unter 70% Kohlenstoff enthalten und meist noch deutlich erkennbare vegetabilische Structur zeigen. — Syn. Lignit z. Th.

Braunwacke — nennt Liebe secundär braun gefärbte Grauwacke.

Brecciato (di Serravezza) — Kalksteinbreccie von Carrara; bläulichbraunes wackenähnliches Cement; Kalksteinfrag-

mente mit einer Rinde von Talk und Chlorit überzogen.
(*Savi*, Ann. d. sc. natur., 1830, XXL, p. 68.)

Breccie — ist die allgemeine (dem italienischen Brezzia entnommene) Bezeichnung für klastische Gesteine, die aus e c k i g e n durch ein Cement verkitteten Bruchstücken von einem oder verschiedenen Gesteinen bestehen. Es giebt vulkanische Breccien, deren Cement eine Eruptivmasse ist, und neptunische Breccien, deren Cement hydrochemischen, secundären, Ursprungs ist. Man unterscheidet auch monogene und polygene Breccien, je nachdem die Bruchstücke nur einem oder mehreren verschiedenen Gesteinen angehören. — Siehe katogene B., Reibungsbreccien, Agglomeratlaven etc.

Breccienartig — durch seine Structur an Breccien erinnernd.

Brecciendolomit und **Brecciekalk** — bestehen aus eckigen Bruchstücken von Dolomit oder Kalkstein, cementirt durch dasselbe Bindemittel.

Brecciole — nannte Brongniart sandsteinähnliche vicentinische Basalttuffe.

A. Brongniart. Mém. s. l. terrains de sédiment supérieurs du Vicentin. 1823.

Brettelkohle — zum Asphalt, Boghead etc. gehörende bituminöse Abart der Steinkohle.

Fleck u. *Geinitz* (Steinkohlen, II, 286).

Brewsterlinit — hatte Dana die später als flüssige Kohlensäure erkannten Flüssigkeitseinschlüsse einiger Minerale genannt.

Brezzia — siehe Breccie.

Brillensteine — siehe Augensteine.

Briz = Löss.

Broccatello — wird in Italien der breccienartige, aus eckigen oft verschiedenfarbigen Bruchstücken zusammengesetzte, Marmor genannt.

Brockengesteine — Breccien mit sehr vorwaltendem und krystallinischem Cement.

Brockenstein — siehe Granit.

Bronzitgabbro — nannte Stelzner (Z. d. g. G. 1876, XXVIII, 623) ein zum Norit gehöriges Gestein.

Bronzitnorit — ist ein Norit, der vorwiegend Bronzit, und nicht Enstatit, enthält.

Bronzit-Olivinfels — ist ein Peridotit, der wesentlich aus Olivin und Bronzit besteht. Siehe Harzburgit.

Bronzitperidotit — siehe Harzburgit und Saxonit.

Bronzitserpentin — ist ein aus Pyroxeniten oder Bronzitperidotit entstandener Serpentin mit unzersetzten Bronzitkrystallen.

Buchit — nennt man den im Contact, oder als Einschluss in Basalt, zu Glas geschmolzenen Sandstein.

Buchonit — hornblendeführender Nephelintephrit, also ein basaltisches, aus Nephelin, Hornblende, Plagioklas, Augit, Biotit und Magnetit bestehendes, vulkanisches Gestein.

F. Sandberger. Vorläufige Bemerkungen über den Buchonit, eine Felsart aus der Gruppe der Nephelin-Gesteine. Sitzungsber. Berl. Ak. 1872. Juli. p. 203. Weitere Mitth. über Buchonit: Ibid. 1873, VI.

Buchstein — siehe Nagelflue.

Buhrstone — feinkörniger Quarzit mit sehr langgezogenen Poren, welche allen Schichtungsflächen des Gesteins parallel liegen.

Hitchcock, Rep. on the geology of Massachusets. 1838. p. 41.

Burlingtonite — nennt Stan. Meunier (Coll. d. Météor. 1882) die Meteorite vom Typus des Met. Burlington.

Burrsteine — sind Mühlensteine aus Süsswasserquarzit.

Bustit — nannte Tschermak (Sitz.-Ber. Wien. Akad. 1883, I, 88, p. 347) die aus Diopsid und Enstatit bestehenden Steinmeteorite (Typus Bustee).

Butsurite — nennt Stan. Meunier (Coll. d. Météor. 1882) die Meteorite vom Typus des Met. Butsura.

C.

Cab — nennt man in Cornwall den Greisen.

Caillite — ist Stan. Meunier's Bezeichnung (Coll. d. Météor. 1882) für die Meteorite vom Typus des Met. La Caille.

Calcaire — siehe Kalkstein.

Calcinirung — heisst die Verwitterung der hauptsächlich aus kohlensaurem und phosphorsaurem Kalk bestehenden organischen Ueberreste (Muscheln, Korallen, Knochen), wobei die organische Materie, membranöse Bedeckung etc. allmählig verloren geht und die Ueberreste ganz mineralisch werden.

Calciphyr — körniger Kalkstein mit porphyrartig eingesprengten Krystallen von Granat, Pyroxen, Feldspath. *A. Brongniart.*

Calcitamphibolit — nach Kalkowsky (Elem. der Lithol. 1886, 211) sind spärlich verbreitete Amphibolite mit wesentlichem Calcitgehalt.

Calcitglimmerschiefer (Kalkowsky) = Kalkglimmerschiefer.

Calcitphyllit = Kalkphyllit.

Calcschiste — nannte Brongniart (J. d. M. XXXIV, 31) die innig mit Thonschiefer vermengten (nach Naumann in symplectischer Structur verbunden). Kalksteine. Syn. Schieferkalkstein (Naumann, Geogn. I, 675. 1849) Kalkschiefer.

Calico-rock — grobschieferige gebänderte Magnetitquarzschiefer (Götz, N. J., Beil. Bnd. 1886, IV, p. 184).

Calp — irische Benennung für eigenthümliche carbonische Mittelgesteine zwischen Kalkstein und Schieferthon, die in Dublin als Baustein gebraucht werden.

Campbellite — nennt Stan. Meunier (Coll. d. Météor. 1882) die kohlenstoffhaltigen Meteorite vom Typus des Met. Campbell County.

Camptonit — von Rosenbusch für eine Gruppe von dioritischen Lamprophyren (Ganggesteinen) in Anwendung gebracht. — Dichte schwarze Gesteine von basaltischem Habitus; Grundmasse hauptsächlich aus Feldspathleistchen und braunen Amphibolsäulchen (auch Biotit, grün. Augit, Apatit, Titaneisen) und metamorphorirten Glashäutchen bestehend: porphyrische Einsprenglinge: basalt. Hornblende, seltener Plagioklas, Analcim.

Zuerst von Hawes als „basic diorites" und „porphyritic diorites" beschrieben.

G. Hawes, Mineralogy and Lithology of New-Hampshire. 1878.

Rosenbusch. Mass. Gest. 1887. p. 333.

Camptonit-Proterobas — ein zur Diabasgruppe gehörendes Ganggestein, welches durch seine Structur einen Uebergang von granitischen Gabbroproterobasen zu lamprophyrischen Camptoniten bildet.

W. Brögger, Die silurischen Etagen 2 u. 3, p. 202, 316—318.

Cancrinit-Aegirin-Syenit — Törnebohm (Geol. Fören. i. Stockh. Förh. 1883, VI, № 80, 383.) Gehört zu den Augitsyeniten.

Candelit = Kerzenkohle.

Cannel-coal — Abart der Steinkohle.

Canellite — schlug Stan. Meunier vor (Coll. d. Météor. 1882) die Meteorite vom Typus des Met. Canellas zu nennen.

Carbonas — ist im südwestlichen England die locale Bezeichnung für linsenförmige Erzeinlagerungen im Granit.

Carbonatgesteine, oder Carbonate — sind kohlensaure Salze von Kalk, Magnesia, Eisenoxydul, die einzeln oder zusammen grosse Gesteinsmassen bilden.

Carbonit = Schwarzkohle, Steinkohle.

Carbonspathgneiss (Kalkowsky) — ist Gneiss mit primärem Gehalt an Calcit oder Dolomit.

Carbophyre — will *Ebray* (Bull. Soc. Géol. III, 1875, p. 291) alle Eruptivgesteine nennen, die das Carbon durchbrochen haben.

Cargneule — zelliger Dolomit (bei Bex in der Schweiz), entstanden durch Verwitterung von dolomitischen Kalksteinen.

Carstone — ist eisenhaltiger Sandstein. *Carmeloit (Lawson) Melaphyr*

Carvoeira — Localnamen für ein brasilianisches, im Itacolumit-Terrain auftretendes, hauptsächlich aus Quarz und Turmalin bestehendes Gestein.

> *v. Eschwege.* Beiträge zur Gebirgskunde Brasiliens. 1832. p. 178.

Catarinite — ist Stan. Meunier's Bezeichnung (Guide dans la collection de Météorites du Muséum d'Histoire Naturelle, 1882) für die Meteorite vom Typus des Met. von Santa Catarina.

Catawbirit — in Südcarolina sehr verbreitetes inniges Gemenge von Talk und Magneteisenerz; benannt von *O. Lieber.*

Catlinit — ein amerikanischer Pfeifenthon, reich an kohlensaurer Magnesia und Kalk.

Cavernos — nennt man diejenigen Gesteine (oder deren Structur), welche von grossen unregelmässigen, gewöhnlich mit drusigen und zerfressenen Wandungen versehenen Hohlräumen durchsetzt sind.

Cement — nennt man in klastischen Gesteinen dasjenige Zwischenmittel, welches die einzelnen Bruchstücke zu einem zusammenhängenden Gestein verbindet. Die Zusammensetzung und die morphologischen Verhältnisse der Cemente sind sehr verschiedenartig. Syn. Bindemittel, Kitt, Zwischenmasse etc.

Cementstein — werden thonige und kieselsäurehaltige Kalksteine oder Mergel, die sich zur Bereitung von hydraulischem Cement eignen, genannt.

Cenchrit = Rogenstein, Oolith.

Centrische Structuren — nennt man alle diejenigen, wo sich eine gesetzmässige Gruppirung der Elemente um ein Centrum offenbart. — Sphärolithische, variolitische, pisolithische, oolithische Structuren gehören hierher.

Chailles — flache linsenförmige, kieselige Concretionen im Kalkstein oder Mergel; faustgrosse Sphäroide.

Chalk — siehe Kreide.

Chamoisit = Kieseleisenstein.

Chantonnite — schlug St. Meunier vor (Coll. d. Météor. 1882) die Meteorite vom Typus des Met. Chantonnay zu nennen.

Chapopote = Asphalt auf Trinidad.

Chassignit — benannte G. Rose nach dem Meteorit von Chassigny diejenigen Steinmeteorite, die wesentlich aus Olivin mit etwas Chromeisen bestehen (Abh. Berl. Akad. 1863).

Chert — verkieselte oder gefrittete (?) hornsteinähnliche, im Contact mit Basalt, metamorphosirte Thonschichten (*Dana,* Am. Journ., XLV, 115). Bisweilen werden so auch überhaupt hornsteinartige Kieselgesteine genannt.

Chiasmolit — bogenförmige und gegabelte Krystallite.

Krukenberg. Mikrographie der Glasbasalte von Hawaii. 1877. Tübingen. Diese Ausbildungsweise der Krystallite nennt Rutley (siehe Clavalite) „chiasmolitic stage".

Chiastolithschiefer — dichte schwärzlichblaue bis gräulichschwarze Thonschiefer mit eingewachsenen Chiastolithen. — Syn. Schiste maclé, Sch. maclifère.

Chiens — heissen in Monmartre die unreinen mergeligen Gypsarten (G. marneux).

China-clay — siehe Kaolin.

Chladnit — nannte G. Rose (Abh. Berl. Akad. 1863) den aus einem vermuthlich neuen Magnesiasilicat—„Shepardit", Nickeleisen, Magnetkies und einem Thonerde-Silicat bestehenden Steinmeteorit von Bishopville. Da der Shepardit sich als Enstatit erwiesen, blieb Chladnit als Bezeichnung für Meteorite, die aus Enstatit und wenig Anortit enthalten. Nach Tschermak (Sitz.-Ber. Wien. Ak. 1883, p. 363) bestehen diese Meteorite vorwiegend aus Enstatit. Ursprünglich hatte Shepard (Am. J. I. 2, p. 337) diese Bezeichnung auf ein Mineral angewandt (Shepardit = Enstatit).

Chlorit-Diorit — nannte Inostranzeff (p. 107) metamorphosirte Diorite mit reichlichem Chloritgehalt.

Chlorit-Epidosit — nannte Inostranzeff (p. 120) metamorphische aus Dioriten hervorgegangene Gesteine, die hauptsächlich aus Chlorit mit Epidot und wenig Quarz (viel Rotheisenstein) zusammengesetzt sind.

Chlorit - Epidotdiorit — nach Inostranzeff (p. 105) veränderte Diorite mit bedeutendem Chlorit- und Epidotgehalt.

Chlorit-Epidotgestein — nach Inostranzeff (p. 114) Umwandlungsprodukt von Diorit, der hauptsächlich aus Epidot, Chlorit, Quarz und Oligoklas mit Hornblenderesten besteht.

Chlorit - Epidot - Schiefer — der aus faserschuppigem Chlorit, Epidot, etwas Muscovit, Quarz und Feldspath.

Chloritgestein — nannte Inostranzeff (114) metamorphische, aus Dioriten hervorgegangene, Gesteine, die wesentlich aus Chlorit mit Oligoklas oder Quarz, und verschiedenen Beimengungen, bestehen.

Chlorit - Glimmerdiorit — nach Inostranzeff (110) umgewandelter Diorit mit bedeutendem Gehalt an secundärem Chlorit und Biotit.

Chlorit-Glimmergestein — nach Inostranzeff (117) Umwandlungsprodukt von Diorit; besteht wesentlich aus Chlorit, Biotit, Oligoklas und Quarz.

Chloritglimmerschiefer — ist ein Glimmerschiefer mit wesentlichem Chloritgehalt; enthält bisweilen etwas Feldspath.

Chloritgneiss — ist nach den Einen (z. B. v. Rath, Z. d. g. G., 1862, XIV, 393) chlorit- und talkhaltiger Gneiss, nach den Andern (z. B. Gümbel, Fichtelgebirge, 1879, p. 606) an Quarz und Feldspath reicher Chloritschiefer.

Chloritgrisonite — nannte Rolle (Mikropetrogr. Beitr. aus den rhätischen Alpen, 1879) die Schweizer Chloritschiefer.

Chloritgrünschiefer — soll nach Kalkowsky (Elem. d. Lithols, 1886, 217) hornblendiger oder epidotischer Grünschiefer mit p r i m ä r e m Chlorit sein.

Chloritmagneteisenstein.

Chloritquarzit.

Chloritoidphyllit — nennt Barrois (Ann. Soc. Géol. du Nord, XI, 1883, p. 18) die Chloritoidschiefer mit Biotit. Diese Schiefer bestehen aus Chloritoid, Quarz, Biotit, Epidot und anderen Beimengungen.

Chloritoidschiefer — ist nach Sterry Hunt ein dunkler canadischer Schiefer, der wesentltch aus Chloritoid besteht (Brush. Am. Journ. XXXI, 1861, 358). Im Allgemeinen sind es Glimmerschiefer, die aus Chloritoid und Quarz bestehen.

Chloritoid - Thonschiefer — ist nach Kalkowsky (Elem. d. Lith. 1886, 261) der in Amerika als Phyllit bekannte Thonschiefer mit makroskopischen Chloritoidausscheidungen.

Chloritoschiste — siehe Chloritschiefer.

Chloritphyllite — sind an Chlorit reiche Uebergangsformen zwischen Chloritschiefer und Phyllit.

Chloritsandstein — siehe z. Th. Itacolumit.

Chloritschiefer — ein zu den krystallinischen Schiefern gehörendes Gestein, welches nicht zu oft und nicht in grossen Mengen als schuppigschieferiges oder schuppigkörniges grünes, meist dickschieferiges, Gestein auftritt und aus

Chlorit, meist mit Quarz und oft Talk, Glimmer, Feldspath, Granat, Strahlstein, Magneteisen etc. besteht. — Syn. Schiste chloriteux, chloritoschiste.

Chlorit-Talkgestein — nach Inostranzeff (118) Umwandlungsprodukt von Diorit: besteht wesentlich aus Chlorit, Talk, Hornblendemikrolithen und zerstörtem Feldspath.

Chlorittopfstein — nannte Delesse (Ann. d. Mines, 1856, X, 353) eine vermuthlich nur aus Chlorit bestehende Abart des Topfsteins, also ein grünes, weiches, filzig-schuppiges Aggregat von Chlorit.

Chloropitschiefer — nennt Gümbel die schieferigen, an chloritischer Substanz reichen, Diabastuffe; z. Th. synon. mit Schalsteinschiefer.

Chlorophyr — Benennung von Delesse für die lagerhaften quarzhaltigen porphyrischen Diorite oder Dioritporphyrite von Quenast und Lessines (Belgien).

Chondren — heissen die bis jetzt nur in Meteoriten constatirten rundlichen sphärolithähnlichen Gebilde, die aus Anorthit oder Bronzit (auch beiden zusammen) oder Olivin bestehen und excentrisch radialstrahlig struirt sind.

Chondrit — nennt man seit G. Rose (Beschreibung und Eintheilung der Meteoriten, 1864) solche, meist zu den Mesosideriten gehörende, also hauptsächlich silicatische aber doch eisenhaltige Meteorite, die mehr oder weniger reich sind an rundlichen sphärolithähnlichen, aber excentrisch-radialstrahlig beschaffenen Gebilden. Die Structur und Zusammensetzung kann sehr verschieden sein. Zu den Ch. gehören also verschiedene Typen von Meteoriten mit chondritischer Structur.

Chondritisch — nennt man die Structur der Chondrite.

Christianit — nennt Lang denjenigen Typus seiner Alkalien-Vormacht-Gesteine, die 69,90 % Kieselsäure enthalten, mehr Alkalien als Kalk und mehr Kali als Natron.

Chromdolomit — nannte Breithaupt einen bei Nijnetagilsk vorkommenden Dolomit, der Chromeisen enthält und durch Chromoxyd grün gefärbt ist.

Chrysitis = Kieselschiefer.

Chysiogen — nennt Renevier die lavaartigen Eruptivgesteine. — Syn. Laven, effusive Gest., Ergussgest., porphyrische G., roches trachytoïdes.

Cimmatisch? — siehe dialytisch.

Cinérite — war (nebst Spodite) Cordier's allgemeine Bezeichnung für vulkanische Aschen.

Cortlandit (Bertolit) Verhalten sich zu Tamellurit wie Norodit zu Lysoenit (handwritten)

Cipollin — an oft lagenweise angeordnetem Glimmer und Talk reiche Kalksteine, oft durch Schieferstructur sich dem Kalkglimmerschiefer nähernd.

Clasto-amphibole slate — ist ein grauer Aktinolithschiefer mit Epidotkörnern, Feldspath und Chlorit; sein Habitus ist klastisch.

> *B. Koto.* On the so-called crystalline schists of Chichibu. — Journ. of the Coll. of Science. Imp. Univers. Japan, vol. II, p. 112.

Clavalite — longulitische Krystallite mit keulenförmigem Ende oder solche, die gymnastischen Kugeln gleichen.

> *F. Rutley*, Notes on Crystallites. Min. Mag., IX, 1891, № 44.

Clay = Thon, Lehm.

Clayslate = Schieferthon.

Claystone — siehe Argilophyr, Thonporphyr.

Clinkstone = Phonolit.

Clivage (Cleavage) — nennt man mit den Engländern die Druckschieferung, d. h. die durch mechanische Einwirkung bei orodynamischen, gebirgsbildenden, Processen in verschiedenen Gesteinen entstandene Schieferung.

Clodcoal — schottische Bezeichnung für staubartige verwitterte Steinkohle.

Clysmische Formationen und Gesteine — nennt Brongniart die durch Anschwemmung gebildeten Sedimentärgesteine (wie z. B. Lehm), die er zum Diluvium rechnet.

Cocardengneiss — ist ein porphyrischer Gneiss; zurücktretende feinkörnige Grundmasse aus Feldspath, Quarz und Hornblende; grosse Körner von Plagioklas und Quarz mit dunklen Säumen von Hornblende und Glimmer. — A. Stelzner, Beitr. z. Geol. und Paläont. d. Argentin. Republik. 1885, p. 23.

Collate Gesteinsformen = Anhäufungsgebilde.

Comby-structure — wird in Enland die gebänderte oder geschichtete Structur von Gängen genannt.

Compact — nennt man Gesteine ohne Poren, mit ununterbrochener Raumausfüllung: im Englischen auch für dichte Gesteine gebraucht.

Compacte Bitumen — siehe Asphalt.

Compressionsformen der Gesteine — nennt Naumann in verschiedenen Gesteinen, wie Serpentinen, Grünsteinen, Porphyren, Graniten, Thonen etc., durch Druck, Stauchungen u. dergl. Wirkungen entstandene Formen, welche meist

krummflächig begrenzt, sehr unregelmässig, oft auch ver-
bogen linsenförmig erscheinen, manchmal auch in scharfe
Kanten auslaufend, und auf das Innigste an und zwischen
einander gefügt erscheinen.
C. *Naumann*, Geogn., I, 534, 1849.

Concretionäre Gebilde — siehe Concretionen.

Concretionen — durch Concentration eines vom Gestein, das
sie beherbergt, verschieden Minerals oder Mineralaggregates
entstandene Bestandmassen; bei ihrer Bildung erobern sie
selbst den Platz (Gegensatz zu Secretionen), wachsen von
innen nach aussen und sind oft um einen fremden Körper
angewachsen.

Concretionsformen der Gesteine — kann man mit Naumann
definiren als solche innere Gesteinsformen, welche in einer,
rings um ein gemeinschaftliches Centrum oder um eine
gemeinschaftliche Axe bewirkten Anordnung der Gesteins-
elemente, oder in ähnlich geordneten Wechseln der Gesteinsbeschaffenheit begründet sind.

Cone-in-cone Structur — eine in Mergeln, Thonen und Kohlen
angetroffene concretiöse Structur durch in einander gelagerte
conische Gebilde gekennzeichnet, z. B. sog. Tutenmergel.

Conglomerate — nennt man die aus zu einer zusammen-
hängenden Masse cementirten abgerundeten Geschieben oder
Geröllen bestehenden groben klastischen Gesteine. — Syn.
Anagenénite, Pséphite, Pouddingstein.

Consanguinity (Blutsverwandtschaft) — nennt *Iddings* (The
origin of igneous rocks. — Bull. Phil. Soc. Washington,
1892, XII, p. 89) die Abstammung aller Eruptivgesteine
eines vulkanischen Districts aus einem gemeinsamen Magma.

Consolidation = Verfestigung, nennen die französischen Petrographen die verschiedenen Krystallisationsphasen eines
feuerflüssigen Magmas und unterscheiden die I. und II.
Consolidation, welche bei Laven der intratellurischen und
effusiven Krystallisationsphasen entsprechen.

Constitutionsschlieren — sind solche Differenzen in der
Zusammensetzung und Constitution verschiedener Theile
eines Eruptivcomplexes, die auf einer anfänglichen ungleichen
Mischung, Ungleichartigkeit des Eruptivmagmas, beruhen.

Contact — nennt man die Berührungsfläche (und wohl auch
einen Streifen Gestein beiderseits) zweier verschiedener
Gesteine; meistens berücksichtigt man den Contact von
eruptiven Gesteinen untereinander, gegen die Einschlüsse
und besonders gegen die durchbrochenen Sedimentärgesteine.

Contactbildungen — die durch Contactmetamorphose (siehe dieses Wort) entstandenen Umgestaltungen und Neubildungen.

Contacterscheinungen — siehe Contactmetamorphismus.

Contactmetamorphismus (Contactmetamorphe) — der durch Eruptivgesteine auf die durchbrochenen Gesteine und auf abgebrochene und als Einschlüsse mitführende Fragmente ausgeübte metamorphisirende Einfluss: manchmal auch der Metamorphismus der Einschlüsse eruptiver Gesteine. Hierher gehören auch die im Eruptivgestein selbst im Contact hervorgegangenen Veränderungen (Exomorphe und endomorphe C.-M.).

Synonyme: Métam. de contact, de juxtaposition.

Contactverhältnisse der Gesteine — nennt Naumann alle bei dem Zusammentreffen zweier Gesteinskörper unmittelbar an ihrer Grenze wahrnehmbare Erscheinungen, d. h. die materiellen und formellen Verhältnisse, wie Gesteinsbeschaffenheit, Gesteinsverbindung, Form und Lage der Contactfläche. *C. Naumann*, Geogn. I, 905, 1849.

Contractionsformen (formes de retrait) — heissen alle durch eine innere Zusammenziehung beim Festwerden (Austrocknen, Abkühlen) in den Gesteinen entstehenden Formen, die in der Absonderung ihren Ausdruck finden.—Syn. Absonderung.

Contusive Frictionsgebilde — nennt Naumann (Lehrb. d. Geogn. 1849, I, p. 690) solche Frictionsgesteine (siehe dies. Wort), „welche lediglich in Folge gewaltsamer Bewegungen grösserer oder kleinerer Theile der Erdkruste, durch eine innere Zerbrechung und Zermalmung des von diesen Convulsionen betroffenen Gesteins an Ort und Stelle gebildet wurden", wie die sogen. Reibungsbreccien in Verwerfungsspalten.

Cordieritfels — gangförmiges Gemenge von Feldspath, Cordierit, Granat und etwas Glimmer.

(*Naumann*, Erläut. z. geol. Karte v. Sachsen, II, p. 13.)

Cordieritgneiss — nennt man diejenigen verschiedenen, oft grobflaserigen und mit den Granuliten eng verknüpften, Gneisse, die einen wesentlichen Gehalt an Cordierit aufweisen.

Cordieritgranit — nennt man Granite mit merklichem Cordierit-Gehalt.

Cornéenne — französische Bezeichnung für Hornfels; v. Hornschiefer.

Cornes = Hornstein, Hornfels.

Cornstone — werden in England manche sandige Kalksteine genannt.

Cornubianit — mehr oder weniger deutlich geschichtete, aus Glimmer, Feldspath und Quarz bestehende (zu den Gneissen oder C o n t a c t s c h i e f e r n gehörend) Gesteine.

Boase, Cornubianit (Trans. of the geol. Soc. of Cornwall. IV, 390.

Naumann, Geogn. Beschr. des Königreichs Sachsen.

Cornwallgranit — nennt Lang denjenigen Typus seiner Kali-Vormacht-Gesteine, wo die Menge des Natrons grösser ist als die des Kalkes.

Corrodirt — sind die durch Anschmelzen und überhaupt durch Wirkung des feuerflüssigen Magmas veränderten älteren Ausscheidungen der Laven und Porphyrgesteine (angeschmolzene und veränderte porphyrisch ausgeschiedene Krystalle).

Corsit — von dem Fundort auf Corsica herrührende Benennung (Zirkel, II, p. 133) alter körniger Anorthit - Hornblende-Gesteine, oft mit ausgezeichneter Kugelstructur. — Syn. Anorthit-Diorit, Diorite globulaire, orbiculaire, Napoléonite, Kugeldiorit.

Cortlandit — Peridotite, die wesentlich aus Hornblende und Olivin bestehen. — Syn. Hornblende - Pikrite. *Einsprenglinge*

H. Williams, Peridotites of the Cortland-Series on the Hudson river near Peerskill. N.-Y. — Amer. Journ. 1886, XXXI, p. 16.

E. Cohen hatte diese Gesteine mit dem Namen „Hudsonit" belegt (N. J. 1885, I, p. 242).

Coshinolit — nennt *Capacci* (Bull. Soc. geol. Ital. 1881, p. 279) den Borzolit, dessen Mandeln ausgelaugt sind.

Coticule — siehe Wetzschiefer.

Cottonsoil = Regur.

Coulée — siehe Strom.

Craie — siehe Kreide.

Crenitisch — siehe Krenitisch.

Crenogen — nennt E. Renevier die chemischen Absätze aus incrustirenden Quellen.

Crenulite — gegabelte oder an den Enden treppenartig ausgezackte leistenförmige Mikrolithe.

F. Rutley, Notes on Crystallites. Min. Mag. IX, 1891.

Creta — werden auf Ischia die thonigen Zersetzungs- und Abschwemmungsprodukte trachytischer Gesteine genannt; auch analcimführende Tuffe.

44

Cristallophylliens (Terrains) = krystallophyllitische Bildungen — war Omalius-d'Halloy's Bezeichnung für die krystallinischen Schiefer des Urgebirges.

Cross-statification — nannte Lyell (Manual of Geol. V ed., p. 16) die oft an Sandsteinen und Sanden zu beobachtende Erscheinung, dass innerhalb einer Ablagerung dieser Gesteine in kurzen Zwischenräumen die Parallelstructur und mit ihr Färbung und Korn vollständig und regellos wechseln, wodurch oft scharf von einander abgeschnittene, wie Bruchstücke erscheinende, Systeme von Parallelstructur hervorgerufen werden. — Syn. falsche Schichtung, discordante Parallelstructur, diagonale Schichtung.

Crush-breccia — benannte Bonney (Geol. Mag. 1883, 435) die in Situ durch mechanische Zertrümmerung und chemische Veränderung gebildeten Breccien, die man „kataklastische" nennen könnte. — Syn. Reibungsbreccien z. Th., contusive Frictionsgesteine.

Cryptogène — siehe Kryptogen.

Cryptosidères = Kryptosiderite.

Cryptozoïque — siehe Kryptozoïsch.

Cucalit — nach Rolle eine Abart des Chloritschiefers (Chl.-Grisonits). *metamorpher Gabbro?*

Cumberlandite — nennt Wadsworth diejenigen Pallasite, welche oxydirtes Eisen enthalten.
M. E. Wadsworth, Lithological Studies, Mem. of the Mus. of Compar., Zool. at Harward College. XI, pact. 1, p. 80, 1884. Cambridge, America.

Cumulative Zersetzung — nennt Richthofen (Führer für Forschungsreisende, p. 112) die Zersetzung der Gesteine, wenn die Zerstörungsproducte an Ort und Stelle bleiben und so das Gestein anstehend und oft mit Erhaltung der Structur durch und durch zersetzt und oft ganz bröckelig geworden ist.

Cumulite — darunter versteht man nach dem Vorschlag Vogelsang's kugelige, ellipsoidische, auch beerenförmige Aggregate von Globuliten; es sind die einfachsten sphärolithischen Gebilde.
H. Vogelsang, Arch. Néerland. VII, 1872.

Cup-and-ball Structure — englische Bezeichnung für bei der basaltischen Absonderung auf den Flächen ihrer Quergliederung oft auftretende Convexität des einen Endes und Concavität des entgegengesetzten, wodurch die Querglieder der Säulen an einander hatten.

Cuselite — Rosenbusch's Benennung für gewisse dem Leukophyr entsprechende Augitporphyrite. ~~Augitporphyrite~~
Rosenbusch, Mass. Gest. 1887, p. 503.

Cyaniteklogit.

Cyanitfels — dem Eklogit nahestehendes und mit ihm wechsel-
lagerndes Gestein, das aus Cyanit allein oder mit Granat
(roth), Smaragdit und Muscovit besteht.
Virlet d'Aoust (Bull. Soc. Géol., III, 201. 1833.

Cyanitglimmerschiefer — ein Schiefer, der viel Cyanit, dunklen
und hellen Glimmer, oft etwas Feldspath und reichlich
Granat enthält. Vielleicht zu den Granuliten zu rechnen?

Cyanitgranulit — ist nach Kalkowsky eine seltene Abart des
Granulites, gekennzeichnet durch reichliche Beimengung
von Cyanit und starkes Zurücktreten von Granat.

Cyanitit = Cyanitfels, Disthenfels.

Cyanitquarzit.

Cyatholithe — gewölbte Scheibchen und Häufchen in der Kreide.

D.

Dachschiefer — heissen die zum Decken von Dächern ver-
wendeten sehr dünn- und vollkommen - schieferigen Varietäten des Thonschiefers. — Syn. Ardoise, Sch. tégulaire,
Sch. tabulaire.

Dacit — quarzhaltige Andesitgesteine. Von Hauer u. Stache
für ältere Quarztrachyte mit herrschendem Oligoklas und
Amphibol gebraucht. Von Zirkel auf andesitische Gesteine
beschränkt.
Hauer und *Stache*. Geologie Siebenbürgens. 1863.
p. 70, 79. — *Zirkel*. Mikroskopical Petrography, 1879.

Damascirt — ist die verflochtene Structur einiger Obsidiane,
welche an die ornamentirte Oberfläche der Damasker
Schwerte erinnert.
F. Rutley. Study of rocks. 1879. p. 181.

Dampfporen — heissen die mit Gazen gefüllten Cavitäten der
Mineralien. — Syn. Gaseinschlüsse.

Damouritschiefer — ist ein Glimmerschiefer, dessen Glimmer
Damourit ist. — Syn. Hydro-micaschist.

Darg — nennt man den in Küstengebieten von marinen Ablagerungen überdeckten und mit Marschablagerungen wechsel-
lagernden Wiesentorf.

Dattelquarzit — hat man solche Quarzitschiefer genannt, die
eine, besonders bei der Verwitterung deutlich hervortre-

tende, linsenförmige Structur besitzen; längliche ellipsoi-
discheGebilde liegen in einer leichter sich zertheilenden Masse.
Schuhmacher. Z. d. g. G. 1878, XXX, p. 470.

Decken (nappes) — nennt man mächtige, ausgedehnte, ungefähr horizontal gelagerte, zusammenhängende Massen eruptiver Gesteinen; oft sind die Decken durch Verschmelzung
von vielen Strömen entstanden.

Deesite — nennt Stan. Meunier (Coll. d. Mét. 1882) die Meteorite vom Typus des Met. Sierra di Deesa (Copiopo).

Dejectionsgesteine (vulkan.), oder Dejectionsgebilde — nennt
Naumann die losen vulkanischen Gesteine und Auswürf-
inge, wie Bomben, Lapilli, Sand, Asche.
C Naumann. I, 691. 1849.

Demorphismus — wollte Lasaulx (p. 443) die Zersetzungs-
processe, im Gegensatz zu den Umwandlungen, nennen. —
Syn. Dialysen, Verwitterung (z. Th.).

Dendriten — sind die baum- oder farnkrautähnlichen verzweigten Beschläge von Metalloxyden (Eisen?) von dunkler
Farbe (schwarz, braun) auf den Klüften, Fugen und anderen Absonderungsflächen der Gesteine und Mineralien.

Dendrolithe — sind verkieselte Holzstämme.

Dépôts blocailleux — aus scharfkantigen Fragmenten gebildete lose klastische Gesteine.
Omalius d'Hally. Bull. Soc. Géol. 1848, V, p. 74.

Desintegration — siehe Verwitterung.

Desmosite — im Contact mit Diabasen auftretende metamorphosirte gebänderte Schiefergesteine.
Zincken. Karstens u. v. Dechens Archiv. XV. 1841. p.394.

Detritische Gesteine (Detritus) — sind die mechanischen Absätze aus den fliessenden Gewässern (Flüssen), wie Thone,
Sande, Schlamme etc.

Deuterodiorit — nennt Loewinson-Lessing diejenigen kataly-
tischen und oft z. Th. kataklastischen Dioritgesteine, die
nicht primär, sondern durch Metamorphose aus Diabasen und
und Gabbro entstanden sind. — Syn. Metadiorit, Epidiorit
part., Diabasamphibolit part.
F. Loewinson-Lessing. Geolog. Untersuch im Gouber-
linskischen Gebirge. — Verl. d. St. Petersb. Miner. Ges. 1891.

Deuterogen (Roches deuterogènes) — nennt Renevier die mechanischen Sedimente aus dem Wasser. — Syn. klastische,
detritische Gesteine.
E. Renevier. Classification pétrogénique. 1881.

Deuterosomatisch — nennt Loewinson-Lessing (Die Gesteine, in Brockhaus' und Efron's Conversationslexikon, russ., 1893, XVII) die r e g e n e r i r t e n halbkrystallinischen (halbklastischen) Gesteine, wie Thonschiefer, Phyllite, und die Contactgesteine — Fleckschiefer, Adinole, Hornschiefer etc.

Devitrification (Entglasung) — die allmählige Herausbildung von krystallinischen Producten aus einer glasigen Masse, ihr Uebergang in einen lithoiden, steinigen und mehr oder weniger krystallinen Zustand. — Synonym: Promorphisme, Entglasung.

Diabase — ältere körnige Plagioklas-Augit-Gesteine mit ophitischer Structur. Man unterscheidet eigentliche Diabase und Olivindiabase. Enstatit, Quarz, Chlorit, Magneteisen, Ilmenit. Apatit sind häufige Gemengtheile neben den oben genannten. Von den übrigen Grünsteinen unter diesem Namen von *Hausmann* (Ueber die Bildung des Harzgebirges, p. 22) getrennt. Ursprünglich von *Brongniart* für die Diorite gebraucht.

Diabasamphibolit — ist zum Amphibolit metamorphosirter dynamometamorpher Diabas mit gestreckter Structur und zu Hornblende verwandeltem Augit.

Diabasaphanit — nannte man früher solche dichte Diabase (jetzt Augitporphyrite), in denen man mit blossem Auge und mit der Loupe die Gemengtheile nicht unterscheiden kann.

Diabasfelsit — nannte Loewinson-Lessing (Die Olonezer Diabasformation, p. 363. — Arb. d. St. Petersb. Naturf.-Ges. XIX, 1888) die dichten Uebergangsgesteine vom echten Augitporphyrit zum Mikrodiabas, die bei körniger, radialstrahliger oder pilitischer Grundmasse immer etwas Basis, aber keine porphyrartigen Einsprenglinge, enthalten.

Diabasglas — sind die glasigen Ausbildungsformen der Augitporphyrite. Siehe Sordawalit.

Diabashornfels — nannte Lossen (Ueber den Ramberg-Granit und seinen Contacthof. — Erläut. zu Blatt Harzgerode.— Geol. Specialkarte von Preussen. 1882) zu grauer oder bräunlicher hornfelsartiger Masse im Granitcontact veränderte Diabase mit Uralitisirung des Augits, saussüritischer Umwandlung des Feldspaths und anderen tiefgreifenden Veränderungen.

Diabasite — ist Senfts Bezeichnung für alle Labrador-Augit-Gesteine; sie umfasst die Gruppe der Diabasgesteine im weiteren Sinne, d. h. Diabase, Augitporphyrite, Variolite etc.

Diabasmandelstein — unter dieser Bezeichnung wurden früher promiscue Augitporphyritmandelstein, sowie auch sogenannte Kalkdiabase oder Blattsteine verstanden.

Diabasoide — nennt Gümbel (pag. 87) die Gruppe der Diabase, Melaphyre und Augitporphyrite.

Diabasophyre — nennt Lapparent die Diabasporphyrite. — Traité de geologie, 1885. p. 631.

Diabaspegmatit — sind nach Brögger Diabase mit pegmatitischer Structur, pegmatitischer Durchwachsung von Augit und Plagioklas.

Diabasporphyr — nannte man früher diejenigen porphyrischen Gesteine aus der Familie der Diabase und Augitporphyrite, in welchen Pyroxen und Plagioklas beide porphyrartig ausgeschieden sind.

Diabasporphyrit — nennt man die Augitporphyrite mit holokrystalliner Grundmasse.

Diabassandstein — ein zwischen Diabasconglomerat und Diabastuff stehendes klastisches Gestein.

Diabasschiefer — nannte man früher die graugrünen oder dunkelgrünen stark chloritischen schieferigen Gesteine, die man zu den Diabasen stellte; die Mehrzahl gehört zu den schieferigen Diabastuffen (Grünsteinschiefer), andere zu dynamometamorphen Diabasen.

Diabasstructur der Diabase und Dolerite — ist eine hypidiomorph-körnige Structur, gekennzeichnet durch sehr ausgesprochene Leistenform der Plagioklase und grosse allotriomorphe Augitindividuen, die als Mesostasis die Feldspathleisten zusammenkitten; letztere offenbaren manchmal eine Tendenz zu radialstrahliger Gruppirung. — Syn. doleritische, ophitische Str., diabasisch-körnige, divergentstrablig-körnige Structur.

Diabassyenitporphyre — deckenförmige Gesteine mit dunkler basischer Grundmasse : Zwischenglieder zwischen Augitporphyriten und Rhombenporphyren.
W. Brögger. Z. f. K. 1890, p. 28.

Diabaswacke — ist zu erdiger oder thoniger Masse (Wacke) zersetzter Diabas.

Diagenese — nennt Gümbel (p. 57) die Umbildung der kreideartigen Kalksteine in krystallinische und andere ähnliche Umwandlungsprocesse.

Diagonale Schichtung — siehe Cross-statification.

Diaklasen (Diaclases) — nennt Daubrée die Absonderungsspalten der Gesteine.

Diallagamphibolit — sind Amphibolite mit porphyrischen Einsprenglingen und Knollen von Diallag.
Kalkowsky. Elem. Lithol. 1886, p. 210.

Diallagandesit — nach Drasche (T. M. P. M. 1873. pag. 3),
Andesite, deren pyroxenischer Gemengtheil Diallag ist.

Diallagbasalt — ist ein Basalt, dessen pyroxenischer Gemengtheil ausschliesslich oder z. Th. Diallag ist; er entspricht
also dem Gabbro.

Diallagdiabas — nennt Kalkowsky (Elem. d. Lithol. 1886, p. 119)
bie Diabase mit sporadischem, vorherrschendem oder allein
vorhandenem Diallag als pyroxenischem Gemengtheil.

Diallagdiorit — ist hornblendeführender und manchmal quarz-
haltiger Gabbro. — Syn. Gabbro-Diorit.
Hussak. Sitzungsber. Wien. Akad. 82. I, 177. 1881.

Diallagfels oder **Diallag-Gestein** — ist ein zu den Pyroxeniten gehörendes körniges Intrusivgestein, das namentlich aus Diallag
(allein oder mit anderen Pyroxenen) besteht; kommt mit
Pyroxeniten und Peridotiten vor. Manchmal hat man auch
den Gabbro Diallaggestein (Diallagrock) genannt.

Diallagit (Diallaggestein) — sind die aus Diallag bestehenden
Pyroxenite — ältere körnige Tiefengesteine.

Diallaggneiss — ist Hornblendegneiss mit Diallag und viel
Plagioklas. — Syn. Syenitgneiss, Dioritschiefer (?).
Svedmark. Sverig. Geol. Undersökn. Ser. C. № 78,
1885. (7 u. 162.)

Diallag-Granatgestein — in Blöcken in Niederösterreich unter
den Granatamphiboliten vorkommendes massiges (?) Gemenge
von Diallag und Granat.
Becke. T. M. P. M. 1882, IV, p. 321.

Diallaggranulit = Trappgranulit, der aus Orthoklas, Quarz,
Granat und Diallag besteht,

Diallagmelaphyr — werden manchmal Palatinite oder Enstatitporphyrite genannt.

Diallagperidotit (Kalkowsky) — siehe Wehrlit.

Diallagsalitfels — ist nach *Hussak* (T. M. P. M., 1882, V,
p. 61) ein massiger Pyroxenit, der wesentlich aus Diallag
und Salit besteht; manchmal auch schieferig (?).

Diallagserpentin — nennt man die aus Wehrliten entstandenen
diallaghaltigen Serpentine.

Dialysen der Gesteine — so bezeichnete Naumann (Geogn. I,
750. 1849) die bei den Veränderungen der Gesteine vor
sich gehenden Zersetzungen, im Gegensatz zu den Umbil-
dungen oder Metamorphosen. — Syn. Demorphismus, Verwitterung (z. Th.).

Dialytisch — Naumann's Bezeichnung für secundäre, durch chemische Zerstörung anderer Gesteine entstandene Gesteine. wie z. B. Thone. — Synonym: Cimmatisch.

Diamorphismus — haben einige französische Forscher (Delesse, Etudes s. l. Métam. 1858) diejenigen endomorphen Veränderungen benannt, welche noch vor der Erstarrung in dem Magma durch gleichzeitige Gas-Emanationen (agents mineralisateurs) bedingt werden.

Diaspro porcellanico = Porzellanjaspis.

Diastrome — nennt *Daubrée* (Bull. Soc. Géol. [3] X, p. 137) die Absonderung der Gesteine nach den Schichtungsflächen.

Diatomeenerde — ist eine lose aus Diatomeenschalen bestehende Kieselablagerung. Siehe Tripel, Polirschiefer etc.

Diatomeenpelit (Naumann) — siehe Polirschiefer.

Dichroitfels — siehe Cordieritfels.

Dichroitgneiss — siehe Cordieritgneiss.

Dichroitgranit — siehe Cordieritgranit.

Dichte Gesteine oder Textur — ist ein Begriff, dessen Bedeutung mit der Vervollkommnung der Untersuchungsmethoden wechselt. Am häufigsten bezeichnet man so diejenigen Gesteine, deren Gemengtheile weder mit der Loupe noch mit dem Mikroskop zu unterscheiden sind. Kryptokrystallin, mikrokrystallin, adiagnostisch — sind verschiedene Arten von Dichtigkeit. — Syn. Aphanitisch, adiagnostisch, adelogen.

Dief — in Belgien wird so ein grauer sehr zäher, nach unten etwas kalkiger, dem Turonien angehöriger, Thon genannt.

Dielstein — ist grober breccienartiger Trass.

Diogenit — nannte Tschermak (Sitz.-Ber. Wien. Akad. 1883, I, 88, p. 366) die wesentlich aus Bronzit (oder Hypersthen) bestehenden Steinmeteorite. Ursprünglich gebrauchte er dafür die von ihm aufgegebene Bezeichnung Manegaumit,

Diorit — ältere intrusive krystallinisch-körnige Plagioklas-Amphibol- oder Plagioklas-Biotit-Gesteine, mit oder ohne Quarz. Man unterscheidet Quarzdiorite und eigentliche Diorite und in beiden Gruppen Hornblende-, Glimmer- und Augit-Diorite. Benennung von *Hauy*. Traité de Minéral. 1822. IV, p. 541.

Dioritaphanit — nannte man früher dichte, aphanitische Hornblende- und Dioritporphyrite.

Diorit-Diabas — Hornblende-Augit-Porphyrite von den Pargas-Inseln, vielleicht den primären körnigen Proterobasen entsprechend. Auch im Sinne von Augitdiorit gebräuchlich.

Bei O. Lang diejenigen Gesteine der Kalk-Vormacht, wo
die Menge des Natrons grösser als die des Kalis ist.
Wiik. Mineralogiska och petrografiska meddelanden. 1875.

Diorit-Dolerit — nennt Lang denjenigen Typus seiner Calcium-
Vormacht-Gesteine, die mehr Natron als Kali enthalten.

Dioritgabbro — werden Ueberganggesteine zwischen Diorit
und Gabbro genannt, also körnige ältere Gesteine, die
wesentlich aus Plagioklas, Diallag und Hornblende bestehen, oder auch metamorphosirte Gabbro mit z. Th. zu
Hornblende verwandeltem Diallag. — Siehe Uralitgabbro.

Dioritgneiss — nennt man manchmal diejenigen Gneisse, die
wesentlich aus Quarz, Hornblende und mehr Plagioklas als
Orthoklas bestehen. Es mögen wohl unter dieser Bezeichnung echte Gneisse mit Quarzdioritschiefern und metamorphen Quarzdioritgesteinen zusammengefasst worden sein.
— Syn. Tonalitgneiss.

Dioritine = Glimmerporphyrit von Commentry.

Dioritoide — nennt Gümbel (pag. 87) die Gesammtheit der
Dioritgesteine und Porphyrite.

Dioritpechstein = Vitrophyrit, Porphyrit mit überwiegend
glasiger Grundmasse.

Dioritporphyre — nannten Stache und John (Jahrb. geol.
Reichsanst. 1879, XXIX, 317) holokrystallin-porphyrische,
im weiten Sinne zu den Dioriten gehörige, Gesteine, die
jetzt allgemein Dioritporphyrite genannt werden.

Dioritporphyrite — nennt man die effusiven und gangförmigen
Hornblendeporphyrite mit holokrystalliner Grundmasse.

Dioritschiefer — sind entweder, wohl meist durch dynamometamorphose (?), schieferige Diorite oder Hornblendeschiefer (siehe dieses Wort).

Diorit-Suldenit — nennt P. Lang (siehe Dolerit-Diorit) einen
Typus seiner Calcium-Vormacht-Gesteine mit mehr Na als K.

Dioritwacke — zu erdiger und thoniger Masse (Wacke) mehr
oder weniger vollständig zersetzter Diorit.

Dipyrdiorit — nennt H. Sjögren (Geol. Fören. i Stockholm
Förhandl. 1883, VI, 447) schwedische apatitführende Diorite (umgewandelte Gabbro), wo der Feldspath zu Dipyr
und der Diallag zu Hornblende umgewandelt ist.

Dipyrdiabas — steht dem Dipyrdiorit nahe; besteht aus Dipyr
und salitähnlichem Augit. *Sjögren* (siehe Dipyrdiorit).

Dipyrschiefer — ist eine an Dipyr reiche Abart des Thonschiefers.

Discordante Parallelstructur — siehe Cross-stratification.

Disjuncte Gesteine — nennt Gümbel (pag. 76) die losen, aus unzusammenhängenden Massen bestehenden klastischen Gesteine.

Dislocationsbreccien (Lasaulx) = Reibungsbreccien, contusive Frictionsgebilde, Crush-breccia.

Dislocationsmetamorphismus — Lossen's (1869) Bezeichnung für die in den Gesteinen durch die Einwirkung von gebirgsbildenden Processen vorgehenden Veränderungen.— Synonyme: Mechanischer Metamorphismus, Dynamometamorphismus, Druckmetamorphose, Frictionsmetamorphismus, Stauungsmetamorphismus, Metapepsis.

Disomatisch — werden Krystalle, deren Einschlüsse einer anderen Mineralspecies gehören, genannt. *(Seiffert u. Söchting.)*

Disthenfels — ist nach Virlet d'Aout (Bull. Soc. Géol. t. III, 1833, p. 201) ein auf der Insel Syra in grösseren Lagern auftretendes Gestein, welches sich an den Eklogit anschliesst und aus Disthen allein oder mit etwas Granat, Smaragdit und weissem Glimmer besteht. — Syn. Cyanitfels, Cyanitit.

Disthenschiefer — besteht hauptsächlich aus dunklem und hellem Glimmer mit Disthenbeimengung. — (Grubenmann, v. Fritsch.) — Syn. Zweiglimmerschiefer.

Ditroit — glimmer- und hornblendeführender Eläolithsyenit von Ditró in Siebenbürgen, reich an Mikrolin, S o d a l i t h, mit Cancrinit, Zirkon, Perowskit. Ursprünglich von Haidinger Hauynfels genannt. Benennung von *Zirkel*, Lehrb. d. Petrogr. I, 595, 1866. Ursprünglich als Hauynfels beschrieben von *Haidinger.* Jahrb. d. k. k. geol. Reichsanst. XII, 64.

Dolerine — nach *Jurine* (Journ. des Mines. XIX, p. 374) Talkschiefer mit wesentlicher Beimengung von Feldspath und Chlorit, in den penninischen Alpen.— Syn. Stéaschiste feldspathique.

Dolerit — grob- bis mittelkörnige Basaltgesteine; meistens wohl als structurelle Bezeichnung gebraucht. Die englischen Petrographen gebrauchen Dolerit auch für Diabas. Ursprünglich für ein krystallinisches Gemenge von Labrador und Augit mit etwas titanhaltigem Magneteisen gehalten. Die Benennung stammt von Hauy.

Doleritbasalt — ist Roth's (Geol. II, 336) Benennung für dichte, manchmal porphyrische Basaltgesteine, welche sonst Feldspathbasalt oder Plagioklasbasalt genannt werden.

Dolerit-Diorit — nennt O. Lang (Mengenverhältniss von Na, Ca und K als Ordnungsmittel der Eruptivgesteine in Bull. d. l. Soc. Belge d. Géol. 1891, V, p. 144) einen Typus

der Gesteine der Calcium-Vormacht mit mehr Na als K.
Siehe Diorit-Dolerit.

Dolerit-Gabbro — nennt O. Lang (siehe Dol.-Dior.) einen
Typus seiner Calcium-Vormacht-Gesteine.

Doleritwacke — siehe Basaltwacke.

Dolomit (Dolomie)—ist eine allgemeine Benennung für diejenigen,
meist hellfarbigen, verschiedenartig, analog dem Kalkstein,
beschaffenen Gesteine, die ein körniges, dichtes oder erdiges
Aggregat von Dolomitspath darstellen, also aus einem
Aequivalent kohlensaurem Kalk und einem Aequivalent
kohlensaurer Magnesia bestehen. Benannt nach Dolomieu,
der ihn zuerst beschrieb (Journ. de Phys., 1791, XXXIX, p. 3)
von *Saussure* (Voyage dans les Alpes, IV, 17, 109).

Dolomitasche — durch Beimengungen grauer erdiger Dolomit.

Dolomitglimmerschiefer — ist ein dem Kalkglimmerschiefer
entsprechendes Gestein, mit Dolomit an Stelle des Kalkes.

Dolomitisirter Kalkstein — ein durch Magnesia-Zufuhr oder
auf einem anderen Wege in Umwandlung zu Dolomit be-
griffener Kalkstein; enthält mehr Kalk als die echten
Dolomite, und ist der kohlensaure Kalk als mechanische
Beimengung zum normalen Dolomit erkennbar.

Dolomitisirung — ist die Metamorphose von Kalksteinen zu
Dolomiten oder dolomitischen Kalksteinen.

Dolomitschiefer — schieferiges Dolomitgestein mit Bemengung
von Thon und feinen Quarzkörnern. *Inostranzeff*, 1879. p. 5.

Dolomitmergel — unterscheidet sich durch hohen Magnesia-
gehalt vom gewöhnlichen Mergel.

Domanik -- Benennung der Einheimischen des Petschora-
landes (Uchta u. a.) für dünngeschichtete dunkelbraune bis
sammtschwarze Brandschiefer. welche dort im Devon mächtige Schichtencomplexe bilden
A. v. Keyserling. Wissenschaftliche Beobachtungen auf
einer Reise in das Petschoraland. 1846, p. 396.

Dôme — siehe Kuppe.

Domit — oligoklasführende, z. Th. zersetzte und mit Eisenglanz
imprägnirte, Trachyte. Benannt nach dem Puy de Dôme
in der Auvergne. *Orthophelsbypen!*
L. v. Buch. Gegn. Beobacht. auf Reisen etc., II, 243.

Doppelt-sphärische Structur — eine dadurch bedingte Structur (in Augitporphyrit-Mandelsteinen häufig), dass die kleinen
Sphärolithe sich concentrisch auf sphäroidalen Flächen lagern
und dadurch eine sphäroidale Absonderung des sphärolithischen Gesteins hervorbringen.

Driftstructur — ist wohl gleichbedeutend mit complicirter discordanter Parallelstructur; bei jüngeren Sanden vertreten. — Siehe Cross-stratification.

Druckmetamorphose (Brögger, 1890) = Dislocationsmetamorphismus.

Druckschieferung — ist sowohl die bei sedimentären als auch bei eruptiven Gesteinen durch Gebirgsdruck hervorgebrachte Schieferung. Siehe Clivage (cleavage), diagonale Schief., falsche Schief.

Drusengranite — sind solche granitische Gesteine, die unregelmässig begrenzte primäre Hohlräume, oft durch mit dem Erstarren des Gesteins beinahe gleichzeitige Mineralneubildungen versteckt, enthalten.

Drusenräume — sind die mit Mineralien ausgefüllten Hohlräume in Gesteinen.

Dubiokrystallinisch — nennt Zirkel das Gefüge derjenigen „kryptokrystallinischen" Gesteine, deren Krystallinität auch mit dem Mikroskop schwierig oder überhaupt nicht festgestellt werden kann.

F. Zirkel. Lehrb. d. Petrogr. 1893, I, p. 455.

Duckstein — siehe Trass.

Dünnschliffe — heissen die mikroskopischen Präparate der Mineralien und Gesteine, also bis zur Durchsichtigkeit planparallel geschliffene Platten derselben. (Thin sections, thin slides, plaques minces.)

Dunit — eng mit Serpentinen verknüpftes, aus Olivin und Chromit bestehendes, Gestein; gehört zu den Peridotiten.

v. Hochstetter. Geologie v. Neuseeland. 1864, p. 218, und Z. d. d. g. G. 1864, p. 341.

„Dunstone" — locale Benennung für vulkanische Gesteine des östlichen Cornwall, die nach Teall den Diabas-Mandelsteinen entsprechen.

J. H. Teall. British Petrography, p. 230.

Durbachit — eine Abart von Glimmersyenit, die als lamprophyrähnliche Randfacies um Granit erscheint.

A. Sauer. Section Gengenbach. Mittheil. d. Gr. Bad. geol. Landesanst. Bd. II, Heft 2, p. 233, 258.

Durchflochtens Structur — ist eine Abänderung der flaserigen Structur, wenn in der Lage der Linsen und der Zwischenmasse kein Parallelismus zu merken ist. — Syn. Structure entrelacée.

Durchtrümert — nennt man diejenigen Gesteine (oder deren Structur), die von zahlreichen Trümern oder Adern durchzogen sind.

Dutenstein — siehe Nagelkalk.

Dykes — sind Gänge. Hauptsächlich auf Gänge vulkanischer Gesteine, stehende Lavagänge im Aufschüttungskegel etc. anwendbar.

Dykite — will Lagorio (Ueber einige massige Gesteine der Krim. — Berichte d. Univers. Warschau, 1887) die Ganggesteine nennen.

Dynamometamorphismus (dynamischer Metamorphismus) — werden diejenigen Veränderungen der Gesteine genannt, die von mechanischen orogenetischen Vorgängen verursacht werden. Die einen rechnen hierher nur mechanische Veränderungen, die anderen auch die chemischen Umwandlungen der Gesteinsgemengtheile. — (Rosenbusch, 1886). Syn. siehe bei Dislocationsmetamorphismus.

Dysodil — Abart von Braunkohle, die aus dünnen, von einander leicht ablösbaren, biegsamen und zähen Lagen oder Membranen besteht: braun, grau; enthält viel Bitumen, Thon, Kieselerde; bildet den Uebergang zum Brandschiefer. — Syn. Papierkohle.

Dysyntribit — ist eine Abart des Topfsteins aus New-York.

E.

Effusionsschichten — nennt Naumann die Schichtensysteme aufeinander gelagerter Decken von Eruptivgesteinen.

Effusive Krysallisationsphase — wird die nach der Eruption der Lava vor sich gehende Krystallisation derselben wodurch die Grundmasse der Laven herausgebildet wird, genannt.

Effusivgesteine—sind solche Eruptivgesteine, die im feuerflüssigen Zustande, wie die heutigen Laven, auf Spalten der Erdrinde bis zu Tage emporstiegen und sich dann über Theile der Erdrinde fliessend oder quellend ausbreiteten und erstarrten. — Synonym: Ergussgesteine, Eruptivgesteine (sensu stricto), vulkanische G. (als Gegensatz zu den plutonischen), manchmal Laven, Vulkanite exogene G., extrusive G.

H. Rosenbusch. Ueber das Wesen der körnigen und porphyrischen Structur bei Massengesteinen. N. J. 1882, II, p. 1—16.

Egeranschiefer — ist ein dünnschieferiges feinkörniges Gestein, welches dem Kalkthonschiefer nahe steht und aus Kalkspath, Tremolit, Glimmer, Egeran, Granat u. ein. and. Mineralen besteht.

A. E. Reuss. Abhandl. k. k. geol. Reichsanst., I, 1852, p. 26.

= Tschermak-Campatonits

Ehrwaldit — von Cathrein als Gattungsname für zu den Augititen gehörige Basaltgesteine mit der Combination rhombischer und monokliner Pyroxene, manchmal auch Hornblende, vorgeschlagen ; von Pichler wurde dieser Name schon früher in Anwendung auf dasselbe, aber als Augitporphyr aufgefasste, Gestein von Ehrwald gebracht.

A. Pichler. J. k. k. g. R., 16, 503, u. N. J. 1875, 927.

A. Cathrein. Ueber den sogenannten Augitporphyr von Ehrwaldt. — Verhandl. k. k. geol. Reichsanst., 1890, p. 1—9.

Einfache Gesteine — sind solche, die wesentlich aus einer Mineralspecies bestehen ; mit wenigen Ausnahmen sind es Sedimentärgesteine, so dass diese Benennungen beinahe als Synonyme erscheinen.

Einschlüsse — sind im Gestein eingeschlossene Bruchstücke fremder Gesteine (auch organische Ueberreste); bei den einzelnen Mineralen sind es fremde gasförmige, flüssige oder feste Körper oder Porenausfüllungen.

Einsprenglinge (auch porphyrartige, porphyrische E. genannt) — grössere Krystalle oder Krystallkörner in feinkörniger, dichter oder glasiger Grundmasse bei Gesteinen mit porphyrischen Structuren.

Eisenbasalt — nennt Steenstrup (Ueber das Eisen von Grönland. Z. d. g. G. 1876, XXVIII, p. 225) die grönländischen Basalte mit Einsprenglingen, Knollen und grossen Massen von gediegenem Eisen.

Eisenfels — siehe Itabirit.

Eisenglanzquarzit = Eisenquarzitschiefer.

Eisenglimmergneiss — nennt Cotta (Gesteinslehre, 1862, p. 16) einen Gneiss mit Eisenglimmer an Stelle des eigentlichen Glimmers.

Eisenglimmerschiefer — wesentlich aus Quarz und Eisenglimmer bestehendes Schiefergestein.

Eisengneiss — siehe Eisenglimmergneiss.

Eisengranit — ist ein Granit mit Eisenglimmer.

Eisenkalkstein — ist ein an Eisenoxyd oder -Hydroxyd reicher Kalkstein; braun, oft zellig.

Eisenmeteorite — nennt man diejenigen Meteorsteine, die aus gediegenem Eisen (und dessen Legierungen) bestehen, mit Einsprengungen von einfachen Verbindungen (z. B. Sulfiden), aber ohne Silicate, ohne steinige Gemengtheile. Einige Autoren dehnen die Bezeichnung auch noch auf diejenigen Meteorite, die wesentlich aus Silicaten und Eisen

bestehen (Mesosiderite) oder überhaupt Eisen enthalten.—
Syn. Siderite, Siderolithe.

Eisenmulm — ist erdiger Rotheisenstein.

Eisenoolith — siehe Oolith.

Eisenquarzitschiefer — ist schieferiger, an Eisenglanz reicher,
Quarzit.

Eisenrogenstein — siehe Eisenoolith.

Eisensandstein — ist ein an Eisenoxyd sehr reicher Sandstein.

Eisenspilit — ältere Bezeichnung für Gesteine, die zu den
Spiliten, Diabasen, Melaphyren gehören.

Eisensteine — nennt Cotta (Gesteinslehre. 1862, p. 260) die
vorwiegend oder ausschliesslich aus Eisenerzen bestehenden Gesteine.

Eisenthon — nannte Werner die braunrothe weiche Grundmasse mehr oder weniger zersetzter Melaphyrmandelsteine
und Basalte. — Syn. Basaltwacke.

Eisen-Trümmergesteine — sind nach Senft (Classif. d. Felsarten, 1857, 70) solche, an deren Zusammensetzung ein
aus Braun- oder Rotheisenstein bestehendes Bindemittel
und Quarzkörner oder Bruchstücke von Eisenerzen theilnehmen (Topanhoacanga, Eisensandstein, Eisenoolith).

Eklogit — ein wesentlich aus Omphacit, Smaragdit und Gra-
nat bestehendes, meist etwas schiefriges, Gestein. — Syn.
Omphacitfels, Smaragditfels.
Hauy. Traité de Minér. IV, 548.

Ektogene Gemengtheile — nennt Gümbel (74) die fremden
von aussen aufgenommenen Einschlüsse einiger Gesteine,
wie z. B. nach seiner Auffassung die Olivinknollen der
Basalte.

Eläolithsyenite — werden die alten körnigen Tiefengesteine genannt, die wesentlich aus Orthoklas, Eläolith und einem
oder mehreren Vertretern der Pyroxene, Amphibole und
Glimmer bestehen. Benennung von Blum (N. J. 1861, 426).
Syn. Nephelinsyenit. Siehe auch : Miaskit, Ditroit, Foyait.

Elastischer Sandstein — nannte v. Martius (Reise in Brasilien, II) den Itacolumit wegen seiner Biegsamkeit.

Elaeolithsyenitporphyr — sind porphyrische Ganggesteine, die
aus Orthoklas, Eläolith, Hornblende, Glimmer etc. bestehen.
Siehe Gieseckit- und Liebeneritporphyr.

Elvan (Elvanit) — Cornwälischer bergmännischer Ausdruck
für Gesteine, die zu den Quarz- und Granitporphyren gehören.

Empyreumatisch — wird der Geruch genannt, den beim An-
hauchen Thone und thonhaltige Gesteine von sich geben.

Endogene Gemengtheile (Gümbel, p. 74) = authigene Gem.

Endogene Contacterscheinungen — siehe Endomorphose.

Endogene Gesteine — nennt Richthofen (Führer für Forschungsreisende, p. 535) die in Batholithen, Laccolithen und Gängen
auftretenden intrusiven Eruptivgesteine. Zuerst von Humboldt, Kosmos I, p. 457 gebraucht.

Endogene Einschlüsse — nannte Sauer (Sect. Wiesenthal
d. geol. Karte von Sachsen. 1884, p. 70) die scharf ab-
gegrenzten eckigen, scheinbar fragmentaren Massen, die in
einigen Gesteinen vorkommen und als frühe Ausscheidungen
aus dem Magma (aber anderswo, als wo jetzt das Gestein
sich befindet, entstanden) aufzufassen sind. — Syn. Constitutionsschlieren z. Th.

Endomorphose oder **endomorphe Contactmetamorphose** — die
im Contact mit den durchbrochenen Gesteinen im Eruptivgestein vorgegangenen Veränderungen. (Verkleinerung des
Korns, glasige Salbänder, Corrosionen, Neubildungen etc.)
Fournet, B. S. G. (2) IV, 1847, p. 243.

Enhydros — heissen die aus Urugay stammenden, mit Flüssigkeit erfüllten, Chalcedonmandeln etc.

Enstatitandesit — werden Andesite genannt, die Enstatit neben oder an Stelle von andern Pyroxenen enthalten.

Enstatit-Bronzit-Omphacitfels — ein zu den Pyroxeniten (Williams) gehöriges körniges Gestein.
Schrauf, Z. f. K. 1882, VI, p. 326.

Enstatitdiabas — nennt Rosenbusch (Mass. Gest. 1887, p. 204)
die Diabase mit rhombischem Pyroxen (Enstatit, Bronzit)
neben dem monoklinen; oft weisen sie auch einen Quarzgehalt auf.

Enstatitdiorit — nennt Kalkowsky (Elem. d. Lithol. 1886,
p. 99) Diorite mit Enstatit- und Diallaggehalt. Ob zu den
Dioriten gehörig?

Enstatitfels — mit dem Gabbro eng verknüpftes körniges Gestein, wesentlich bestehend aus Anorthit (oft untergeordnet) und Enstatit. — Syn. Protobastitfels. Sollte nur für
Pyroxenite, die wesentlich aus Enstatit bestehen, gebraucht
werden, wie es russische Forscher für uralische Gesteine
benutzen.
Streng, N. J. 1864, p. 260).

Enstatitmelaphyr — nennt Kalkowsky (p. 127) diejenigen Gesteine, die sonst als Enstatitporphyrite und z. Th. als
Palatinite bezeichnet werden.

Enstatitnorit — ist Norit, dessen pyroxenischer Gemengtheil vorwiegend oder ausschliesslich Enstatit ist; siehe Protobastitfels, Norit.

Enstatitperidotit — ist Harzburgit mit Enstatit als vorwaltendem oder einzigem pyroxenischem Gemengtheil.

Enstatitporphyrit — nennt Rosenbusch (Mass. Gest. 1887, p. 475) diejenigen Porphyrite, deren pyroxenischer Gemengtheil ausschliesslich oder vorwiegend Enstatit ist; z. Th. gehört hierher der Palatinit.

Enstatitpyroxenit — ist nach Kalkowsky (p. 235) ein Pyroxenit, der aus Salit mit Enstatiteinsprenglingen, Strahlstein und Spinell besteht. — Syn. Enstatitgestein.

Entglasung — siehe Devitrification.

Entogäisch = intratellurisch.

O. Lang. T. M. P. M. 1891, XII, p. 203.

Entoolithisch — nannte Gümbel diejenigen oolithischen Körner (wie z. B. im Carlsbader Sprudel), die von Aussen nach Innen wuchsen und oft eine Höhlung beherbergen.

C. Gümbel. N. J. 1873, p. 303.

Eozoonale Structur — wird manchmal die Beschaffenheit der Serpentineinlagerungen in Kalksteinen genannt, wenn sie die für den fraglichen Eozoon canadense eigenthümlichen Formen aufweist.

Epidiorit — ursprünglich von Gümbel aus der Gruppe der Diabase ausgeschieden und auf Ganggesteine mit grünem fasrigem Amphibol und braunem oder grünem Augit beschränkt. Nachdem Hawes die secundäre Natur dieser Gesteine erkannt, wird wohl darunter eine Stadie der von Hornblendebildung (Uralitisirung) begleiteten Metamorphose von Diabasgesteinen zu Amphiboliten verstanden.

Gümbel. Die paläolithischen Eruptivgesteine des Fichtelgebirges. 1874.

Hawes. Mineralogy and Lithology of New-Hampshire. 1878.

Epidosit — nennt man schieferige Gesteine, die aus Epidot und Quarz bestehen; auch Umwandlungsgemenge von nicht schieferiger Beschaffenheit. Pilla rechnet ihn zu den Gabbros. — Syn. Pistacitfels.

L. Pilla. Der Epidosit. N. J. 1845, p. 63.

Reichenbach. Geognostische Darstellung d. Umgeg. v. Blansko. 1834, 55.

Epidotamphibolit — nennt Kalkowsky (p. 211) schieferige, nicht sehr feinkörnige, vorwiegend aus Epidot und Hornblende bestehende, Gesteine, die gegen Grünschiefer und Hornblendeschiefer sich nicht gut abgrenzen lassen. — Siehe Epidot-Amphibolitschiefer.

Epidot-Amphibolitschiefer — feinkörniges Schiefergestein, wesentlich aus Epidot, Plagioklas und strahliger Hornblende bestehend. Grünschiefer (Naumann) z. Th.

Epidot-Chloritgestein — nach Inostranzeff (p. 115) Umwandlungsproduct von Diorit; besteht hauptsächlich aus Chlorit, Epidot und Quarz.

Epidot-Chloritdiorit — nennt Inostranzeff (p. 107) umgewandelte Diorite mit secundärem, die Hornblende epigenisirendem, Chlorit und Epidot.

Epidotdiorit — nannte Inostranzeff (pag. 104) solche metamorphosirte Diorite, die einen wesentlichen Gehalt an Epidot aufweisen.

Epidotfels — ist ein in der Gneissformation auftretendes körniges oder schieferiges Gestein, das wesentlich aus Epidot, allein oder mit Quarz besteht.

Gorceix. Bull. Soc. géol., 1876, IV, p. 434.

Epidotgestein — nannte Inostranzeff (p. 113) solche metamorphische Gesteine, die bei dunkler Färbung und aphanitischem Gefüge hauptsächlich aus Epidot mit Ueberresten von Oligoklas (und Hornblende) bestehen, viel Eisenglanz und andere accessorische Bestandtheile enthalten und aus Dioriten hervorgegangen sind.

Epidot-Glimmerdiorit — nennt Inostranzeff (p. 111) umgewandelten Diorit, in welchem Epidot und Biotit die Hornblende epigenisiren.

Epidot-Glimmerschiefer.

Epidotgneiss — nennt Törnebohm (N. J. 1883, I, 245) schwedische Gneisse mit primärem Epidot.

Epidotgranit — nennt man die an Epidot (secundär) reichen Granite (immer schon etwas zersetzt).

Epidotgrünschiefer — sind solche Grünschiefer, in denen der Epidot vorwaltet vor Hornblende oder Chlorit. — Siehe Epidot-Amphibolschiefer.

Epidot-Plagioklas-Amphibolit.

Epidotquarzit — will Kalkowsky (p. 272) ursprüngliche Quarz-Epidot-Gesteine, die zu den Schiefern gehören, bezeichnen.

Epidotschiefer — bestehen wesentlich aus Epidot, Chlorit und Glimmer neben Feldspath und Quarz.

Epigenetisch — nennt man die durch Umwandlungsprocesse bedingten secundären Bildungen in Mineralen; das (oder die) neue Product e p i g e n i s i r t das ursprüngliche Mineral.

Epigenisiren — sagt man von secundär sich auf Kosten eines anderen Minerals bildenden Mineralien.

Epiklastisch — nennt Teall die durch Zertrümmerung präexistirender Gesteine auf der Erdoberfläche enstandenen Trümmergesteine. — Synonym mit klastisch.
J. H. Teall. Origin of Banded Gneisses. Geol. Mag. 1887, Nov., p. 493.

Erbsenstein — ist ein Kalkoolith mit stark zurücktretendem oder gar fehlendem Kalkcement. Besitzt radialfaserige und concentrisch-schaalige Structur und besteht aus Aragonit. — Syn. Pisolith, pea-stone.

Erdharze — sind fossile Harze, wie Bernstein, Tasmanit etc.

Erdig — nennt man die leicht zerreiblichen oder pulveriglockeren Gesteine.

Erdkohle — Abart von Braunkohle.

Erdöl — siehe Naphtha.

Erdpech — siehe Asphalt.

Erdschlacke — hat man früher schlackige zersetzte Basalte, gebrannte und verglaste Thone und dsgl. genannt. — Syn. Porzellanit.

Ergeron = Löss (in Frankreich).

Ergussgesteine — in Decken oder Strömen auftretende jüngere und ältere Laven. Von Rosenbusch als „in fester Form diejenigen Theile der tellurischen Eruptivmassen, welche auf Spalten der Erdrinde bis zu Tage emporstiegen und sich dann über Theile der Erdrinde fliessend oder quellend ausbreiteten." — Syn. siehe bei Effusivgest.
Rosenbusch. Mass. Gest. 1887.

Erlanfels — ist ein in der sächsischen Granulit- und Gneissformation vorkommendes Aggregat von Erlan; enthält auch wesentlich Augit, Feldspath, Quarz.

Erstarrungsgesteine — siehe Eruptivgesteine.

Eruptionsschutt (auch Vulkanenschutt) — nennt Senft die losen vulkanischen klastischen Gesteine: Lapilli, Asche und Auswürflinge.

Eruptivgesteine — nennt man gewöhnlich alle aus feuerflüssigem Zustande, aus dem Schmelzflusse, entstandenen Gesteine ohne Unterschied ob sie intrusiv oder effusiv sind; einige Autoren beschränken den Namen auf die letztere Categorie — vulkanische Gesteine im engeren Sinne. — Syn. Erstarrungsgesteine, plutonische, vulkanische, chysiogene, pyrogene, exotische Gesteine; für die Synonyme der engeren Bedeutung siehe Effusivgesteine.

Eruptivtuffe — nannte Richthofen (Geogn. Beschr. von Süd-Tyrol. 1861) tuffartige Gesteine, zu den Augitporphyren gehörend, die dadurch entstanden sind, dass die Eruptivmasse im Moment der Eruption und während der Erstarrung durch das Wasser bearbeitet wurde und das klastische Material sich in dicke Bänke an der Ausbruchstelle anhäufte; z. Th. gleichbedeutend mit Schlammströmen.

Erxlebenite — ist Stan. Meunier's Bezeichnung (Coll. d. Météor. 1882) für die Meteorite vom Typus des Met. Erxleben.

Erzgesteine — sind solche, die als Erze technische Verwerthung finden, wie die Eisengesteine.

Eudiagnostisch — nennt Zirkel das Gefüge derjenigen krystallinischen Gesteine, deren einzelne Gemengtheile erkennbar und bestimmbar sind.

> *F. Zirkel*. Lehrb. d. Petrogr., 1893, I, p. 454.

Eudialytorthophonit (Lasaulx, Elem. d. Petr. 1876, p. 321) = Eudialytsyenit.

Eudialytsyenit — grönländische ägirinreiche Eläolitsyenite mit Eudialyt.

> *Vrba*. Sitz.-Ber. Wien. Akad. 1874. LXIX, I.

Eugranitisch — nennt Lossen die krystallinisch-körnige Structur der anderen Autoren.

Eukrit — nennt G. Rose wesentlich aus Anorthit und Augit bestehende Meteorite und tellurische Gesteine; es sind anorthitführende Gabbro, Diabase und Meteorite, auch olivinhaltig.

> *G. Rose*. Ueber Grünsteine. Pogg. Ann. 1835, B. 35, p. 1.

Eulysit — nannte Erdmann lagerartig im Gneiss vorkommende Gesteine, die er als ein Gemenge aus „olivinähnlichem Eisenoxydul, grünem Pyroxen und braunrothem Granat" betrachtete. Es sind wohl veränderte (dynamometamorphe?) Olivin-Diallaggesteine mit bedeutendem Granatgehalt. Ob eine Abart von Wehrlit?

> *A. Erdmann*. Försök till en geogn. mineral. Beskrifn. öfver Tunabergs Saken. 1849, p. 11.

Euphotide — ist die bei französischen Forschern gebräuchliche, von Hauy herrührende, Bezeichnung für den Gabbro.

Eurit — von *Daubuisson*, Traité de Géognosie, 1819, I, p. 112, II, p. 117, im selben Sinne wie der Felsit von Gerhard zur Bezeichnung der Grundmasse dichter Porphyre gebraucht: von ihm ist auch dessen Beschaffenheit als ein inniges Gemenge von Feldspath und Quarz erklärt. Die neueren französischen Forscher verstehen darunter dichte Felsitporphyre. Der Ausdruck ist auch wohl zur Bezeichnung von dichten Granuliten gebraucht worden (Erdmann). — Syn. Felsit, Petrosilex.

Eurite porphyroide — ist Brongniart's Benennung für Gesteine, die jetzt als Felsitpolphyre bezeichnet werden. — Siehe Euritporphyr, Felsitporphyr (Daubuisson, 1819).

Eurite schistoide — siehe Granulit.

Euritisch — nennt Lapparent (Traité de Géol. 1885, p. 590) die felsitische „kryptogranitische" Structur granitischer (felsitporphyrischer) Gesteine. — Syn. mikrogranitisch, felsitisch.

Euritporphyr — siehe Felsitporphyr.

Eutaxit — ursprünglich von Fritsch und Reiss auf solche Phonolitlaven von Tenerife angewandt, welche dadurch breccienartig erscheinen, dass zweierlei durch das Gefüge unterschiedene Massentheile in wohlgeordnet (bandförmig) erscheinender Vertheilung das Gestein bilden. Später als Structurbegriff, auf alle derartig struirten vulkanischen Gesteine passend, verallgemeinert.
Fritsch u. *Reiss.* Geologische Beschreibung der Insel Tenerife. 1868.

Eutaxitische Structur — nennt man das Gefüge solcher vulkanischer Gesteine, wo zweierlei (oder mehr) durch das Gefüge oder die Zusammensetzung verschiedener Massentheile wohl geordnet, meist lagen-, band- oder streifenartig erscheinen.

Everse Metamorphose — nannte Cotta (Grundr. d. Geogn. u. Geol. 103) die Veränderung der angrenzenden oder durchbrochenen Massen durch die Eruptivgesteine. — Syn. Exomorphose, exomorphe oder exogene Metamorphose.

Exogen — nennt Richthofen (Führer für Forschungsreisende, p. 535) die effusiven Eruptivgesteine. Der Ausdruck stammt von *Humboldt.* Kosmos, I, 457. — Siehe Effusivgesteine.

Exomorphose, exomorphe Contactwirkungen — nennt man seit Fournet die in den durchbrochenen Gesteinen durch die Eruptivgesteine hervorgebrachten Veränderungen. — Syn. everse Met.

Exoolithisch = Extoolithisch.

Exotisch — siehe eruptiv, plutonisch.

Extoolithisch — nennt Gümbel die durch Anlagerung an fremde Körner gebildeten oolithischen Sphärolithe.
C. Gümbel. N. J. 1873, p. 303.

Extrusiv — gebrauchen einige englische und amerikanische Petrographen zur Bezeichnung der Ergussssteine. — Syn. siehe bei Effusivgest.

F.

Facettirte Gerölle — sind die in einigen Sandsteinen oft nur auf der Oberseite geätzte, facettenartig beschaffene Quarzgerölle.

Fakes — nennt man in Schottland Glimmerandstein.

Falsche Schieferung — ist diejenige, welche mit der Schichtung nicht zusammenfällt und nach dem Absatz des Gesteins durch mechanische Wirkung entstanden ist. — Syn. secundäre, abnorme, transversale Sch., Clivage.

Faltenglimmerschiefer — sind gekennzeichnet durch eine feine Fälterung auf den Spaltungsflächen.

Faserkohle — Abart der Steinkohle. — Syn. mineralische Holzkohle.

Fasertorf — gekennzeichnet durch weniger zersetzte faserige Pflanzentheile in einer homogenen Pechtorfmasse.

Feinkörnig — nennt man die Gesteine oder deren Structur, wenn sie krystallinisch-körnig sind, aber die Körner von kleinen Dimensionen, jedoch nicht so winzig, dass sie mit dem blossen Auge nicht mehr erkennbar sind.

Feldspathamphibolit — ist ein Amphibolit, der in einem dunkelgrünem Hornblendefilz Feldspathkörner enthält neben sparsamem Granat, Titaneisen und Rutil. — *Sauer.* 1884, p. 28.

Feldspathbasalt — Boricky's Bezeichnung für sehr feldspathreiche Abarten der Basalte. Wird auch als Bezeichnung der eigentlichen Basalte im Gegensatz zu den Leucit- und Nephelinbasalten gebraucht.

Feldspathgestein — nannte Jasche (Miner. Schriften, I) eine Abart des Feldsteins, der aus Quarz, Wernerit, Feldspath und Graphit bestehen sollte.

Feldspathglimmerschiefer — heissen Glimmerschiefer mit porphyrischem Feldspath; schwer gegen Gneisse abzugrenzen. — Syn. Gneissglimmerschiefer.

Feldspathgreisen — mit Pegmatit verknüpftes, wesentlich aus Feldspath und Quarz bestehendes, Gestein.
Jokély. J. g. R., 1868, 9, p. 567.

Feldspathhornfels — im Contact mit Intrusivgesteinen krystallinisch und der schieferigen Structur verlustig gewordener Thonschiefer mit reichlicher Feldspathneubildung.

„Feldspathides" — nennt Michel-Lévy die petrographischen Aequivalente und Stellvertreter der Feldspathe: Nephelin, Leucit, Melilith etc.

Feldspathisation — nannte Fournet (Ann. de Ch. et de Phys. t. 60, p. 300) die Imprägnation von Thonschiefern und ähnlichen Gesteinen durch Feldspath (Neubildung, Durchtränkung) in der Nähe oder im Contact mit Eruptivgesteinen.

Feldspathoide = Diorite.

Feldspathphonolith — nennt Lasaulx (Elem. d. Petrogr. 1875, p. 284) solche Phonolithe, deren Grundmasse nur ausgeschiedene Sanidin- und Oligoklaskrystalle enthält.

Feldspathporphyr — nennt man auch wohl noch jetzt diejenigen quarzfreien Porphyre (siehe dieses Wort), in denen porphyrartig nur der Feldspath ausgeschieden ist.

Feldspathporphyrit — nannte man früher Porphyrite, deren porphyrartige Einsprenglinge vorwiegend oder ausschliesslich Feldspath sind.

Feldspathpsammit — siehe Arkose.

Feldspathphyllite — sind solche Phyllite, die eine nicht sehr bedeutende Beimengung von Feldspath enthalten und die Mitte zwischen Phyllit und Phyllitgneiss einnehmen.

Feldspathose Hornblende-schist — nennt B. Koto (Journ of. the Univ. of Japan. II, p. 112) graue Amphibolitschiefer, die aus Aktinolith, etwas Epidot und körnigen Aggregaten von Feldspath bestehen.

Feldspathquarzit.

Feldspathsandstein — siehe Feldspathpsammit, Arkose.

Feldstein — ist eine veraltete Bezeichnung für verschiedene dichte kieselsäurereiche Gesteine, die wohl meistens zur Hälleflinta gehören.

Feldsteinporphyr — nannte man früher die Felsitporphyre mit dichter, fester, jedoch mehr krystallinischer Grundmasse, als beim Hornsteinporphyr.

Felsart — siehe Gestein.

Felsit oder **Petrosilex** — allgemeine Bezeichnung für die kryptokrystalline (z. Th. mikrokrystalline) Grundmasse der Porphyrgesteine. Besteht hauptsächlich aus einem innigen Gemenge von Quarz, Orthoklas und nicht individualisirten Theilen (Mikrofelsit, Glas). Ursprünglich wurden damit dichte Quarzgesteine (Porphyre, Hälleflinten — Felsitfels) und die Grundmasse der Quarzporphyre bezeichnet. *Gerhard* (Abh. d. k. Akad. d. Wiss., Berlin, 1814—1815, p. 12) gab diesen Namen in der Voraussetzung, Felsit bestehe aus Feldspath. Die französischen Forscher nennen den Felsit — Petrosilex. Englische Autoren nennen

Felsit nicht allein die Grundmasse der Felsitporphyre, sondern auch die Gesteine selbst. — Syn. Eurit.

Felsitfels — nannte man früher die einsprenglingsfreien Felsitporphyre, die also nur aus dem Felsit der Porphyrgrundmasse bestehen (auch Hälleflinten?). — Syn. Petrosilex.

Felsitoide Gesteine — nennt Geikie (Textbook of geology,
p. 130) dichte felsitähnliche Gesteine, wie Hälleflinta,
Adinol etc.

Felsitpechstein — ist die wasserhaltige glasige Ausbildung
des Felsitporphyrs. Grün, braun, schwarz, kantendurch-
scheinend; vorwiegend Glas mit meist spärlichen porphyrartigen Einsprenglingen des Felsitporphyrs: Orthoklas,
Quarz, Hornblende, Glimmer etc. — Syn. Felsitporphyr-
pechstein, auch einfach Pechstein, Rétinite, Pitchstone,
Pierre de poix, Stigmite, Vitrophyr z. Th. etc.

Felsitporphyr — ist meistens Synonym mit Quarzporphyr, oft
mit der Einschränkung auf solche mit mikro- oder kryptokrystalliner Grundmasse (Felsit). Naumann (Geogn., 1849,
I, 608) wandte zuerst die Benennung auf Quarzporphyre
an, deren Grundmasse felsitisch ist, und das ist auch die
richtige Anwendung des Ausdrucks.

Felsitsandstein — scheint Senft (Felsarten, p. 67) für breccienartige Porphyre, porphyrische Agglomeratlaven etc. in Anwendung gebracht zu haben.

Felsitschiefer — nannte Naumann (Geogn. I, p. 551. 1849)
kieselschieferähnliche leicht schmelzbare Gesteine, die nach
Schnedermann's Untersuchungen wesentlich aus Kieselerde,
viel Kalk und etwas Eisenoxydul bestehen sollen. — Syn.
Hornschiefer (R. Credner), Epidot-Aktinolithschiefer.

Felsittuff — pelitische dichte, im Bruch erdige, bunte Tuffe
der Porphyre: auch Thonstein genannt.

Felsodacite — nennt Rosenbusch (Mass. Gest., 1887, p. 640)
diejenigen Dacite, deren Grundmasse mikrofelsitisch und
z. Th. kryptokrystallinisch ist.

Felsogranophyr — will Rosenbusch (Mass. Gest., 1887, p. 379)
solche Quarzporphyre (Uebergangsformen) nennen, deren
Grundmasse nach ihrer Ausbildung theils zu den Felsophyren
und theils den Granophyren gehört.

Felsokeratophyre — nennt Mügge (N. J. — B.-B. VIII, p. 599,
1893) die verschiedenartigen, Lenneporphyre genannten,
Gesteine, die er als von Quarzeinsprenglingen freie Keratophyre betrachtet. Hierher gehören massige, schieferige
und tuffige Gesteine.

Felsoliparit — nennt Rosenbusch (Mass. Gest. 1887, p. 543) die Liparite mit mikrofelsitischer und manchmal z. Th. kryptokrystalliner Grundmasse.

Felsophyr — nannte Vogelsang (Philos. d. Geol. 1867) die Quarzporphyre mit felsitischer (resp. mikrofelsitischer) Grundmasse; jetzt hat es noch dieselbe Bedeutung, wird aber z. Th. auch auf Porphyre mit kryptokrystalliner Grundmasse angewandt.

Felsosphärite — nennt man seit Vogelsang (Philos. d. Geol., 1867) die radialstrahligen oder auch concentrisch-schaligen sphärolithischen Gebilde (in Porphyren, Lipariten), die aus felsitischer Substanz bestehen, oder überhaupt in keinen anderen Typus von Sphärolithen hineinpassen.

Felstafeln — wollte Ebel (Ueber den Bau der Erde in dem Alpengebirge, I, p. 62) die steilen Schichten der sog. Urgesteine nennen.

Felstone — alte englische Bezeichnung für verschiedene, bald hellfarbige, bald dunkle vulkanische Gesteine. In die Wissenschaft eingeführt von Judd (1874). Letzterer giebt an (Q. J. 1890, 46, p. 39), dass die Gruppe hauptsächlich von Andesiten und Prophyliten vertreten ist, doch auch Basalte, Liparite und Trachyte enthält.

Fensterstructur = Gitterstructur.

Ferrite — nannte Vogelsang die bräunlichen durchscheinenden Körnchen und Schüppchen von Eisenoxyd in der Grundmasse porphyrischer Gesteine.

Ferrutrachyt — nennt Lang (siehe Dolerit-Diorit) einen Typus seiner Gesteine der Alkalimetall-Vormacht, wo $Ca \langle K \rangle Na$ ist.

Feste Gesteine — sind als Gegensatz zu den lockeren alle diejenigen, deren Gemengtheile fest miteinander zu einer zusammenhängenden Masse verbunden sind.

Fettstein (z. Th.) = Pechstein.

Feuerstein = Flint.

Fibrolithglimmerschiefer = Sillimanitglimmerschiefer.

Fibrolithgneiss — ist ein Gneiss mit zurücktretendem Gehalt an Feldspath und haselnussgrossen Linsen von Fibrolith.

Filamenteuse = Bimstein.

Filons — siehe Gänge.

Filtrirsandstein — ist ein zum Filtriren brauchbarer Sandstein, der aus rundlichen, von Kalksinterkrusten überrindeten, Quarzkörnern besteht.

Filztorf — lockerer und filziger Torf.

Fingerabdrücke, siehe Piesoglypte.

Fiorit = Kieselsinter; benannt nach dem Berge Santa Fiora auf Island.

Firn (Firneis) — alpine Benennung für das im Hochgebirge sich bildende körnige, entweder lose oder zu einer geschichteten Masse cementirte, Eis. — Syn. névé, Körnerschnee, oolithisches Eis.

Fischkohle — soll Kohle sein, die sich aus Fischresten gebildet haben soll. (Kalkowsky, Elem. d. Lithol.)

Fladenlava — nannte Heim (Z. d. g. G., 1873) die zähflüssige Lava, die langsam ohne merkliche Dampfentbindung erstarrt und eine gekröseartige Oberfläche annimmt. — Syn. Gekröselava.

Flammendolomit — nannte Quenstedt die zum Keuper gehörenden, meist dunkelfarbigen, gelbgeflammten, oft cavernösen Dolomite.

Flammenmergel — nach Hausmann der zum oberen Gault gehörige bläulich- oder gelblich-graue, von dunkleren Streifen oder Flammen durchzogene schieferige Mergel.

Flammengneiss — werden körnig-schuppige Gneisse genannt, in welchen Plagioklas und Biotit gegen Orthoklas und Muscovit überwiegen, und auch Granat und Hornblende enthalten sind. Die flammenartigen Flecken bestehen aus Quarz und Plagioklas.

Flaserdiabase — sind dynamometamorphe Diabase, durchsetzt von Klüften mit starker Zertrümmerung der Gemengtheile, mit fasriger Hornblende, Quarz, Albit etc. als Neubildungen und oft mit flaseriger Structur.

Flasergabbro — sind ebensolche dynamometamorphe Gabbro wie die Flaserdiabase.

Flaserige Structur — definirt Naumann die bei Gneissen, Granuliten, Gabbro etc. auftretende Structur (meist dynamomorph), die darin besteht, dass dünne kurze Lagen oder linsenförmige Particen von körniger Zusammensetzung wechseln mit noch dünneren kurzen und etwas gebogenen Lagen (Flasern) von schuppiger Zusammensetzung, welche sich zwischen den ersteren in paralleler Anordnung hinschmiegen.

Flasern — siehe flaserige Structur.

Flaserporphyre = Porphyroide.

Flatschen — sind Compressionsformen der Gesteine mit krummflächigen, striemigen und gestreiften, sehr glatten und oft glänzenden, Begrenzungsflächen.

Fleckengranulit — werden manche Granulite wegen der fleckenartig ausgeschiedenen Hornblendeaggregate genannt.

Fleckenmergel = Allgäuschiefer (Gümbel), durch Fucoidenzeichen gefleckt.

Fleckenporphyr — ist ein Quarzporphyr, dessen Grundmasse wurmartige Flecken von anderer Farbe und Beschaffenheit enthält. — Syn. Kattunporphyr.

Fleckschiefer — sind Thonschiefer, welche durch runde oder längliche Concretionen einer schwärzlich-grünen oder schwärzlich-braunen Substanz gefleckt erscheinen und im Contact mit Granit oder anderen plutonischen Gesteinen oft auftreten.

Flimmerschiefer — heissen die glimmerglänzenden cambrischen Thonschiefer des Fichtelgebirges.

> *C. Gümbel.* Fichtelgeb., 1879, p. 274.

Flint — ist eine feste splitterig und muschelig brechende, schwarze oder anders gefärbte Masse, welche ein inniges Gemenge von krystallinischer und amorpher Kieselsäure darstellt und ein hornsteinähnliches Aussehen hat. Oft concretionär, knollenartig und zoogen. — Syn. Feuerstein.

Flintconglomerat — Gerölle von Feuerstein, durch ein hornartiges Cement zu einem Pouddingstein verbnnden.

Flinten — heissen in manchen Gegenden Westphalens Geschiebe und Gerölle.

Flinz — nennt man manchmal sehr feinkörnigen Spatheisenstein.

Flötze — heissen weit fortgesetzte von dem umgebenden Schichtensystem verschiedene Lager technisch nutzbarer Mineralsubstanzen.

Flötzgrünstein — veraltete Benennung, synonym mit Dolerit.

Flötztrapp-Porphyr — siehe Hornsteinporphyr, Eurit.

Fluctuationsstructur = Fluidalstructur.

Fluidalstructur (Mikrofluidalstructur) — ist das Bild, welches die noch im Fliessen begriffenen Theile des Magmas nach dem Krystallisiren der Lava zeigen. Bei fluidaler Ausbidung zeigt die Grundmasse porphyrischer Gesteine gewundene Bänder, sich schlängelnde Reihen und Strömchen von Mikrolithen etc. — Syn. Fluctuationsstructur.

Fluolith — ist grünschwarzer Pechstein von Island.

> *Hauer.* Sitz.-Ber. Wien. Akad. XII, 1854, p. 485.

Flüssigkeitseinschlüsse — nennt man in Mineralien die ganz oder zum Theil mit Flüssigkeiten gefüllten Poren von verschiedener Gestalt und Grösse.

Fluxion-Structure — Fluidalstructur.

Foliation — ist die englische Benennung für Schieferung, die parallel der Schichtung geht. — Syn. echte Schieferung, Lamination z. Th.

Forellengranulit — verdankt seinen Namen und sein Aussehen putzenartig eingestreuten Hornblendenadeln, die dem Granulit ein fleckiges Aussehen verleihen. — Dathe ·nach Jernström. Z. d. g. G., 1882, XXIV, 35.

Forellenstein — aus Labrador und Olivin mit sehr sparsamem Pyroxen (Diallag, Enstatit etc.) bestehende Gesteine; oft ganz ohne Pyroxen und dann als pyroxenfreie Olivingabbro (Norit) zu betrachten. Nach der Aehnlichkeit mit der Haut der Forelle wird der Name besonders den Varietäten gegeben, welche in einer kleinkörnigen, aus Anorthit bestehenden, Grundmasse rundliche dunkelfarbige Flecken — aus Olivin entstandene Partieen von Serpentin — enthalten. *G. v. Rath* (Pogg. Ann. B. 95, p. 552) betrachtete das Gestein als Labradorgrundmasse mit Serpentinflecken.

Formation (vulkan.) — nennt man die Gesammtheit der zu einem Eruptionscentrum gehörigen Gesteine einer Familie, also die Laven, die Intrusionsglieder, losen Auswürflinge etc.; z. B. granitische, diabasische, basaltische Formation. Zirkel (Lehrb. d. Petrogr., 1893, p. 745) möchte den Ausdruck Formation auch im Sinne von „Generation" der anderen Autoren gebrauchen.

Formentypus der Gesteine — ist nach Naumann (Geogn. 1849, I, 445) die körnige, stengliche oder lamellare Art der Aggregation der verschiedenen Gemengtheile im Gestein.

Formes de retrait — siehe Contractionsformen, Absonderung.

Formkohle — Abart von Braunkohle.

Foyait — Benennung von Blum (N. J. 1861, p. 426) für krystallinisch - grobkörnige bis feinkörnige, aus Orthoklas, Eläolith und Hornblende bestehende, Gesteine, welche im Gebirge Monchique (Provinz Algarve in Portugal) die Berge Foya und Picota bilden. In letzterer Zeit ist das für Hornblende gehaltene Mineral als Augit und Aegirin gedeutet worden. Gattungsname für Eläolithsyenite mit Hornblende. *Foyait Brögger = trachytoider Nephelin eyenit*

Foyaitpegmatit — nennt Brögger (pag. 126) Nephelinsyenite mit trachytoider Structur und regelmässiger Lagerung der Feldspathe subparallel oder radialstrahlig. Er unterscheidet Aegirinfoyaitpegmatit und Glimmerfoyaitpegmatit ja nachdem, ob, neben Orthoklas und Eläolith, Aegirin oder Lepidomelan vorherrscht.

Fraidronit — von Dumas und anderen so benanntes und von Lan beschriebenes Ganggestein, das eine Abart der Minette (Glimmersyenit) zu sein scheint.

E. Dumans. B. S. G. 1846 (III), p. 572.
Lau. Ann. d. Mines (5), t. 6, p. 412.

Freestone — nennt man in England Sandsteine (und auch Kalksteine), die keine Neigung besitzen, in bestimmten Richtungen leichter zu brechen, als in anderen, d. h. keine Absonderung besitzen.

Freidronit — siehe Fraidronit.

Friction der Wände und Fragmente der Nebengesteine durch eruptive, hauptsächlich gangförmige, Bildungen bestpht darin, dass erstere glatt gescheuert oder polirt und mit geradlinigen und parallelen Furchen, Striemen und Ritzen (Frictionsstreifen) bedeckt erscheinen.

Frictionsgesteine, eruptive — sind diejenigen vulkanischen Reibungsbreccien und Reibungsconglomerate, welche dadurch entstehen, dass das gluthflüssige Magma entweder beim Emporsteigen in den Spalten Bruchstücke von deren Wänden oder nach dem Erguss Bruchstücke von früher erstarrter Lava in ihre Masse einschliesst oder dieselben durch eruptives Material verkittet. Contusive Frictionsgesteine sind solche Reibungsbreccien (auch Crusch-breccia genannt), die an Ort und Stelle durch innere Zertrümmerung oder Zermalmung in Verwerfungsspalten oder wo sonst gewaltsame Bewegungen einzelner Theile der Erdkruste vor sich gehen, entstehen. (C. Naumann, Geogn., 1849, I, 690.)

Frictionsmetamorphismus (Metamorphisme par friction) — hatte J. Gosselet (Note sur l'arkose d'Haybes ... in Ann. d. l. Soc. Géol. du Nord, X, 1883. p. 202) vorgeschlagen zur Bezeichnung der Erscheinungen des mechanischen Metamorphismus. Später (in „L'Ardenne") hat er den Ausdruck fallen lassen. — Syn. Mechanischer Met., Druckmetamorphose, Dynamometamorphose, Dislocationsmetamorphismus, Stauungsmetamorphismus, Metapepsis.

Frictionsstreifen — siehe Friction.

Frittung — bewirken Basalte, Laven etc. in durchbrochenen Sandsteinen, Thonen etc., die durch die gluthflüssige Masse gebrannt oder verglast werden (gefrittet).

Froschstein — siehe Ranocchiaja.

Fruchtgneiss — nennt man den Fruchtschiefern (siehe dieses Wort) analoge contactmetamorphe Gesteine mit Feldspathgehalt.

Fruchtschiefer — nennt man diejenigen Fleckschiefer, in denen die Flecken getreidekornähnliche Concretionen sind.

Fülleisen (Reichenbach, Pogg. Ann. 1861, Bnd. 114) = Plessit.

Füllererde — siehe Walkererde.

Fugen der Gesteine — nennt Naumann (Geogn. 1849, I, 493) die Zusammensetzungsflächen, die dadurch entstehen, dass ein Gesteinskörper sich an den anderen anlegt.

Fulgurite — sind unregelmässige Röhrchen durch den Blitz aus Sandkörnern durch glasige Substanz zusammengekittet: kommen auch in anderen Gesteinen vor.— Syn. Blitzröhren.

Fulvurit = Braunkohle.

Fundamentalgneiss = Urgneiss.

Furculite—nennt *F. Rutley* (Notes on cristallites. Miner. Magaz. 1891, p. 261) gegabelte Krystallitenaggregate (Skelette).

Fusain = Faserkohle.

G.

Gabbro — krystallinischkörnige (granitoide) basische alte intrusive Gesteine, wesentlich aus basischen Kalknatron-Feldspäthen, Diallag, mit oder ohne rhombische Pyroxene und Olivin, bestehend. — *L. v. Buch* im Magaz. d. Gesellsch. naturforsch. Freunde zu Berlin, 1810, Bnd. IV, p. 128. „Gabbro" ist eine alte italienische (toscanische) Bezeichnung für Serpentin (hauptsächlich) mit Diallag aber auch Gabbrogesteine im jetzigen Sinne.

Gabbro-Basalt — nennt Lang (siehe Dolerit-Diorit) einen Typus seiner Calcium-Vormacht-Gesteine, wo mehr Natrium als Kalium enthalten ist.

Gabbrodiabas — nach Brögger Tiefengesteine, welche eine Zwischenstellung zwischen Gabbro und Diabas einnehmen; nach Loewinson-Lessing intrusive Diabase mit granitischer Structur (oder Gabbros mit Augit statt Diallag) entspricht Michel-Lévy's Diabases granitoïdes, auch z. Th. dem sog. Augitdiorit.

W. Brögger. Die Mineralien der Syenitpegmatitgänge der südnorwegischen Augit- und Nephelinsyenite. — Z. f. Kr., 1890, XVI, p. 22.

Gabbrodiorit — Uebergänge von Gabbro zu Diorit, mit saurem Plagioklas und Quarz (Törnebohm). Wird wohl auch für Gabbros mit primärer Hornblende oder z. Th. uralitisirte Gabbros gebraucht. *A. Törnebohm.* (Siehe Aasby-Diabas).

Gabbro-Dolerite — nennt Lang einen Typus seiner Kalk-Vormacht-Gesteine, die mehr Natron als Kali enthalten.

Gabbrogranit— ein aus Plagioklas, Orthoklas, braunem Glimmer, grünem Diallag oder diallagähnlichem Augit, Hornblende und Quarz bestehendes granitisches Gestein, also eine Gabbro - Facies des Granitits oder ein Zwischenglied zwischen Granit und Gabbro.

A. Törnebohm. Beskrifning till geologisk öfversigts karta. 1880. Mellersta Sveriges Bergslag, Blatt 7, p. 21,

Gabbroide — ist Gümbels Bezeichnung (p. 87) für die Gruppe der Gabbro und Norite.

Gabbronorit — nennt man in Norwegen (Hitterö) ein syenitisches oder Gabbrogestein, das aus Plagioklas, Orthoklas, Hypersthen oder Diallag mit etwas Quarz besteht. Wird meistens zur Bezeichnung solcher Gabbrogesteine gebraucht, die neben Diallag noch einen rhombischen Pyroxen führen.

Gabbropegmatit — ist eine unglücklich gewählte Benennung für sehr grobkörnige Gabbro.

H. Fox and *J. H. Teall.* Notes on some coastsections at the Lizard. — Q. J. 1893, XLIX, p. 206.

Gabbroproterobas — zwischen Gabbro und Proterobas stehende Gesteine, — *W. Brögger.*

Gabbronoritporphyrit — nennt Morozewicz (Zur Petrographie von Volhynien, 1893, p. 163. — Nachricht. d. Universität Warschau) den Volbynit (siehe dieses Wort), der als porphyrischer Gabbronorit erscheint und zwei Generationen von Augit, rhombischem Pyroxen, Plagioklas und Orthoklas, ausserdem Quarz und Hornblende, enthält.

Gabbro-rosso — alte toscanische Bezeichnung. Nach D'Achiardi und Funaro (Il gabbro rosso. — Processi verbali della Societa Toscana di Scienze Naturali. — Vol. III, p. 142, 1882) veränderte Diabase und verwandte Gesteine. — Benennung von Savi.

Gabbro-verde — ebenfalls toscanische Bezeichnung für veränderte Diabase.

Gadriolit — nannte Rolle eine Abart der von ihm als Chlorogrisonite bezeichneten Grünschiefer (Chloritschiefer).

Gänge — sind Ausfüllungen von Spalten durch mineralische Substanz auf hydatogenem oder pyrogenem Wege.

Gagat — nennt man zwischen Stein- und Braunkohle stehende bituminöse Kohlen.

Gaize — nennt man in Frankreich den zur unteren Kreide gehörenden Kalk, Thon und lösliche Kieselerde enthaltenden Sandstein.

Galaktites = Walkererde.

Gallinace — nannte Cordier Obsidiane und schlackige Basalte.

Gamsigradit — werden eigenthümliche serbische (zu den Daciten gehörende) Gesteine genannt, die in dichter Grundmasse Plagioklas, Orthoklas und Hornblende führen, dabei aber nur gegen 47 % SiO^2 enthalten; ob frisch? — Auch eine mineralogische Bezeichnung für eine eigenthümliche Hornblende.

Gangart — ist die den Gang ausfüllende Masse (ein Mineral oder ein Gemenge). Manchmal wird damit auch die Verunreinigung, die Beimengung zu der Erzmasse im Erzgang genannt.

Gangausläufer — siehe Apophysen.

Ganggesteine — sind solche, die ausschliesslich oder vorwiegend als Gänge (Spaltenausfüllungen) auftreten. *Rosenbusch*. — Syn. Dykite.

Ganggranite — nennen einige Autoren, zum Unterschied von den Lagergraniten, die als Gänge auftretenden Granitgesteine,

Gangmasse = Gangart.

Gangquarzit — nennt Kalkowsky die nicht zu den Gesteinen wo sie auftreten gehörenden Quarzgänge, d. h. graue Adern von Quarz in anderen Gesteinen.

Gangstöcke — werden unregelmässig begrenzte, bald keilförmige aufsteigende, bald kurze dicke Gänge genannt, also Lagegerungsformen, die zwischen Gängen und Stöcken stehen.

Gangthonschiefer — nennt man am Harz die auf Erzgängen vorkommenden zertrümmerten Thonschiefer.

Gangulmen — heissen die Wände des Nebengesteins in einem Gange.

Gangwände — heissen die äusseren, an das Nebengestein eines Ganges angrenzenden Theile eines Ganges.

Garbenschiefer — stehen dem Glimmerschiefer sehr nahe; sie enthalten garben- oder ährenähnliche Concretionen einer schwärzlich-grünen oder schwarzbraunen feinkörnigen Substanz; eigentlich ist es nur eine Abart von Fruchtschiefer.

Gare der Granite (auch wohl anderer Gesteine) — ist in der Sprache der Steinbrecher, die Bezeichnung für die leichte Spaltbarkeit des Gesteins nach bestimmten Flächen; also eigentlich wohl äusserlich nicht deutlich ausgesprochene Absonderung.

(Viola)

Gaskohle — Abart der Steinkohle.

nahe· **Gasporen** — sind rundliche ellipsoidische, schlauchförmige oder unregelmässige Cavitäten, die von Gasen ausgefüllt sind und in vielen Mineralien vereinzelt oder in grosser Menge auftreten.

Gasschiefer = Brettelkohle, wegen der reichlichen Gasentwickelung bei trockener Destillation. *Feistmantel*, Jahr. geol. R.-A., 1872, XXII, 308.

Gastaldit-Eklogit — werden manche Eklogite wegen des Gastaldites, der den Smaragdit oder Strahlstein vertritt, genannt.

Gaws — irische Bezeichnung für Dykes.

Gebändert — nennt man die Gesteine mit Bandstructur.

Gebiet = Massiv.

Gebirgsart — siehe Gestein.

Gebirgsgranit — galt früher für porphyrartigen Granit, wohl auch für den in Massiven auftretenden, im Gegensatz zu dem Ganggranit.

Gedritamphibolit — ist ein spärlich verbreiteter Amphibolit, der wesentlich aus Hornblende und Gedrit besteht.

Gefältelte Structur — besteht in der intimen Fältelung der geschichteten und schieferigen Gesteine, die secundären Ursprungs ist und sich auf den Ablösungsflächen oder im Querschnitt kundgiebt.

Gefüge = Structur, Textur.

Geisstein = Granit.

Gegenstylolithen — ist Quenstedt's Bezeichnung (N. J. 1837, p. 496) für solche Stylolithen (siehe dieses Wort), die niedersteigend sind, d. h. oben mit der Schicht zusammenhängen und unten durch eine horizontale oder schiefe Endfläche abgegrenzt sind, umgekehrt wie die eigentlichen Stylolithen.

Geklaftert — ist bei Sartorius v. Waltershausen (Phys. geogr. Skizzen von Island, 1847, 54) die Bezeichnung für Gänge vulkanischer Gesteine mit horizontalen Säulen der Absonderung.

Gekröselava — nennt man solche aus zähflüssigen Magmen entstandene Laven, deren Oberfläche nicht in Schollen zerfallen ist, sondern gekröseartige Windungen und Auftreibungen aufweist. — Syn. Fladenlava.

Gekrösestein — Abart des Gypses, in welchem gewundene dünne Lagen von weissem Gyps mit grauem Thongyps wechseln.

Gelberde — ist als Farbe anwendbarer an Eisenoxydhydrat sehr reicher Lehm.

Gelenkquarz — v. Martius' Benennung für Itacolumit (Reise in Brasilien).

Gemengte Gesteine — sind solche, die aus mehr als einer Mineralspecies bestehen; es sind durchweg Eruptivgesteine. — Syn. heterogen, ungleichartig, heteromer, anisomer.

Gemengtheile oder Bestandtheile der Gesteine — sind diejenigen Minerale oder amorphe Schmelzen, aus denen die
Gesteine bestehen. — Siehe wesentliche, accessorische, primäre, secnndäre Gemengtheile.

Gems — werden in Freiberg die verwitterten lettenartigen
Gneisse genannt. Beschrieben von *A. Stelzner*, N. J.,
1884, 1., p. 272.

Generationen der Gesteinsgemengtheile — eingeführt zur Bezeichnung derjenigen Bestandtheile der Eruptivgesteine, deren
Bildung in verschiedenen Krystallisationsphasen wiederkehrt,
so z. B. bilden die porphyrartig ausgeschiedenen und die in
der Grundmasse enthaltenen Bestandtheile zwei Generationen.
Man unterscheidet die erste und zweite Generation; bei
den porphyrischen Gesteinen entspricht es der intratellurischen und effusiven Krystallisationsphase. Die französischen Petrographen sprechen auch bei den granitischen
Gesteinen von Generationen (die sie Consolidation nennen),
um die successive Herausbildung der Gemengtheile zu bezeichnen.

Geoden — heissen die mehr oder minder kugeligen oder eliptischen Hohlräume der Gesteine und Mineralien, die mit
sitzenden und in den Hohlraum hineinragenden Mineralien
erfüllt sind.

Gerölle — heissen die Gesteinsbruchstücke, aus denen lose
klastische Gesteine bestehen (auch die Gesteine selbst),
wenn die Stücke völlig abgeschliffen, abgerundet, eiförmig.
rund etc. sind.

Geschichtete Gesteine — heissen wegen ihrer Zusammensetzung
aus aufeinander gelagerten Schichten die Sedimentärgesteine.

Geschiebe — nennt man die Bestandtheile loser klastischer
Gesteine sowie die Gesteine selbst, wenn sie als stumpf-
kantige Bruchstücke mit wenig abgerundeten Kanten erscheinen.

Gesteine — sind solche mineralische Aggregate, die bei im
wesentlichen constanten Eigenschaften und mehr oder weniger bedeutender Ausdehnung die wesentlichen Bestandtheile der Erdkruste bilden. — Syn. Gebirgsart. Felsart,
Gesteinsart, rock, roche.

Gesteinsart = Gebirgsart.

Gesteinsbasis = Basis.

Gesteinsbildend — nennt man diejenigen Mineralien, die an
dem Aufbau der Gesteine eine wesentliche Rolle spielen.

Gestellstein — nannten ältere Autoren den Glimmerschiefer.

Gestreckte Structur — heisst die meistens dynamometamorphe Structur der Gesteine, wenn die Gemengtheile mit ihren grössten Dimensionen einer bestimmten Richtung parallel gelagert sind und oft zusammengepresst und ausgezogen oder zerrissen in der Richtung der längsten Dimension.

Gestrickte Structur — siehe Marschenstructur.

Getigert — nennt man einige Phyllite, in denen Biotitblättchen eine besondere Zeichnung der Oberfläche hervorrufen.

Gewundene linear-parallel Structur — nennt Kalkowsky (18) die makroskopische Fluidalstructur einiger Eruptivgesteine.

Geyserit — dichte oder lockere, stalaktitische, tuffartige, kieselige Absätze aus heissen Quellen (Geysern); bestehen bei heller Farbe hauptsächlich aus amorphem Kieselsäurehydrat, mit etwas Thonerde, Alkalien etc. — Syn. Fiorit, Perlsinter, Sinteropal.

Gieseckitporphyr — siehe Liebeneritporphyr.

Giesstein = Granit.

Gigantgneiss — wird ein am Etsch vorkommender Gneiss wegen seiner Grobkörnigkeit genannt, da die Grösse der einzelnen Individuen bis zu einigen Centimetern steigt. — Syn. Riesengneiss im Erzgebirge.

Giltstein = Topfstein.

Gitterstructur — weisen einige Serpentine (z. B. Hornblendeserpentine) auf; die Hornblende- und Serpentinpartieen mit den Nebengemengtheilen sind so geordnet, dass eine gitterartige Zeichnung entsteht. Kommt auch bei zersetzten Feldspathen vor. — Syn. Fensterstructur.

Gläser (vulkan.) — sind ganz als amorphe Substanz (Glas) erstarrte vulkanische Gesteine, mit sehr wenigen krystallinischen Ausscheidungen oder auch ganz frei davon. — Siehe Obsidian, Pechstein, Bimstein, Perlit, Tachylit, Sordawalit, Hyalomelan etc.

Glanzkohle — Abart der Steinkohle.

Glasbasalt — ist glasig ausgebildeter, an krystallinischen Gemengtheilen armer, Basalt. — Siehe Basaltgläser und Hyalobasalt, Vitrobasalt, Magmabasalt.

Glasbasis = Basis.

Glaseinschlüsse — sind in vielen pyrogenen gesteinsbildenden Mineralien zahlreiche verschieden gestaltete mikroskopische Einschlüsse von glasiger oder mikrofelsitischer (oft später entglaster) Substanz — Reste von Mutterlauge.

Glasig — nennt man die Ausbildung vulkanischer Gesteine oder deren Grundmasse, wenn sie zum grossen Theil aus glasiger nicht individualisirter Substanz besteht.

Glasirte — nennt man glatt polirte, wie mit Glas überzogen aussehende, Blöcke, oder auch durch Blitz, Feuer, im Hochofen etc. von aussen angeschmolzene und mit einer Glasschicht überzogene Blöcke, Felswände etc.

Glasporen = Glaseinschlüsse.

Glasurlehm — ist Lehm mit beigemengten Feldspaththeilchen.

Glaswacke — hat man früher solche kieselige Sandsteine genannt, in denen von dem hornsteinartigen Cement die Quarzkörner nicht mehr deutlich zu unterscheiden sind.

Glaukonitkalkstein.

Glaukonitmergel.

Glaukonitsandstein.

Glaukophaneklogit.

Glaukophan-Epidotschiefer — ist ein zu den Hornblendeschiefern gehörendes Gestein, das aus Glaukophan, Epidot, Chlorit (oder Biotit), Orthoklas und Eisenglanz besteht.

> *Becke.* T. M. P. M., 1880 (2), II, p. 72.

Glaukophangneiss — ist ein Gneissgestein, das wesentlich aus Quarz, Feldspath und Glaukophan besteht.

Glaukophanglimmerschiefer.

Glaukophangrünschiefer.

Glaukophanit — den Amphiboliten analoge schiefrige (?) Gesteine, wesentlich aus Glaukophan, Epidot und Rutil, meist auch Quarz und Granat, bestehend.

> *M. Kišpatić.* Die Glaukophangesteine der Fruška Gora in Kroatien. Jahrb. k. k. geol. Reichsanst., 1887, 37. Bnd., 1. Heft, p. 37.

Glaukophanschiefer — ist ein schieferiger Amphibolit, der wesentlich aus Glaukophan (mit oder ohne Quarz) besteht.

Gleichartige — nennt Leonhard (Charakter. d. Felsarten, 1823, p. 41) die einfachen, glasigen, dichten Gesteine und überhaupt solche, die scheinbar gleichartig sind.

Glimmer - Aktinlithgestein — nach Inostranzeff (p. 19) Umwandlungsprodukt von Dioriten; besteht hauptsächlich aus Aktinolith, Quarz und Biotit.

Glimmerandesite — sind solche Andesitgesteine, deren gefärbter Gemengtheil ausschliesslich oder vorwiegend Biotit ist.

Glimmerbasalte — nennt Lasaulx (Elem. der Petrogr., 1875, p. 247) verschiedene Basalte, die einen merklichen Glimmergehalt aufweisen.

Glimmer-Chloritdiorit — nach Inostranzeff (p. 108) veränderter, an Chlorit und Biotit reicher, Diorit.

Glimmer - Chloritgestein — nach Inostranzeff (p. 115) Umwandlungsprodukt von Diorit, das wesentlich aus Biotit
und Chlorit mit Aktinolith und Quarz besteht.

Glimmerdiabas — nennt man Diabase mit mehr oder weniger
bedeutendem Gehalt an Biotit.

Glimmerdiorit — nannte Inostranzeff (p. 109) metamorphosirte
Diorite, die wesentlich aus Plagioklas, Hornblende und
Biotit bestehen.

Glimmerdioritporphyrit — nennt Rosenbusch gangförmige
Dioritporphyrite, die wesentlich als porphyrartige Einsprenglinge Biotit und Plagioklas führen.

Glimmer-Epidotdiorit — nach Inostranzeff (p. 105) veränderter,
an Epidot reicher und auch Biotit enthaltender, Diorit.

Glimmer-Felsitporphyr — nannte Zirkel (Lehrb. d. Petrogr.,
1866, I, p. 848) Felsitporphyre mit Glimmer unter den
porphyrartigen Einsprenglingen.

Glimmergestein — nannte Inostranzeff (p. 116) metamorphische aus Dioriten hervorgegangene dunkle Gesteine, die
aus Glimmer, Oligoklas und Quarz, mit verschiedenen Beimengungen, bestehen.

Glimmergneiss — nannte Naumann (Lehrb. d. Geogn. I, p. 546)
den eigentlichen, aus Glimmer, Orthoklas und Quarz bestehenden Gneiss. Cotta beschränkte den Namen auf
glimmerreiche Varietäten.

Glimmergranulit — nennt Kalkowsky (p. 182) diejenigen,
gegen die Gneisse nicht leicht abzugrenzenden, Granulite, in
denen Glimmer den Granat beinahe völlig verdrängt.

Glimmergreisen — nennt Jokély (J. k. k. g. R. G., p. 567,
1858) ein mit Pegmatit eng verknüpftes, wesentlich aus
Glimmer und Quarz bestehendes, massiges Gestein.

Glimmergyps — mit Glimmer oder Talk gemengter Gyps.

Glimmerletten — heissen die an Muscovit reichen Schieferthone.

Glimmermelaphyr — nannte man früher (Senft) Gesteine,
die jetzt als Glimmerporphyrit bezeichnet werden. Bei
Kalkowsky sind es dichte Diabasgesteine (Augitporphyrite;
nach seiner Terminologie — Melaphyre), die Glimmer,
Augit und Hornblende enthalten.

Glimmermergel — ein an Glimmerblättchen reicher Mergel.

Glimmerorthoklasporphyr = Glimmerorthophyr = Glimmerporphyr.

Glimmerorthophonit (Lasaulx, Elem. d. Petrogr., 1875, p. 319)
= Miascit.

Glimmerorthophyr = Glimmerporphyr.

Glimmerpikrophyr — nannte Boricky (P. M. P. M., 1878, p. 493) ein feinkörniges Glimmergestein, das wesentlich aus Glimmer (Phlogopit), Pyroxen, Olivin, Magnetit und etwas Basis besteht und das er zu den Pikritporphyriten zählte. Rosenbusch betrachtet es als eine körnige olivinhaltige Augit-Minette.

Glimmerphonolith — will Kalkowsky (p. 145) solche Phonolithe nennen, die als gefärbten Gemengtheil ausschliesslich oder wesentlich Glimmer (Biotit) führen.

Glimmorporphyr — nannte Schmid (Die quarzfreien Porphyre des central. Waldgeb. und ihre Begleiter, 1880) solche Porphyrite, die wesentlich aus Plagioklas, Biotit und Augit bestehen (= Augit-Glimmerporphyrit). Gewöhnlich nennt man so diejenigen quarzfreien Porphyre, die unter den porphyrartigen Ausscheidungen auch Glimmer führen. In diesem Sinne Syn. Glimmer-Orthoklasporphyr, Glimmer-orthophyr.

Glimmerporphyrit — nennt man paläovulkanische, porphyrische, wesentlich aus Plagioklas und Glimmer, manchmal mit Quarz, bestehende Gesteine. Es sind also Porphyrite, die als gefärbten Gemengtheil Biotit führen.

Glimmerpsammit = Glimmersandstein; es ist ein Sandstein, der reich an Glimmer ist und in dünne von Glimmerblättchen bedeckte Täfelchen bricht.

Glimmerquarzite — sind nach Barrois (Ann. d. l. Soc. géol. du Nord, 1884, XI u. XII, p. 103 u. 1) im Contact mit Granit metamorphosirte Sandsteine mit neugebildetem Biotit und umkrystallisirten Quarzkörnern.

Glimmersandstein — siehe Micopsammit.

Glimmerschiefer — heissen schieferige, wesentlich aus Glimmer und Quarz, manchmal auch etwas Feldspath, bestehende, krystallinische Schiefer.

Glimmersericitschiefer — ist ein schieferiges, aus Quarz, Muscovit, Sericit, Chloritoid und etwas Feldspath bestehendes, Gestein, das zu den sog. Taunusgesteinen gehört.

Glimmersyenit — werden gewöhnlich dunkelfarbige feinkörnige oder dichte, manchmal auch porphyrische, Gesteine genannt, die wesentlich aus Orthoklas und Biotit, nebst Hornblende, Augit, Apatit u. dsgl. bestehen. Ursprünglich war der Name nur auf Ganggesteine angewandt und dann synonym mit Minette, Ortholith. Es scheinen aber auch Massengesteine dieser Zusammensetzung vorzukommen und in dieser Bedeutung wird der Ausdruck von Rosenbusch (Mass. Gest. 1893, p. 68) gebraucht.

Glimmersyenitporphyr — gebraucht Rosenbusch (Mass. Gest. 1887, p. 299) für dunkle Ganggesteine, die in feinkörniger bis dichter vorwiegend feldspathiger Grundmasse viel Biotit und wenig Feldspath porphyrisch eingesprengt enthalten. Zum grössten Theil synon. mit Minette ohne Plagioklas.

Glimmerthonschiefer = Phyllit; Naumann unterschied unter dieser Bezeichnung die dem Glimmerschiefer näher stehenden Varietäten, während er Thonglimmerschiefer diejenigen nannte, die mehr dem Thonschiefer sich nähern. Siehe Phyllit.

Glimmertrachyt — nannte Rosenbusch (N. J. 1880, II, p. 206) einen Trachyt mit sehr viel Biotit (und Augit) unter den Einsprenglingen. — Siehe Selagit.

Glimmertrapp — unter dieser von Naumann stammenden Benennung wurden früher Glimmerporphyrite, Minetten, Kersantite und ähnliche Gesteine verstanden; auch Gneissvarietäten.

Glimmervitrophyrit — kann man mit Rosenbusch (Mass. Gest. 1887, p, 468) solche Porphyrite nennen, die in einer reichlichen glasigen oder globulitisch entglasten Grundmasse porphyrartige Einsprenglinge von Biotit und Oligoklas enthalten.

Globigerinenschlamm — heisst der in grossen Tiefen der Oceane sich bildende Schlamm, der aus Globigerinenresten besteht.

Globosphärite — heissen seit Vogelsang (Arch. néerland., 1877, VII) die aus radial gruppirten Globuliten (oder Cumuliten) gebildeten Sphärolithe.

Globulite — sphärische tropfenförmige Krystallite, die ersten Anfänge einer morphologischen Individualisation.
H. Vogelsang. Die Krystalliten. p. 134.

Globulitische Entglasung oder **Körnelung** — ist derjenige Entglasungszustand, wenn in dem Glase nur Globulite auftreten.

Globulitischer Kalk — ist nach Richthofen ein cambrischer oolithischer Kalkstein in China.

Glomero-porphyrisch (porphyritisch) — von Judd (Q. J. 1886, p. 71) für die Bezeichnung der Structur solcher porphyrischer Gesteine vorgeschlagen, wo die porphyrartigen Einsprenglinge als körnige Aggregate auftreten.

Gneiss — alte sächsische bergmännische Bezeichnung. Allgemeine Benennung für schieferige Gesteine, die in ihrer Zusammensetzung den Graniten entsprechen. Es sind also krystallinische Schiefer, feinkörnig, grobkörnig oder porphyrartig, die wesentlich aus Orthoklas, Quarz und einem oder mehreren der Mineralien: Biotit, Muscovit, Hornblende,

Augit bestehen. Man unterscheidet demnach Biotitgneiss, Muscovitgneiss, Hornblendegneiss, zweiglimmerigen Gneiss etc. Eng verknüpft mit Graniten und Glimmerschiefern.— Syn. Gneuss, Kneiss.

Gneissglimmerschiefer — nennt man feldspathführende und oft an Feldspath reiche Glimmerschiefer, z. B. in Sachsen; es ist also eine Zwischenstufe zwischen Gneiss und Glimmerschiefer.

Gneissgranit — heissen Granite mit einer gewissen Parallelstructur, also einigermaassen Uebergangsgesteine zwischen Gneiss und Granit.

Gneissgranulit — nennt man die in Verbindung mit Granunuliten auftretenden granathaltigen Gneisse.

Gneissit — so schlug Cotta (Die Gesteinslehre, 1862, p. 169) vor die rothen Gneisse zu nennen; er betrachtete dieselben als schieferige Varietät des Granites, als Granitgneiss. — Haberle nannte so granulitähnliche Gneissgesteine. — Leonhard, Taschenbuch f. Miner., 1812, p. 84.

Gneissquarzit — nennt man manchmal die durch Orthoklasbeimengung gekennzeichneten Quarzite (Porphyroide).

Gneist = Dolomit.

Gneuss = Gneiss.

Gompholit — nennt Brongniart (Classific. d. roches, 1827) die Nagelflühe.

Grahamit — nennt Tschermak (Sitz.-Ber. Wien. Akad. 1883, I, 88, pag. 354) diejenigen silicathaltigen Eisenmeteorite (also Mesosiderite), die Plagioklas, Bronzit und Augit im Eisen eingebettet enthalten.

Graisen = Greisen.

Grammatitschiefer — ist eine seltene Abart des schieferigen Amphibolits, dessen Amphibol Grammatit ist und der Calcit enthält.

Grammatitserpentin — siehe Hornblendeserpentin.

Granatamphibolit — ist grobkörnig, besteht aus Hornblende, viel Granat und oft etwas Feldspath, Quarz, Biotit; nicht schieferig.

Granataphanit — nannte v. Lasaulx ein gangförmiges Gestein (in Auvergne), welches aus einem dichten, hornsteinähnlichen Gemenge von Granat, Quarz, Feldspath, Hornblende und Chlorit besteht.

Granatbiotitfels — ist Granatbiotitschiefer mit stark zurücktretendem oder verschwindendem Quarzgehalt.

Granatbiotitschiefer — sind Glimmerschiefer mit reichlichem Granatgehalt.

Granatcordieritgneiss — sind Gneisse mit accessorischem Granat und Cordierit. *Törnebohm.*

Granatdiorit — nannte Gümbel (Ostbayer. Grenzgeb. 1868, p. 348 u. 537) Amphibolite die einen wesentlichen Gehalt an Granat und Feldspath aufweisen.

Granatfels — heissen krystallinisch-körnige Gemenge von Granat allein oder mit Hornblende und Magneteisen. Siehe Granatit.

Granatglimmerfels — feldspatharme, an Muscovit und Granat reiche Muscovitgneisse.

Granatglimmerschiefer — ist ein Granulit ohne Feldspath.

Granatgneiss — nannte Erdmann wegen ihres Granatgehalts schwedische Gneisse; jetzt wohl zu den Granuliten zu rechnen. Manchmal nennt man so auch die zwischen Gneiss und Granulit stehenden granathaltigen Gneisse.

Granatgranulit — ist eigentlicher Granulit.

Granatgraphitgneiss — ist ein an Oligoklas reicher, Granat und Graphit führender Gneiss. (Siehe auch Kinzigit).

Granathornfels — Abart des Hornfelses mit reichlichem Granatgehalt.

Granatite — sind Gesteine, deren wesentlicher Gemengtheil Granat ist; sie enthalten verschiedene Beimengungen und haben recht verschiedenen Habitus. Wohl meistens metamorphisch oder locale Abänderung anderer Gesteine, z. B. der Diorite, Porphyrite. — Siehe Stache u. John, Jahrb. geol. Reichsanst., 1877, XXVII, p. 194.

Granatmagneteisenstein.

Granatmuscovitfels — ist sehr quarzarmer Granatglimmerschiefer. Siehe Granatglimmerfels.

Granatolivinfels — ist ein Peridotit, der aus Olivin, Pyrop und Picotit besteht. — Syn. Granatperidotit.

Granatperidotit — sind granatreiche Varietäten anderer Peridotite; wohl auch Granatolivinfels genannt.

Granatphyllit — ist ein Phyllit mit accessorischem Granatgehalt.

Granatpikrit — besteht aus Augit, Enstatit, Olivin und Melaniten; steht recht nahe den Augititen oder den Pikritporphyriten.

Granatporphyr — ist eine Abart des Granatits (Stache u. John. Jahrb. geol. Reichsanst., 1877, XXVII, p. 194); Granate, eingesprengt in eine kleinkrystallinische weisse oder bläuliche Grundmasse.

Granatporphyrit — soll nach Cathrein (N. J. 1887, I, p. 157) ein Porphyrit mit holokrystalliner Grundmasse und mit reichlicher Beimengung von Granat zu den porphyririschen Einsprenglingen: Plagioklas und Hornblende sein. Es ist also ein granatführender Dioritporphyrit.

Granatpyroxenit — werden massige granatführende Pyroxenite (im Sinne von Williams) genannt.

Granatquarzit.

Granatserpentin — ist ein Granat-Peridotit, dessen Olivin zu Serpentin umgewandelt ist.

Granatskarn — dichte oder feinkörnige, mit Magneteisenlagen vergesellschaftete archäische Granatfelse. — *Kalkowsky*, Elem. d. Lithol., 1886, p. 221.

Grand — nennt man grobköruigen Sand. (Gravier, Gravel.)

Granellite — nennt Loewinson-Lessing (T. M. P. M., 1887, p. 67) die kleinen schwarzen Körnchen, welche in glasiger Basis oft in grosser Menge auftreten und keine Globulite sind. Vielleicht z. Th. synon. mit Vogelsang's Opaciten.

Granez = Granit.

Granilit — wurden früher manchmal sehr feinkörnige Granite bezeichnet.

Granit — im engeren Sinne, nach G. Rose, Rosenbusch und Roth zweiglimmeriger Granit, d. h. ein altes körniges Tiefengestein, wesentlich aus Orthoklas, etwas Oligoklas, Quarz, Biotit und Muscovit bestehend. Oft als Sammelname für alle körnigen Tiefengesteine, die wesentlich aus Orthoklas, Quarz und einem oder mehreren Mineralien aus der Gruppe der Glimmer und Amphibole oder Pyroxene bestehen, gebraucht; in diesem Sinne = Familie der Granite. — Ursprünglich wahrscheinlich als Bezeichnung aller grobkörnigen gemengten Gesteine gebraucht. In die Wissenschaft eingeführt von Cesalpinus (De Metallicis, 1596) oder von Pitton de Tournefort (Relation d'un voyage du Levant, 1698).

Granit-Amiatit — nennt O. Lang (siehe Dolerit-Diorit) einen Typus seiner Kalium-Vormacht-Gesteine mit weniger Na als Ca.

Granit-Andesit — nannte O. Lang (siehe Dolerit-Diorit) einen Typus seiner Gesteine der Alkalimetall-Vormacht, wo Na und K in gleichen Mengen und zwar reichlicher als Ca vorhanden sind.

Granitell — Augitgranite nach R. Irving: The Copper-bearing rocks of Lake Superior (United States Geol. Survey, Monographs, V, 1883, p. 115). Früher wurden so Granite bezeichnet, die in ihrer mineralogischen Zusammensetzung von dem eigentlichen Granit abweichen. — Syn. Aftergranit, Halbgranit.

Granitgneiss -- nennt man die undeutlich schieferigen oder geschichteten Gneisse; ihre Structur ist vorwaltend granitisch-körnig, z. Th. flaserig. Der Structur nach ein Mittelgestein zwischen Granit und Gneiss.

Granitgranulit — nennt Cotta (Gesteinslehre, 1862, pag. 166) den mehr körnigen als schieferigen Granulit.

Granitin = Aplit.

Granitit — im Sinne von Rosenbusch (Mass. Gest.) und J. Roth (Allg. u. Chem. Geol.) einglimmeriger Granit, der wesentlch aus Orthoklas, Quarz und Biotit besteht; also = Biotitgranit. Ursprünglich von G. Rose (Ueber den Granitit des Riesengebirges; Z. d. g. G., 1857, p. 513) für Granite, welche viel Oligoklas mit rothem Orthoklas, Quarz, wenig schwärzlichgrünen Magnesiaglimmer und dabei keinen weissen Glimmer enthalten.

Granititgneiss — nennt Lasaulx (Elem. d. Petrogr. 1875, p. 342) oligoklasreiche Gneisse.

Granitische Structur = krystallinisch - körnige; alle Gemengtheile xenomorph. — Syn. granitoide Structur.

Granitmarmor — sandiger Kalkstein, granitartig gefleckt und von zahllosen kleinen Korallen und einzelnen Nummuliten erfüllt. — *Schafhäutl.* N. J. 1864, p. 650.

Granito di Gabbro —alte italienische Bezeichnung für Gabbro.

Granitoide — ist Gümbels Bezeichnung (p. 86) für die Gruppe der Granite, Syenite und Felsitporphyre. „Granitoide" Structur der Gesteine wird von französischen und auch anderen Petrographen im Sinne von krystallinisch - körnig gebraucht.

Granitone — alte italienische Bezeichnung für Gabbro.

Granitophyre — nennt Gümbel (pag. 111) Felsitporphyre mit holokrystalliner Grundmasse, also Mikrogranite und Granitporphyre.

Granitotrachytisch — nennt Lasaulx (Einführung in die Geseinslehre, pag. 23) die ophitische Structur wegen ihrer Mittelstellung zwischen der granitischen und trachytischen Structur.

Granitpechstein — siehe Pechstein.

Granitporphyr — gilt meist als Sammelname für porphyrartig ausgebildete Granitgesteine oder auch für Quarzporphyre mit holokrystalliner Grundmasse. Zusammensetzung wie bei den Graniten. Porphyrartig sind Orthoklas, Quarz und oft auch Biotit oder Hornblende ausgeschieden. Roth (Allg. geol. II, p. 100) beschränkt den Namen auf porphyrartige Granitite, Rosenbusch (Mass. Gest., 1887, p. 286) betrachtet sie als granitische holokrystallin - porphyrische Ganggesteine.

Granit-Rhyolith — von Lang in seinem chemischen System der Eruptivgesteine als Typus derjenigen sauren Gesteine (Granite, Porphyre, Liparite) seiner Classe der Kali-Vormacht-Gesteine aufgestellt, wo die Menge des Natron grösser ist als die des Kalkes und wo $CaO:Na_2O:K_2O = 1:4:14$.

H. O. Lang. Versuch einer Ordnung der Eruptivgesteine nach ihrem chemischen Bestande. T. M. P. M., 1891, XII, 3, p. 219.

Granit-Trachyt — nennt O. Lang (siehe Dolerit-Diorit) einen Typus seiner Gesteine der Alkalimetall-Vormacht, wo die Mengen von Na und K gleich gross und grösser als die die des Ca sind.

Granomerite — ist Vogelsang's Bezeichnung (Z. d. g. G. 1873, XXIV, p. 533) für die krystallinisch-körnigen Gesteine ohne kryptomere Grundmasse.

Granophyre — Quarzporphyre (oder Porphyre überhaupt) mit holokrystalliner Grundmasse; wird auch als structurelle Bezeichnung gebraucht. Rosenbusch betont bei den Granophyren eine gesetzmässige Gruppirung der wesentlichen Gemengtheile: Quarz und Orthoklas, ihre gegenseitige Durchdringung. Bei den französischen Petrographen — Granulite.

H. Vogelsang. Philosophie der Geologie und mikroskopische Gesteinsstudien, 1867.

Granophyrit — nannte Vogelsang die einsprenglingsfreien porphyrischen Gesteine. (Z. d. g. G. 1872, p. 534.)

Granophyrstructur — nennt Rosenbusch diejenige Structur, bei welcher alle Gemengtheile gegenseitig durchdrungen sind und meist idiomorphe Begrenzung aufweisen. — Syn. Granulitstructur der französischen Petrographen, Pegmatit.

Granosphärite — heissen seit Vogelsang (Arch. Néerland.. 1872, VII) die aus radial oder concentrisch geordneten krystallinen Körnern gebildeten Sphärolithe.

Granulit — werden die zuerst von Justi als Namiester Stein beschriebenen sehr mannigfaltigen Gesteine genannt, die sich eng dem Gneiss anschliessen, von dem sie hauptsächlich durch den Granatgehalt unterschieden sind. Es sind meist helle feinkörnige schieferige Gesteine, die wesentlich

aus Orthoklas, Quarz, Granat und meist mehr oder weniger
Biotit, oder Hornblende, oder Augit bestehen. Bei Michel-
Lévy und den französischen Petrographen sind es feinkörnige
granitische Gesteine mit idiomorphem Quarz, bei den eng-
lischen Petrographen feinkörnige weisse Mikrogranite, die
aus Quarz, Feldhspath, Muscovit und Granat bestehen. —
Syn. Leptynite, Eurite schistoide. Weissstein, Namiester
Stein, Amausit, Mährischer Halbedelstein etc.
Weiss. Neue Schriften naturforsch. Freunde in Berlin.
B. 4, p. 350.

Graunulitgneiss — nennt man die in Verbindung mit Gneissen
oder Graniten auftretenden Uebergangsglieder zwischen
Granuliten und Gneissen, d. h. granatführende Gneisse.

Granulitische Structur — krystallinisch - körnige Ausbildung,
aber einzelne Gemengtheile, besonders der Quarz, automorph. — Siehe Michel-Lévy, Structures et classification
des roches éruptives, pag. 24 u. 29. — Syn. Granophyrstructur.

Granulophyres — nennt Lapparent (Traité de géol. 1885,
p. 602) diejenigen Quarzporphyre, welche eine mikrogra-
nitische Grundmasse besitzen, und zwar aus idiomorphen
Körnern bestehen. — Syn. Mikrogranulit (Michel - Lévy),
Granophyr (Rosenb.).

Graphitbasalt — nennt Steenstrup (Ueber das Eisen von Grönland. Z. d. g. G. 1875, XXXIII, p. 225) die grönländischen Basalte mit Graphitgehalt.

Graphitgestein — nennt man manchmal die schuppigen oder
dichten Graphitaggregate, die als grosse Einlagerungen in
Graniten, Gneissen, Schiefern vorkommen.

Graphitglimmerschiefer.

Graphitgneiss — heissen diejenigen Varietäten des Gneisses,
in denen Graphit den Glimmer zum Theil oder ganz ersetzt.

Graphitgranit — heissen diejenigen Varietäten dns Granits, in
denen Graphit neben oder für den Glimmer auftritt.

Graphitquarzit — will Kalkowsky (Elem. d. Lithol. 1886,
p. 271) solche Quarzite, die deutliche Einsprenglinge von
Graphit enthalten, nennen.

Graphitschiefer — heissen die schieferigen Graphitgesteinein-
lagerungen in krystallinischen Schiefern.

Grapholithe = Thonschiefer.

Grastorf = Wiesentorf = Darg.

Graupenbasalte — sind durch Verwitterung fleckig - körnige
oder in eckig-körnige Absonderung getheilte Basalte.

Graustein — siehe Anamesit.

Grauwacke — meist graue, sehr verschiedenartige, bald sandsteinähnliche oder conglomeratische körnige, bald schieferige Gesteine, die aus Bruchstücken von Quarz, Schiefern,
verschiedenen Gesteinen und Mineralien besteht, mit mehr
oder weniger kieseligem oder thonschieferähnlichem Cement.

Grauwackensandstein — nannte man feinkörnige sandsteinartige Grauwacken.

Grauwackenschiefer — nennt man dem Thonschiefer ähnliche
harte schieferige, sehr feinkörnige und glimmerreiche, Grauwacken.

Greisen — krystallinisch-körniges Gemenge von Quarz und
Glimmer; kann als feldspathfreier Granit oder als eine
Metamorphose des Granites (Rosenbusch) betrachtet wer-
den. Ursprünglich alte bergmännische Bezeichnung für
Zinnstein führende feldspathfreie feinkörnige granitische
Gesteine. — Syn. Hyalomicte, Graisen, Greisstein etc.

Greisstein = Greisen.

Grenatite = Granatfels, Granatit.

Grenzstein = Granit.

Griffelförmige Absonderung — siehe Griffelschiefer.

Griffelschiefer — benennt man einige Thonschiefer, die sich
leicht in griffelförmige Stäbchen dank ihrer complicirten
Schieferung spalten lassen.

Gries — sind klastische lose Gebilde, die der Korngrösse nach
zwischen Kies und Schotter stehen.

Grindgebirge = Granit.

Grit — nennen die Engländer Sandsteine mit grösseren Sandkörnern, s. z. s. Grandsandstein.

Grobkörnig — nennt man die krystallinisch-körnigen Gesteine
oder deren Structur, wenn das Korn nicht unter die Grösse
von Erbsen sinkt.

Grobkohle — Abart der Steinkohle.

Grorudite — nennt Brögger granitische Ganggesteine, die aus
Orthoklas und Quarz in isomeren Körnern und Nädelchen
von Aegirin bestehen, mit Einsprenglingen von Mikrolin
und Aegirin; es sind also Aegiringranitporphyre.
    W. Brögger, p. 66. = Quarz~~Tingmait~~

Grünerde - Calcitgestein — ist ein Umwandlungsprodukt von
Melaphyren und ähnlichen Gesteinen.

Grünschiefer (auch grüne Schiefer) — sind sehr verschiedenartige, durch chloritische Substanz grün gefärbte, Schiefer.
Es werden damit bei verschiedenen Autoren verschiedene

Gesteine bezeichnet: veränderte Grünsteintuffe. dynamometamorphe Grünsteine, Diabasschiefer. Hornblendeschiefer
etc. Bei Naumann ist es z. Th. gleichbedeutend mit Epidot-
Amphibolschiefer.

Grünsteine — wurden früher schlechthin alle durch chloritische Substanz meist grün gefärbten Plagioklasgesteine genannt, die allmählig in Diabase. Diorite. Porphyrite etc.
zerfielen. Die Gruppe wurde dem Granit, Trapp, Melaphyr entgegengestellt.

Grünsteinasche — wurden manchmal Grünsteintuffe, d. h.
Tuffe von Diabasen. Melaphyren und Porphyriten genannt.

Grünsteinbasalt — veraltete Bezeichnung für einige aphanitische Gesteine (Grünsteine, Basalte).

Grünsteinmandelstein — siehe Kalkaphanit, Diabasmandelstein.

Grünsteinporphyr — wurden früher die Gesteine genannt, die
jetzt als Labradorporphyr, Augitporphyrit u. dergl. bekannt
sind, d. h. überhaupt porphyrische Grünsteine.

Grünsteinpsammit — nennt Naumann (Geogn., 1849, I, p. 704)
feinkörnige sandsteinartige Grünsteinconglomerate.

Grünsteinschiefer — siehe Diabasschiefer, Dioritschiefer, Grünschiefer.

Grünsteintrachyt — benannte Richthofen (Jahrb. geol. R.-A..
1861) die grünen aus Hornblende und Oligoklas bestehenden porphyrischen Gesteine Tyrols. also nach der jetzigen Namenclatur Hornblende-Andesite.

Grünsteintuff — war früher — und ist es z. Th. noch jetzt —
die allgemeine Bezeichnung für die Tuffe der Diabase,
Augitporphyrite, Melaphyre.

Grundmasse — nennt man in porphyrischen Gesteinen diejenige bald vollkrystalline, bald glasige, bald halbkry-
stalline oder dem blossen Auge dichte Masse, in welcher
die porphyrartigen Einsprenglinge eingebettet sind. Die
Grundmasse ist verschiedenartig beschaffen und besteht entweder nur aus krystallinen Gemengtheilen, oder aus denselben und mehr oder weniger glasiger Substanz. oder
auch ganz aus Glas und Mikrofelsit. Ursprünglich unterschied man nicht letztere von der Grundmasse selbst.
Erst seit Zirkel (Mikr. Beschr. d. Min. u. Gest. 1873, p. 267)
unterscheidet man Basis und Grundmasse im obigen Sinne.

Grundteig = Basis, Magma, Grundmasse.

Gruss — nennt man die in eckige unregelmässige Bruchstücke
zerfallenen Gesteine.

Gypserde — staubartiger feinerdiger weisser Gyps.

Gypsmergel — ist von Gyps durchsetzter Mergelschiefer.

Gypssandstein — ist ein von Gyps durchtränkter Sandstein oder Sandkörner, die durch Gyps cementirt sind.

H.

Haarförmiger Obsidian — braune lockere haarförmige Glasfäden vom Vulkan Kilauea. — Syn. Königin Pélé's Haar.

Hälleflinta — nennt man in Schweden dicht- oder feinkörnige, mit Gneissen eng verknüpfte, homogene und muschlig brechende Gesteine (manchmal porphyrartig), wesentlich aus Quarz und Feldspath bestehend. bisweilen mit Hornblende, Chlorit, Magnetit, Eisenglang; grau, grün, roth, schwarz, manchmal gebändert oder schieferig.

Hälleflintagneiss — nannte man früher in Schweden, ebenso wie „Eurit", die jetzt als Granulite bezeichneten Gesteine feinkörnig oder dicht, schieferig und von der Zusammensetzung der Granulite.

Hämatitphyllit — ist ein an Eisenglanz und Eisenglimmer sehr reicher, oft violett gefärbter, Phyllit.

Haidetorf.

Haidesand — nennt man im Harz zu Gruss oder Sand zerfallenen Granit.

Halbdolomit — nennt man manchmal stark kalkhaltige Dolomite.

Halbglasig — werden manchmal die halbkrystallinischen Gesteine genannt.

Halbgranit — sehr glimmerarme oder gar glimmerfreie feinkörnige Muscovit-Ganggranite. Siehe **Aplit** und **Granitell**.

Halbklastische Gesteine — werden die Thonschiefer, Thone und manchmal auch Tuffe genannt, weil sie aus klastischem Material und krystallinischen Neubildungen bestehen.

Halbkrystallinisch — nennt man die Gesteine, oder deren Ausbildung, welche neben krystallinischen Gemengtheilen auch eine nicht individualisirte Substanz (Krystallisationsrückstand, Basis) enthalsen. Hierher gehören also alle porphyrischen Gesteine, deren Grundmasse nicht holokrystallin ist. Zirkel (Mikrosk. Beschaff. d. Min. u. Gest. 1873).

Halboolithe — nennt Gümbel (p. 173) solche Kalksteine, die in einer gewöhnlichen Kalkmasse rundliche, den Ooolithen ähnliche, aber nicht concentrisch-schaalige, Gebilde enthalten.

Halbphyllit — nannte Loretz (Jahrb. preuss. geol. Landesanst. 1881, p. 175) metamorphische Thonschiefer aus dem oberen Schwarzathale, gekennzeichnet durch grosse allothigene Quarze und durch ihren Biotitgehalt.

Halda — wird in Wieliczka salzführender Thon (Salzlette) genannt.

Hallerde — heisst an Gyps oder Anhydrit sehr reicher und von ihm durchsetzter Salzthon.

Halogen — nennt Renevier die salzhaltigen chemischen Absätze aus ruhigem Wasser, wie Steinsalz, Gyps etc.

Hangendes — heissen die Gesteine, welche eine Schicht oder Gesteinsmasse bedecken.

Haplophyr — werden in den Alpen einige Granite genannt, die Mörtelstructur besitzen, indem sie aus grösseren Quarzen und Feldspäthen und zwischen ihnen liegenden feinkörnigen Gemengen dieser Gemengtheile bestehen. Ursprünglich benannten so Stache u. John (J. geol. R.-A., 1877, XXVII, p. 189) granitische Gesteine, deren Structur eine Zwischenstellung zwischen granitischer und porphyrischer einnehmen sollte.

Harnische — ist gleichbedeutend mit Rutschflächen oder Schliffflächen.

Harzburgit — ist Rosenbusch's (Mass. Gest. 1887, pag. 269) Benennung für die krystallinisch - körnigen Peridotite, die wesentlich aus Olivin und Enstatit oder Bronzit bestehen. — Syn. Saxonit, Bronzit-Olivinfels.

Haselgebirge — nennt man in den Alpen breccienartige Gesteine, die aus Thon, Gyps und Steinsalz (auch mit Bruchstücken anderer Gesteine) bestehen.

Hauptgemengtheile — nennt man in den gemengten Gesteinen diejenigen Bestandtheile, deren Anwesenheit nöthig ist, damit das Gestein seinen Namen behält.

Hauptgranit — will Gümbel (p. 105) den eigentlichen, zweiglimmerigen Granit nennen.

Hauynandesit — sind Andesitgesteine mit Hauyngehalt. — *Möhl*, N. J. 1874, p. 700.

Hauynbasalte — die auch Hauynophyre genannt werden, sind hauynreiche Leucit- und Nephelinbasalte.

Hauynfels — von Haidinger (Jahrb. k. k. geol. Reichsanst, XII, p. 64) für sodalithführende Eläolithgesteine, die später den Namen Ditroit erhielten, gebraucht.

Hauynophyr — Basaltgestein, wesentlich aus Augit und Hauyn mit etwas Olivin, Glimmer und Leucit bestehend. Alte Bezeichnung für hauyinreiche Laven. — Syn. Hauynporphyr, Augitophyrlava.— *Rammelsberg*. Z. d. g. G., XII, 1860, p. 273.

Hauynphonolit — werden einige an Hauyn reiche Phonolithe genannt. Lasaulx (p. 284).
Hauynporphyr (Abich, N. J. 1839, p. 337) = Hauynophyr.
Hauyntachylyt — nannte Möhl (N. J. 1875, p. 719) ein jetzt zum Augitit zu rechnendes glasiges Basaltgestein, das in braunem Glase Hauyn, Augit, Hornblende, Apatit und Titanit enthält.
Hauyntephrit — nannten Fritsch u. Reiss (Geol. Beschr. d. Insel Tenerife, 1868) hauynreiche Laven, die Lasaulx zu den Hauynbasalten, Rosenbusch zu den Hauynandesiten rechnet.
Hauyntrachyt — nannten Palmieri und Scacchi (Z. d. g. G., V, 1853, p. 21) Leucitgesteine von Melfi, die Hauyn, Leucit, Sanidin, Melanit und Augit in heller compacter Grundmasse enthalten.
Hebräischer Stein — Schriftgranit.
Hedrumite — zur Gruppe der Foyaite gehörende eläolitbarme bis eläolithfreie syenitische Gesteine mit trachytoider Grundmasse. — *W. Brögger*. Min. d. südnorweg. Nephelinsyenite. Allg. Th. p. 40. — Z. f. K., 1890, XVI.
Heidestein = Granit.
Hellefors-Diabas — Abart von schwedischem Olivindiabas. *Törnebohm*. (Siehe Aasby-Diabas.)
Hemiklastische Gesteine — nennt Senft (Felsarten, pag. 71) die vulkanischen Tuffe und Conglomerate.
Hemikrystallin = Halbkrystallinisch.
Hemilysisch — nennt Brongniart die theils durch mechanischen Absatz, theils auf chemischem Wege gebildeten Gesteine.
Hemithrène — Dioritgesteine aus der Auvergne mit Calcit-Gehalt. Ursprünglich für hornblende- oder grammatithaltige körnige Kalkgesteine angesehen. Die Zugehörigkeit zu den Grünsteinen von A. v. Lasaulx). Ueber sogenannte Hemithrène und einige andere Gesteine aus dem Gneiss-Granitplateau des Departements Puy-de-Dôme, N. J. 1874, p. 230) bewiesen.
Hercynitfels — mit Amphibolithen verknüpftes Gestein, das aus Hercynit, Magneteisen, Korund und Rutil besteht. — Kalkowsky, Z. d. g. G. 1881, XXXIII, p. 536.
Hercynitgranulit — ist flaseriger Granulith mit merklichem Hercynitgehalt.
Hermeskeiler Glimmersandstein — Abart des Taunusquarzits.
Hessleite — unter dieser Bezeichnung fasste Nordenskjöld als eine natürliche Gruppe von gemeinsamem Ursprunge die

Meteorite von Lixna, Pillistfer, Erxleben, Blansko, Ohaba, Dundrum, Hessle, Orvinio, Ställdalen zusammen. — Siehe Kügelchenchondrit.

A. Nordenskjöld. Z. d. d. g. G. XXXIII, 1881, p. 23.

Heteromer = anisomer.

Heterogen — siehe gemengt.

Heterophyllolithe — will Gümbel (pag. 153) die aus mehreren Mineralarten bestehenden krystallinischen Schiefer nennen.

Hexaëdrische Eisen — nennt man seit G. Rose diejenigen Eisenmeteorite, die keine Schalenbildung besitzen.

Hieroglyphenkalk — nannte Lusser den Schweizer Rudistenkalk, wegen der eigenthümlichen Figuren, die die Rudisten auf den Felswänden bilden.

Hirschhornstein = Wetzschiefer.

Hirsenstein = feinkörniger Rogenstein.

Hislopit = glauconithaltige grüne körnige Kalksteine.

S. Haughton. Phil. Magaz. 1859 (17), p 66.

Histologie der Gesteine — nennt Naumann (Geogn. 1849, I, p. 417) die „Betrachtung der Elemente, aus welchen und der Gesetze nach welchen die Gesteine aus diesen Elementen zusammengefügt sind; Lehre von der Textur und Structur der Gesteine".

Holoklastische Gesteine — nennt Senft (Felsarten, p. 73), im Gegensatz zu den hemiklastischen, die echten klastischen n e p t u n i s c h e n Gesteine: Gonglomerate, Breccien und Sandsteine.

Holokrystallin — nennt man diejenige Ausbildungsform der krystallinischen Gesteine, bei welcher sie aus lauter krystallinen (aber nicht immer krystallographisch begrenzten) Gemengtheilen bestehen. — Syn. vollkrystallin.

Holokrystallin-porphyrisch — nennt Rosenbusch diejenige Ausbildung der porphyrischen Gesteine, wenn ein Gegensatz zwischen porphyrartigen Einsprenglingen und Grundmasse existirt, letztere aber ganz krystallinisch ist.

Holosiderite (Météor. holosidères) — werden nach Daubrées Vorgang (C.-R. 65, p. 60, 1867) die steinfreien, also keine Silicate enthaltenden, Meteorite genannt. — Syn. Siderite, Siderolithe, Eisenmeteorite.

Holzerde = Erdkohle, erdige kohlige bituminöse, braun, grau oder schwarz gefärbte Masse.

Holzglimmerschiefer — hat man gestreckte Glimmerschiefer mit stengelförmigen Quarzleisten genannt.

Holzgneiss (oder Stengelgneiss) — heissen gestreckte Gneisse, wenn die Quarze in stengeligen Aggregaten erscheinen.

Holztorf — besteht hauptsächlich aus Wurzel- und Stammresten.

Homöokrystallin — körnige Gesteine mit nahezu gleich grossen Dimensionen der Körner. Siehe Isometrisch - körnig. Bei Lapparent (Traité de géol., 1885, p. 590) ist es gleichbedeutend mit echter granitischer Structur.

Homokokkite — ist Gümbels Bezeichnung (p. 85) für die einfachen, aus einer Mineralart bestehenden, krystallinischen Gesteine.

Homomikte Conglomerate oder Breccien — sind solche, wo die sie zusammensetzenden Gesteinsfragmente ein und derselben Gesteinsart angehören. — Syn. monogen.

Homophyllolithe — will Gümbel (p. 153) die aus einer Mineralart bestehenden krystallinischen Schiefer nennen.

Hone-Stone = Novaculite = Wetzschiefer.

Hoppers — nennt man im Staate New-York Pseudomorphosen von Sandstein nach Kochsalz.

Hornblende-Andesit = Amphibolandesit.

Hornblendebasalt — nennt Rosenbusch (Mass. Gest. 1887, p.738) Feldspathbasalte mit Hornblendeeinsprenglingen.

Hornblende-Biotitgranit — nennt man manchmal hornblendereichen Granitit.

Hornblende - Biotitschiefer — nennt B. Koto (Journ. of the Univers. of Japan, V, III, 1893, p. 251) Gneissglimmerschiefer mit wesentlichem Hornblendegehalt und sehr reich an Feldspath.

Hornblendediabas — ist nach Streng (Ueber den Hornblendediabas von Gräveneck bei Weilburg. XXII. Ber. d. Oberhess. Ges. f. Natur- u. Heilkunge. 1883, p. 232) ein porphyrartiger Diabas mit Einsprenglingen von basaltischer Hornblende.

Hornblendediorit — ist eigentlicher Diorit.

Hornblende-Enstatitfels (Cossa) — ist ein Pyroxenit (im Sinne von Williams), der aus Enstatit besteht und viel Hornblende enthält.

Hornblende - Epidotschiefer — sind schieferige Gesteine, die aus Hornblende, Epidot, Chlorit, Feldspath, Quarz und Kalkspath bestehen.

Hornblendefels — heissen solche Gesteine, die bei massiger Structur wesentlich nur aus einer oder mehreren Amphibolarten besteht.

Hornblendegabbro — sind entweder amphibolreiche Gabbro. also Uebergangsgesteine zwischen Gabro und Diorit oder bei manchen Autoren — durch Metamorphose secundär mit Hornblende bereicherter Gabbro; in diesem letzten Sinne synon. mit Uralitgabbro.

Hornblendegestein — siehe Amphibolit,

Hornblendeglimmerschiefer — ist ein Gl.-Sch. mit merklichem Hornblendegehalt.

Hornblendegneiss — ist ein Gneiss, der neben Quarz und Orthoklas als wesentlichen Gemengtheil ausschliesslich Hornblende oder Hornblende und Glimmer enthält.

Hornblendegranit — nennt man nach Naumann (Geogn., II, p. 194) die glimmerfreien, aus Feldspath, Hornblende und Quarz bestehenden Granite.

Hornblendegranulit — sind solche Granulite, in denen Hornblende den Glimmer vertritt.

Hornblendegrünschiefer — ist ein Grüuschiefer, der als gefärbten pyroxenischen Gemengtheil nur Hornblende enthält.

Hornblendegrünsteine (Senft) = Amphibolite (Senft).

Hornblendekersantit — nennt man nach ihrem Hornblendegehalt einige Kersantite.

Hornblendemelaphyr — entspricht unter den alten Gesteinen dem Hornblendebasalt. Von Senft (Z. d. g. G., X, p. 315) zuerst auf Gesteine, die wohl zu den Hornblendeporphyriten gehören, angewandt.

Hornblendeminette — nennt Rosenbusch (Mass. Gest., 1887, p. 318) diejenigen Glimmersyenite, die ausser Orthoklas und Biotit noch einen wesentlichen Gehalt an Hornblende aufweisen.

Hornblendemonzonit — will Kalkowsky (Elem. d. Lithol., 1886, p. 85) wegen ihres Hornblendegehalts oder der Verdrängung des Augits durch Hornblende einige Monzonite nennen. Es wären dann also gewöhnliche Syenite.

Hornblendephonolith — nannte Dölter (Die Vulkane der Capverden und ihre Producte, 1882) hornblendereiche Phonolithe.

Hornblendephyllit — ist Amphibolit, der aus strahlsteinähnlicher Hornblende, etwas Orthoklas und Quarz besteht. *Becke*, T. M. P. M. 1878, I, 255.

Hornblendepikrit — nannte Bonney (Quart. Journ. 1881, p. 137) einen durch die Combination von Olivin und Hornblende gekennzeichneten Peridotit. — Siehe Hudsonit, Cortlandit, Amphibolpikrit.

Hornblendeporphyr — wurde früher für Hornblendeporphyrit gebraucht. Naumann (Geogn. 1849, I, p. 612) bezeichnete damit eine Abart von quarzfreien Porphyren.

Hornblendeporphyrite — sind die paläovulkanischen, den Hornblende-Andesiten entsprechenden Gesteine mit der Zusammensetzung der Diorite. Wesentliche Gemengtheile sind saurer Plagioklas und Hornblende : Structur porphyrisch, aber mit mannigfaltiger Grundmasse, von mikrokrystalliner bis zu vitrophyrischer Ausbildung.

Hornblendequarzit.

Hornblendeschiefer — sind schieferige, wesentlich aus Hornblende bestehende, Gesteine. — Syn. Strahlsteinchiefer, Amphibolit.

Hornblendesericitschiefer — feinkrystalliner, zu den Taunusgesteinen gehörender, Schiefer von complicirter Zusammensetzung und mit wesentlichem Hornblende- und Sericitgehalt.

Hornblendeserpentin — werden die aus reinen Hornblende- oder aus Hornblende-Olivingesteinen hervorgegangenen Serpentine genannt.

Hornblendesyenit = Syenit.

Hornblendesyenitporphyr — sind meistens gangförmige Syenitporphyre mit Hornblende als einzigem oder stark vorwiegendem gefärbten Gemengtheil. Es sind also die porphyrischen Aequivalente der eigentlichen (Hornblende-)Syenite. *Rosenbusch.* 1887, 299.

Hornblendit — nur aus Hornblende (überhaupt einem Amphibol) bestehende körnige Intrusivgesteine ; sind analog den Peridotiten und Pyroxeniten (Williams). *J. Dana.* 1880.

Hornfels — ist der im Contact mit Granit (und Intrusivgesteinen überhaupt) metamorphosirte Thonschiefer. Derselbe ist dicht und oft stark krystallinisch geworden, hat die Schiefrigkeit verloren und stellt eine grau oder bräunliche splitterig brechende Masse vor. Als Neubildungen treten Quarz, Biotit, Magnetit, oft Andalusit, Orthoklas, Granat, Amphibol, Pyroxen, Sillimanit auf. — Syn. Cornéenne, Cornes.

Hornfelstrachyte — werden manchmal trachytische Gesteine mit feinkörniger oder dichter Grundmasse genannt

Hornkalk — ist Hoffmanns Bezeichnung (Geogn. Beschr. d. Herzogth. Magdeburg, 1823, p. 41) für graue sehr harte Kalksteine, die nur vereinzelte oolithische oder einfache Kalkspathkörner enthalten.

Hornmergel — nannte Freiesleben (Geogn. Arbeiten, 1807, I, p. 123) die sehr festen grauen dichten Kalksteine mit eingesprengten Oolithkörnern, oder oolithische Mergel mit überwiegendem dichtem Bindemittel.

Hornquarzconglomerat — nannte v. Veltheim sehr feste Gesteine, die aus grossen grauen Quarzitgeröllen und hartem kieseligem Cement bestehen.

Hornschiefer (R. Credner) — siehe Amphibol-Adinolschiefer. Früher wurden mit diesem Namen die verschiedenartigsten dichten Gesteine (massig wie schieferig) belegt. Jetzt werden meistens darunter die im Contact mit Diabasen (und Intrusivgesteinen) metamorphosirten Thonschiefer verstanden, welche die Mitte zwischen Spilositen und Adinolen einnehmen. Die charakteristischen Merkmale der Thonschiefer sind dabei verloren gegangen und verschiedene Neubildungen sind hinzugetreten. Alte schwedische Bezeichnung.

Hornstein — bildet meist Knollen und Linsen in anderen Gesteinen, seltener ganze Schichten. Es sind harte feuersteinähnliche, splitterartige, dunkel gefärbte Kieselgesteine von kryptokrystallinem Gefüge und oft mit organischen Ueberresten.

Hornsteinporphyr — nannte man solche Felsitporphyre, deren Grundmasse hart und dicht ist, splitterigen Bruch und hornsteinähnliches Aussehen besitzt.

Hornsteinschiefer — nach Heim (Thür. Wald, II, 4. Abth., p. 167) hornsteinähnliche Kieselschiefer.

Howardit — ist G. Rose's Bezeichnung (Abh. Ak. d. Wiss. Berlin, 1863) für diejenigen krystallinischen Steinmeteorite, welche wesentlich aus Anorthit, Olivin und Bronzit bestehen.

Hraftinna = Obsidian (Isländische Benennung).

Hudsonit — von Cohen (N. J. 1885, I, p. 242) für körnige Hornblende-Olivingesteine, also Amphibolpikrite (siehe dieses Wort) vorgeschlagen; schon früher in der Mineralogie für eine Varietät des Diallag gebraucht. Williams nennt diese Gesteine Cortlandit (A. J., 1886, XXXI, pag. 30).

Hulda = Halda.

Hunne-Diabas — salitführender schwedischer Diabas, kleine Mengen von Quarz, Hornblende und Biotit enthaltend; oft porphyrisch. — *Törnebohm*. (Siehe Aasby-Diabas.)

Hyalin — nennt man die dem Glase entsprechende Ausbildung der amorphen Körper; hyaline Structur, hyaline Gesteine.

Hyalithe — nennt Gümbel (pag. 89) die glasigen Gesteine, vulkanischen Gläser. — Syn. Hyalolithe.

Hyaloandesit — ist Rosenbusch's Bezeichnung für glasige Ausbildungsformen der Andesite. — Syn. Andesitgläser, Vitroandesite.

Hyalobasalte — nennt Rosenbusch die vorwiegend glasig ausgebildeten Basalte. — Syn. Basaltgläser, Vitrobasalte.

Hyalodacit (Rosenbusch, Mass. Gest. 1887, p. 642) = Dacitgläser, glasige Ausbildungsformen der Dacite.

Hyaloliparit (Rosenbusch, Mass. Gest. 1887, p. 555) = Liparitgläser; glasige Ausbildungsformen der Liparite.

Hyalolithe — nennt Senft (Felsarten, pag. 46) die natürlichen (vulkanischen) Gläser. — Syn. Hyalithe.

Hyalomelan — werden Basaltgläser genannt; siehe Tachylyt, Sideromelan, Hyalobasalt. Benennung von Hausmann (1847) für das bekannte Vorkommen von Bobenhausen; ursprünglich wurde der Hyalomelan, wie alle vulkanischen Gläser, für ein Mineral gehalten. Auch „schlackiger Augit" genannt.

Hyalomicte = Greisen.

Hyalonewadit — nennt Rosenbusch (Mass. Gest. 1887, p, 541) die von Rath (Z. d. g. G., 1865, p. 399) beschriebenen, an glasiger Basis reichen Nevadite. also glasreiche Liparite, die reich sind an intratellurischen Krystallen.

Hyalophonolith — nennt Rosenbusch (Mass. Gest. 1887. p. 627) die spärlich verbreiteten glasigen Phonolithe. — Syn. Phonolithvitrophyr.

Hyalophyre — ist Gümbels Bezeichnung für die porphyrischen Gesteine mit glasiger oder glasführender Grundmasse.

Hyalopilitisch — nennt Rosenbusch die typische Andesitstructur, wo die Grundmasse aus einem innigen Gemenge von regellos gelagerten nadelförmigen Mikrolithen und Glaspartieen bestehen; der Typus, den Zirkel „ein glasdurchtränktes Mikrolithenfilz" nannte.

Hyaloplasmatisch — gebrauchte Loewinson-Lessing (Die Olonezer Diabasformation, pag. 363. — Arb. d. St. Petersb. Naturf.-Ges., 1888) zur Bezeichnung solcher mandelsteinartiger Augitporphyrite, die aus intratellurischen corrodirten Plagioklasen, Glaspartieen, die als Körner erscheinen, und Nadelmikrolithen von Augit bestehen.

Hyalopsit = Mineralglas; Gümbel nennt so die vulkanischen Gläser.

Hyalotourmalite — Daubrées Bezeichnung für Quarz-Turmalinfels und Schiefer. (J. d. M., III s., t. 20, 1841, p. 84.

Hyalotrachyt (Rosenbusch, Mass. Gest., 1887, p. 602) = Trachyt-gläser, glasige Ausbildungsformen der Trachyte.

Hybride Gesteine (roches hybrides) — nennt Durocher (A. d. M., 1857, p. 221 u. 258) die neutralen Eruptivgesteine (Syenite, Porphyre, Trachyte), die nach seiner Vorstellung als Mischlinge zweier Magmen: eines sauren und eines basischen, aufzufassen sind.

Hydatogene Gesteine — nennt man die aus dem Wasser abgesetzten Sedimentärgesteine. Renevier beschränkt die Bezeichnung auf chemische Niederschläge, z. B. Steinsalz, Gyps etc.

Hydatokaustisch — ist Bunsen's Bezeichnung (Ann. d. Chemie u. Pharm., Bnd. 62, p. 16) für solche Umwandlungsprocesse der Gesteine, wo Wasser und sehr hohe Temperatur gewirkt haben, und die später als h y d a t o m o r p h bezeichnet wurden.

Hydatomorphismus — siehe Hydatomorphose.

Hydatomorphose — werden alle durch wässerige Wirkung bedingten metamorphischen Processe in den Mineralien und Gesteinen genannt. — Hydatomorphe Bildungen, Entstehung etc.

Hydatopyrogen — nennt man diejenigen eruptiven Bildungen (und deren Entstehungsart), die unter Mitwirkung von Wasser entstanden sein sollen.

Hydatopyromorphismus — siehe Hydatopyromorphose.

Hydatopyromorphose — werden nach Daubrée (Expér. synthét. sur le metamorphisme) diejenigen Veränderungen der Mineralien und Gesteine genannt, die durch überhitztes Wasser und Wasserlösungen, also durch Wärme und hydrochemische Processe zugleich, hervorgebracht werden. — Hydatopyromorphe Bildungen, Entstehung etc.

Hydatothermisch — ist Bunsens Ausdruck (Ann. d. Chemie u. Pharm., Bnd. 62, p. 16) für hydatomorph.

Hydnospath — siehe Laukasteine.

Hydraulischer Kalkstein — ist ein kieseliger und thoniger Kalkstein, der gebrannt hydraulischen Kalk giebt.

Hydrolythe — nennt Senft (Felsarten, pag. 87) die in Wasser leicht löslichen einfachen Gesteine — Eis und Steinsalz.

Hydrogen — siehe Hydatogen.

Hydro - mica - schist — werden Glimmerschiefer mit wasserhaltigem Glimmer (Margarodit, Damourit) genannt.

Hydroplutonisch = Hydatopyrogen.

Hydrotachylyt — nannte Petersen (N. J. 1869, p. 33, siehe auch Rosenbusch, N. J. 1872, p. 614) den wasserhaltigen, leicht zersetzbaren, Zeolithe und Carbonate enthaltenden bouteillengrünen Tachylyt.

Hylologie der Gesteine — nennt Naumann (Geogn., 1849, I, p. 418) die „Betrachtung der allgemeinen materiellen Verhältnisse der Gesteine, der vorherrschenden chemischen und mineralischen Bestandtheile derselben". Gümbel versteht darunter denjenigen Theil der Geologie, der das Material, aus dem dem die Erde zusammengesetzt ist, studirt.

Hypabyssisch — ist Brögger's Bezeichnung (unveröffentlichte Vorlesungen über Petrographie 1887—1890) für diejenigen, als Randfacies, Gänge, kleine Laccolithe auftretenden, Gesteine, die nach ihrer Structur (meist porphyrisch) eine Mittelstellung zwischen Tiefengesteinen und Effusivgesteinen einnehmen. — Z. Th. synon. mit Rosenbusch's Ganggesteinen.

Hyperit — schwedische Bezeichnung für Hypersthenite, Diabase und verwandte Gesteine. Nach Törnebohm sind es Gabbrogesteine mit Hypersthen, oder Bronzit, und Olivin, wobei die Mengen dieser Bestandtheile sich umgekehrt proportional verhalten. — *A. E. Törnebohm.* Om Sveriges vigtigare Diabas och Gabbro - Arter. — Kon. Svenska Vetensk. Akad. Vörhandl. XIV, № 13. Stockholm, 1877.— H y p e r i t e nennt Senft (Felsarten, p. 59) die körnigen Diallag- (Hypersthen), Labrador- (oder Granat-) Gesteine, also Gabbro, Hypersthenit, Eklogit.

Hyperit-Diorit — eine der Uebergangsstufen zwischen Gabbro, Olivingabbro und Norit einerseits und Amphibolit andererseits. Ziemlich stark veränderte. an secundärer faseriger Hornblende reiche (tremolitisrte) Gabbrogesteine. *A. Törnebohm.* Siehe Hyperit.

Hyperit - Amphibolit — will Rosenbusch (Mass. Gest., 1887, p. 160) den Hyperit-Diorit nennen.

Hypersthenandesit — nennt man Augitandesite mit Hypersthen neben Augit oder als einzigem pyroxenischem Gemengtheil.

Hypersthen-Augitandesit — siehe Hypersthenandesit.

Hypersthenbasalt — benannte Diller (Am. Journ. 1887, XXVIII, p. 252) Gesteine, die zwischen Basalt und Andesit stehen; es sind glasreiche hypokrystallin-porphyrische Basalte mit Hypersthen unter den porphyrartigen Einsprenglingen.

Hypersthenfels — siehe Hypersthenit, Norit.

Hypersthengabbro — Mittelgestein zwischen Gabbro und Hypersthenit; besteht bei körniger Structur hauptsächlich aus Diallag, Hypersthen und Plagioklas.

F. Chester. Bull. U. S. geol. Survey. № 59. 1890.

Hypersthenit (Hypersthenfels) — ein grob- bis feinkörniges Gemenge von Labrador und Hypersthen; altes Tiefengestein, dem Gabbro verwandt; gehört nach Rosenbusch's Namenclatur zum Norit.

G. Rose. Ueber Hypersthenit. Pogg. Ann., 1835, XXXIV, pag. 10.

Hypersthensyenit — siehe Hypersthenit.

Hypholith — ist eine Abart der von Rolle als Chlorogrisonite zusammengefassten Grünschiefer. *Methm. gebro :*

Hypidiomorph-körnig — nennt Rosenbusch (Mass. Gest. 1887, p. 11) die Structur der Tiefengesteine, die dadurch gekennzeichnet ist, dass idiomorphe Gemengtheile nur in einer im Allgemeinen kleinen Menge gegenüber den nur partiell idiomorphen und allotriomorphen Componenten vorhanden sind. — Syn. krystallinisch-körnig, granitisch.

Hypogen - metamorphisch — nannte Lyell die Gesteine der primitiven Formation, d. h. des innersten untersten Theiles der Erdkruste, in der Voraussetzung, dass ihre Metamorphose von unten her von Statten ging.

Hypokrystallin — nennt man Gesteine, die, wie Laven, Porphyre etc., z. Th. aus krystallinischen Gemengtheilen, z. Th. aus amorpher Substanz bestehen. — Synon. halbkrystallinisch.

Hypokrystallin - porphyrisch — ist Rosenbusch's Bezeichnung für porphyrische Structuren solcher Gesteine, die in der Grundmasse eine amorphe Basis enthalten.

Hypometamorphisch — nannte Callaway die Uebergangsformen zwischen schieferigen Thonen (slates) und Schiefern (schists).

Hysterogenetisch — nennt Zirkel die (gewöhnlich saureren) Schlieren einiger Gesteine, die den letzten Krystallisationsprocess bilden.

Hysterobas(losum) Gangmelaphyr von Kersantitartigem Character

I.

Idiochromatisch — heissen Mineralien, die ihre eigene Färbung besitzen.

Idiomorph — nennt Rosenbusch die rundum auskrystallisirten Gemengtheile der krystallinischen Gesteine, solche, deren äussere Umgrenzung durch dieser Mineralspecies eigene krystallographische Flächen bedingt ist. — Syn. automorph.

H. Rosenbusch. Mass. Gest., 1887, p. 11.

Igastite — ist Stan. Meunier's Bezeichnung (Coll. d. Météor., 1882) für die Meteorite vom Typus des Met. Igast. Sollte sich der betreffende Stein als Pseudometeorit erweisen, wie es vermuthet wird, so fällt der Name fort.

Ijolith — granitisch-körnige, in der mineralogischen Zusammensetzung den Nepheliniten entsprechende, Gesteine.

W. Ramsay u. *H. Berghell.* Das Gestein vom Iiwaara in Finnland. Geol, Fören. i Stockholm Förhandl. № 137. Bnd. 13, Häft 4, p. 300. 1891.

Ilyogen — nennt Renevier die thonigen klastigen Gesteine. — Syn. roches limacées, limmatische Gesteine.

E. Renevier. Classific. pétrogén. 1881.

Imatrasteine — sind rundliche scheibenförmige oder abgeplattete, oft parallel gefurchte und aus mehreren Individuen bestehende, graue Concretionen von kohlensaurem Kalk mit Sand und Thon, die beim Imatrafall in Finnland im grauen sandigen Schieferthon liegen.

E. Hoffmann. Geogn. Beobacht. auf einer Reise von Dorpat nach Abo. 1837.

Implicationsstructur — nennt Zirkel die „eigenthümliche und regelmässige in einander verschränkte Verwachsung zweier gleichzeitig gebildeter Gemengtheile", wie z. B. Schriftgranit. Man nennt es auch pegmatitische Structur.

F. Zirkel. Lehrb. d. Petrogr. 1893, I, p. 469.

Imprägnation — gebrauchte Naumann (Geogn. 1849, I, p. 794) im Sinne von Injectionsmetamorphismus: sonst bezeichnet man damit eine innige Durchspickung eines Gesteins oder Minerals durch eine fremde Substanz.

Indigen = neptunisch.

Individualisirt — ist das Magma oder die Glasbasis, wenn es nicht amorph erstarrt ist, sondern in verschiedene Mineralien zerfallen ist.

Indusienkalkstein — ist ein Süsswasserkalk, durchzogen von kurzen an einem Ende geschlossenen und z. Th. mit Sinterkalk ausgefüllten Röhren (Indusien).

Infusorienerde — siehe Diatomeenpelit.

Infusorienmehl — siehe Bergmehl.

Infusorienpelit — entspricht dem Diatomeenpelit, besteht aber aus Infusorienresten.

Infusoriolithe — nennt Senft (Felsarten, p. 82) die aus Foraminiferenschalen (und Infusorien) bestehenden harten oder erdigen Gesteine.

Injection — wird gebraucht als Bezeichnung für die Erfüllung von unterirdischen und anderen Hohlräumen durch Eruptivgesteine, manchmal auch für ihre gewaltsame Einpressung (auch wohl im festen Zustande).

Injectionsgänge — sind Ganggesteine und Gangbildungen eruptiver Entstehung.

Injectionsmetamorphose — gebraucht Sederholm (Ueber den Berggrund des südlichen Finnlands, Fennia, № 8, 1893) für die Umwandlung von Sedimentgesteinen (archäische Schiefer) durch eine innige Injection und Durchdringung von Intrusivgesteinen. — Siehe *Michel-Lévy*. Sur l'origine des terrains cristallins primitifs. — Bull. Soc. Géol., XVI, 1888, p. 102. — Syn. Imprägnation (Naum.).

Injectionsschlieren — werden genannt die durch intrusive Nachschübe gebildeten und ein vulkanisches Gestein gangartig durchsetzenden Schlieren.

Interpositionen = Einschlüsse.

Intersertalstructur — ist Rosenbusch's Bezeichnung (Mass. Gest., 1887, p. 504) für diejenige Ausbildung der porphyrischen Gesteine, bei welchen die Grundmasse in der Form einer hypokrystallinen aber basisarmen Zwischenklemmungsmasse zwischen den oft zahlreichen porphyrartigen Einsprenglingen auftritt.

Intratellurische Einsprenglinge — sind in den Laven und porphyrischen Gesteinen die grossen porphyrartigen Einsprenglinge, deren Bildung in die intratellurische Krystallisationsphase versetzt wird.

Intratellurische Krystallisationsphase — ist derjenige Abschnitt des Verfestigungsprocesses des Magmas, der Lava und der Eruptivgesteine überhaupt, der vor der Eruption in der Erdrinde seinen Abschluss findet unter vermuthlichem Mitwirken von Druck, Wasserdämpfen, langsamer Abkühlung etc. — Syn. entogäisch.

Intrusion — ist das gewaltsame Eindringen des feuerflüssigen Magmas in fertige unterirdische Hohlräume oder auch zwischen durch die Intrusion selbst auseinandergeschobene Theile der Erdrinde.

Intrusive Nachschübe — nennt Reyer (Theoretische Geologie) das Eindringen neuer Lavaforderungen in die früher ergossene und bereits z. Th. verfestigte Lava, also eine Intrusion bei Effusivgesteinen.

Intrusivgesteine — nennt man diejenigen Eruptivgesteine, die in der Tiefe erstarrt sind, im flüssigen Zustande nicht an die Erdoberfläche gelangten. — Syn. irruptiv, plutonisch, granitisch, endogen, Tiefengesteine, Batholithite und Laccolithite . . . .

Inverse Metamorphose — nannte Cotta (Grundr. d. Geogn. u. Geol., p. 103) die Einwirkung der angrenzenden oder durchbrochenen Massen auf das durchbrechende Eruptivgestein. — Syn. Endomorphose, endomorphe Contactbildung, endogene Contacterscheinung.

Iron-clay — siehe Wacke.

Ironsand — ist eisenschüssiger Sand und Sandstein.

Irruptiv — siehe Intrusiv.

Isenit — Benennung von Bertels für hauynführende und nephelinreiche Andesite. Nachdem durch fernere Untersuchungen die Anwesenheit von Noseau und Nephelin in Zweifel gestellt wurde, definirte Rosenbusch das Gestein als sehr basische olivinhaltige Amphibol- und Biotit-Andesite mit entschiedener Annäherung an basaltoïden Charakter. Wäre es nicht richtiger, die Gesteine ohne Weiteres zu den Basalten zu stellen?

G. Bertels. Ein neues vulkanisches Gestein. Verhandl. d. Würzburger phys.-med. Ges., Neue Folge, VIII, 1874.

Ohne einen neuen Namen zu geben, hatte schon früher noseanführende Andesite in Nassau beschrieben *F. Sandberger.* Die krystallinischen Gesteine Nassaus. Vortr. geh. in der miner. Sect. d. Naturf.-Versamml. zu Wiesbaden, 1873.

Iserin = Magneteisensand.

Isomer (roches cristallisées isomères) — nannte Brongniart (J. d. M. XXXIV, pag. 31) die einfachen krystallinisch-körnigen Gesteine.

Isometrisch — ist die Structur der körnigen Gesteine, wenn die Körner ungefähr gleiche Grösse haben — Syn. homöokrystallin.

Isophyr = Obsidian.

Itabirit — brasilianischer Quarzschiefer mit Eisenglanzkörnern, Muscovitschüppchen, feinvertheiltem Gold. — Eschwege; siehe Itacolumit.

Itacolumit — nennt Eschwege (Geogn. Gemälde von Brasilien, 1822, pag. 17) den hellen brasilianischen oft biegsamen Quarzschiefer, der Talk, Glimmer, Chlorit enthält und als ein Muttergestein für Diamanten angesehen wird. Die Benennung soll von Humboldt (Gisement des roches dans les deux hémisphères, pag. 89) stammen. — Syn. elastischer Sandstein, Gelenkquarz.

Izemische Formation — nennt Brongniart die durch mechanischen Absatz gebildeten Gesteine.

J.

Jacotinga — ist zu Pulver zerfallener Itabirit (Heusser u. Claraz. Z. d. g. G. 1859, XI, 448). *Jacupinungit (Trarak) Peririseireles*

Jade — siehe Gabbro. *Spaltungspelsin von Nephelinsyenit*

Jais = Jet, Jayet, Pechkohle.

Jaspis — ein dem Hornstein nahestehendes Gemisch von dichter krystallinischer Kieselerde mit löslicher amorpher Kieselsäure (und etwas Eisenoxyd, Thonerde, Kalk). Hart, undurchsichtig, matt; gelb, grün, roth, braun, oft gestreift oder geflammt.

Jaspisschiefer — ist ein dem Horn- und Kieselschiefer nahestehendes Schiefergestein mit dem Habitus des Jaspis und, wie dieser, in grünen, gelben, rothen und anderen Farben gebändert oder gestreift.

Jayet (Hauy) — siehe Pechkohle.

Jerbogneiss — ist ein in Schweden vorkommendes, bald schieferiges, bald fast massiges, mittelkörniges Gneissgestein, bestehend aus Orthoklas, Plagioklas, etwas Quarz, Glimmer und oft Hornblende, Talk, Epidot etc.
E. Erdmann. 1867.

Jet = Gagat.

Jewellite — ist Stan. Meuniers Bezeichnung (Coll. d. Météor. 1882) für die Meteorite vom Typus des Met. Jewell-Hill.

Joints — siehe Klüfte.

Jungeruptiv — nannte man früher allgemein, wie auch jetzt noch oft, die tertiären und recenten Eruptivgesteine. — Syn. neovulkanisch.

K.

Kainit — als Gestein in Kalusz (Galizien); besteht aus 62 % Kainit, 20 % Steinsalz, 10 % Sylvin, 8 % Thon, CaCl^2 u. a.

Kaligranit (eigentlich „potashgranite") — nannte Haughton (Q. J. 1856, XII, p. 177) die kalireichen, also vorwiegend Orthoklas als Feldspathgemengtheil führenden, Granite.

Kalikeratophyr — sind kalireiche Keratophyre (im Sinne von Lossen und Rosenbusch) also Uebergangsformen zu den gewöhnlichen, meist augitführenden, Orthophyren.
H. Rosenbusch, p. 442.

Kaliliparite — nennt Rosenbusch (pag. 528) die eigentlichen Liparite, deren Feldspath vorwiegend oder ausschliesslich Sanidin ist.

Kalk — mit verschiedenen Adjectiven, wie bituminöser, kieseliger, mariner etc. wird für Kalkstein gebraucht.

Kalkalabaster — werden schönfarbige Varietäten des grobkrystallinischen spathigen Kalksinters genannt.

Kalkaphanit — ist eine alte Bezeichnung für dichte diabasische Gesteine (oder richtiger Augitporphyrite), die in einer grünen, durch Chlorit gefärbten, Grundmasse zahlreiche runde concretionäre Kügelchen von Kalkspath enthalten.— Syn. Kalktrapp, Kalkdiabas, Kalkvariolith, Spilit z. Th., Kalkmandelstein etc.

Kalkaphanitschiefer — sind schieferige Kalkaphanite.

Kalkdiabas — siehe Kalktrapp, Kalkaphanit.

Kalkdiopsidschiefer — nannte Schumacher ein in Schlesien dem archäischen Quarzit eingelagertes lagenartiges Gestein; es ist unreiner Kalkstein mit streifenartigen Anhäufungen von Biotit, Quarz, Diopsid, Vesuvian, Feldspath, Granat und Hornblende.

Kalkdiorit — nannte Senft (Z. d. g. G. 1858, p. 308) einen gangförmigen glimmerführenden und von Kalkspath durchzogenen Diorit.

Kalkeisenstein — siehe Eisenkalkstein.

Kalkglimmerschiefer — sind Schiefer, die aus körnigem Kalk (meist in Linsen), Glimmer und Quarz bestehen. — Syn. Blauschiefer.

Kalkgranit — ist nach Törnebohm (Om Kalkgranit. — Geol. Fören. i Stockh. Förhandl. 1876, III, № 35, p. 210) ein schwedischer Granit mit primärem Calcit als Vertreter des Quarzes (?).

Kalkgraphitschiefer — heissen schieferige an Graphiteinlagerungen reiche Kalksteine.

Kalkguhr — ist feiner Kalkschlamm, der durch seine Beschaffenheit an das Organische erinnert und aus feinen geraden gegliederten Stäbchen besteht. *Ehrenberg*, Pogg. Ann., 1836, XXXIX, p. 105. — Syn. Bergmilch, Mondmilch.

Kalkhornfels — werden manchmal (Kalkowsky, pag. 288) im Contact mit Tiefengesteinen veränderte Kalksteine und Dolomite, mit Neubildungen von Granat, Vesuvian, Skapolith, Amphibol, Pyroxen und anderen Silicaten, genannt. — Syn. Kalksilicathornfels.

Kalkknotenschiefer — sind schieferige Kalksteine und Kalk-thonschiefer mit concretionären und oft an Versteinerungen reichen Kalkknollen. — Syn. Schieferkalk.

Kalkkohle — Abart der Steinkohle.

Kalkmergel — werden diejenigen Mergel genannt, wo der Kalkgehalt über den Thongehalt bedeutend vorwaltet.

Kalknagelfluh — ist nach Studer (Geologie der Schweiz) diejenige Abart der Nagelfluh, die vorwiegend aus Kalk- und Sandsteingeröllen besteht.

Kalknierenschiefer — siehe Nierenkalkstein.

Kalkpelite — ist eine allgemeine Bezeichnung (Kalkowsky, p. 287) für feinen kalkigen Schlamm organischen Ursprungs, der als Globigerinenschlamm u. dsgl. verbreitete Tiefseebildungen erzeugt.

Kalkphyllit — ist ein an Kalkspath (auch wohl Braunspath) reicher und manchmal durch Graphit dunkel gefärbter Phyllit.

Kalkpistacitschiefer — nannte Porth (J. g. R., 1857, p. 703) böhmische Schiefer, die vorwiegend aus Kalk, Pistacit und Glimmer bestehen (mit Beimengungen von Albit, Quarz, Magneteisen, Eisenglanz).

Kalksand — nennt man Sande, die viel kohlensauren Kalk, entweder als Bindemittel oder in Körnern, enthalten.

Kalksandstein — ist Sandstein mit kalkigem Cement; wenn letzteres überwiegt, geht das Gestein in sandigen Kalkstein über.

Kalkschalstein — werden die sehr kalkreichen und versteinerungführenden Schalsteine genannt; es ist ein Gemenge von unterseeischem Diabastuff (Schlamm) und devonischem Kalk.

Kalkschiefer — sind sehr feine, dichte, dünnplattige Kalksteine, wie z. B. der lithographische Sandstein von Solenhofen.

Kalksilicathornfels — werden die im Contact mit granitischen Gesteinen metamorphosirten Kalksteine, die zu einem sehr mikrokrystallinen Gemenge von Granat, Vesuvian, Malakolith, Strahlstein, Wollastonit und einigen anderen Mineralien verwandelt sind, genannt. — Syn. Kalkhornfels.

Kalksinter — siehe Kalktuff.

Kalkstein — ist die allgemeine Bezeichnung für Gesteine, die aus kohlensaurem Kalk (oft durch Beimengungen verunreinigt) bestehen. Sie können marinen Ursprungs oder Süsswasserablagerungen sein, amorph, klastisch, krystallinisch, schieferig etc.

Kalktalkschiefer — ist ein schieferiges helles Gestein der Alpen, welches wesentlich aus Kalk und grünlich-weissem Talk besteht. Abart des Kalkglimmerschiefers. — Syn. Talkflysch.

Kalkthon — nennt Senft (pag. 350) solche mit kohlensaurem Kalk untermengte Thon- und Lehmarten, wo derselbe mechanisch in Sandform beigemengt ist und wo die physischen Eigenschaften sich denjenigen des Thones nähern, also thonige Mergel.

Kalkthonschiefer — sind mit Kalk fein imprägnirte Thonschiefer.

Kalktrapp — ist eine Bezeichnung von Oppermann (Dissertation über Schalstein und Kalktrapp) für die dichten Diabasgesteine (nach den jetzigen Anschauungen Augitporphyrite), die mit Kalkspath imprägnirt sind und rundliche Körner von Kalkspath eingesprengt enthalten. — Syn. Kalkaphanit, z. Th. Diabasmandelstein, Blatterstein, Spilit, Variolite du Drac, Schalstein z. Th., Kalkdiabas.

Kalktuff — heissen die porösen, zelligen, oft pflanzliche oder andere Ueberreste enthaltenden, Kalkablagerungen aus Mineralquellen.

Kalkvariolit — nennt Kalkowsky (pag. 128) Augitporphyrit-Mandelsteine mit doppelt-sphärischer Structur. Dieselben besitzen ausgezeichnete kugelige Absonderung; jede grosse Kugel ist durchspickt von Mandeln und weist manchmal variolitische Structur auf. — Syn. Kalkdiabas, Kugeldiabas, Diabas-Mandelstein. — Siehe *E. Dalte*. Beitrag zur Kenntniss der Diabasmandelsteine, (Jahrb. preuss. geol. Landesanst., 1883.

Kalmünzerstein = Diorit.

Kamacit (Reichenbach) — ist die Bezeichnung für denjenigen Theil der Eisennickellegirungen in Meteoreisen, die als sich unter 60^0, 30^0, 120^0 schneidende Streifen oder Balken erscheinen. — Syn. Balkeneisen (siehe dieses Wort).

Kammgranit (Groth?) — siehe Amphibolgranitit.

Kammstein — wird in Sachsen Serpentin genannt.

Känelkohle — ist eine dichte zähe, ziemlich matte Steinkohle — Siehe Gagat.

Kaolin — ist ein reiner, meist aus der Zersetzung von Feldspath (in Granit, Porphyr etc.), aber auch Skapolith, Beryll etc. hervorgegangener Thon von der Zusammensetzung $2HO^2$, Al^2O^3, $2SiO^2$. Weisse, manchmal bräunlich, gelblich, grünlich gefärbte, Masse. — Das Wort ist die verdorbene chi-

nesische Bezeichnung Kao-Ling für Porzellanerde. — Syn.
Porzellanerde, Porzellanit, Porzellanthon, China - clay etc.

Kaolinsandstein — ist ein Sandstein, dessen Bindemittel mehr
oder weniger reiner Kaolin ist. Oft feldspathführend und
dann Uebergänge zur Arkose bildend.

Karstenit = Anhydrit.

Kataklastisch (Kataklasstructur) — nennt man seit Kjerult
die durch dynamometamorphe Vorgänge hervorgebrachten
und durch zerbrochene, zertrümmerte und geknickte Krystalle
gekennzeichneten Structuren. — Syn. Mylonite.
Kjerulf. Nyt. Mag., XXIX, 3, 269.

Katalytisch — nennt Loewinson-Lessing (Die Olonezer Diabasformation. Arbeit. d. St. Petersb. Naturf.-Ges., 1888, XIX)
diejenigen secundären Structuren metamorphosirter Gesteine,
die an das Kataklastische erinnern, aber nicht auf dem
Wege der mechanischen Zertrümmerung, sondern durch
chemische metamorphosirende und auflösende Processe entstehen. Der Habitus solcher Gesteine erinnert an die
Flaserdiabase u. desgl. — Syn. chemisch - metamorph als
Gegensatz zu dynamometamorph.

Katogen — nennt man diejenigen Gesteine, deren Material
durch Sinken, von oben nach unten, sich absetzt, also
Sedimentärgesteine. Katogene Breccien — sind alle nicht
vulkanischen Breccien. Katogener Metamorphismus war für Haidinger, im Gegensatz zum anogenen,
derjenige, der mehr reducirend, in elektropositivem Sinne
und gegen die Tiefe gewirkt haben soll.

Kattunalabaster — Gemisch von Gyps mit Stinkkalk.

Kattunschiefer = Batistschiefer.

Kattunporphyr — siehe Fleckenporphyr.

Kazzenstein = Granit.

Kelyphit-Rinde — nach Schrauf (Z. f. K., 1882, VI, p. 321)
die radialstrahlige oder büschelige Rinde um die Granate
der Peridotite und ähnlicher Gesteine. Dieselbe besteht
aus Pyroxen, Hornblende und Spinell. Manchmal entstehen
ganze Kelyphytkügelchen ohne Rest von Granatsubstanz.

Kelyphit - Structur — eine Art centrischer Structur, wobei
Granatkrystalle von einer aus radialgestellten Nadeln von
Augit oder Hornblende gebildeten Hülle umgeben sind. —
Siehe Kelyphit-Rinde.

Keratitporphyr — nannte Reuss (Umgebungen von Teplitz und
Bilin, 1840, p. 195) den verwitterten dunkelgrünen schieferigen Phonolith, der in gelben und rothen Farben gefleckt ist und ein hornsteinähnliches Aussehen hat.

Keratophyr — Benennung von Gümbel für ein sehr viel-
gestaltiges quarzführendes Orthoklas - Plagioklasgestein
mit anscheinend dichter hornfelsartiger, aber doch mehr
oder weniger deutlich feinkrystallinisch - körniger Grundmasse und darin eingesprengten Feldspathnädelchen von
vorherrschend regelmässigem rectangulärem Durchschnitt,
nebst Putzen (nie Krystallen) von Quarz, Körnchen von
Magneteisen, vereinzelten Blättchen braunen Glimmers und
Spuren von zersetzter Hornblende.

Lossen definirte den Keratophyr als paläoplutonischen
Natronsyenitporphyr. Rosenbusch glaubte zuerst darin
Tuffe der Quarzporphyre zu sehen ; nachher definirte er
den Keratophyr als ein bald quarzfreies, bald quarzhal-
tiges, durch natronreiche Alkalifeldspathe charakterisirtes
paläovulkanisches Effusivgestein, welches bisher mit
Sicherheit nur aus dem schieferigen Uebergangsgebirge
bekannt ist ; es sind also natronreiche Quarzporphyre und
Orthophyre.

C. Gümbel. Die paläolithischen Eruptivgesteine des
Fichtelgebirges. 1874, p. 43—48.

H. Lossen. Ueber Keratophyr. Z. d. g. G., 1881,
XXXII, p. 175. 1882, XXXIV, p. 199 u. 455.

H. Rosenbusch. Mass. Gest. 1877 u. Mass. Gest. 1887,
p. 435.

Kernconcretionen — nannte Blum (N. J. 1868, p. 294) diejenigen Concretionen, bei welchen sich ein innerer Kern durch
seine Beschaffenheit von der äusseren Masse unterscheidet.

Kerosinschiefer — ist der braunschwarze bis dunkelgraue
Torbanit (siehe dieses Wort) von Hartley in Neusüdwales,
der 70—80 % Flüchtiges enthält. — Syn. Wachsschiefer,
Wollongongit. — Dixon u. Liversidge. Journ. of the chem.
Soc. 1881, XXXIX, p. 980.

Kersantit — ursprünglich von Rivière, ungefähr gleichbedeutend mit Kersanton, für Glimmerporphyrite (und Diorite)
der Umgegend von Brest gebraucht. Rosenbusch versteht
darunter eine ganze Classe von Ganggesteinen, nämlich diejenigen Lamprophyre, welche durch einen reichlichen Gehalt an dunklem Glimmer neben Plagioklas sich auszeichnen. Bei den französischen und auch vielen anderen Petrographen ist es gleichbedeutend mit Glimmerporphyrit und
Glimmerdiorit. — Syn. Kersanton.

Rivière. Bull. Soc. Géol., 1844 (2), I, p. 528.

Rosenbusch. Mass. Gest., 1887, p. 328.

Kersantit-Porphyrit — nennt Bonney dioritische Lamprophyre (Ganggesteine).

Kersanton — gangförmige Glimmerdiorite, nach der Localität in der Bretagne benannt. — Syn. Kersantit.

Kettonstone — ist eine alte englische Bezeichnung für den Rogenstein.

Kies — wird manchmal der an Ort und Stelle gebliebene, durch Verwitterung der Gesteine entstandene Schutt, der gröber ist als Sand und, falls er cementirt wäre, einen Conglomerat liefern würde, genannt.

Kieselbreccie — ist ein quarziges Trümmergestein, welches aus Trümmern und Geröllen von Quarzit und einem harten kieseligen, oft eisenschüssigen, Bindemittel besteht.

Senft, p. 62.

Kieselfels — nannte Haidinger (Entwurf einer systematischen Eintheilung der Gebürgs-Arten, 1785) den Hornfels, den er als Hornsteingrundmasse mit Quarz-, Thon- oder anderen Beimengungen betrachtete.

Kieselgesteine — sind dichte, oft schieferige, Gesteine, die ganz aus Kieselsäure bestehen, und zwar mit einem mehr oder weniger grossen Antheil von amorpher, in Kalilauge löslicher, Kieselsäure. In diesem Sinne werden hiervon Sandsteine und Quarzite getrennt. Manche Autoren vereinigen unter dieser Bezeichnung alle zum grossen Theil aus Kieselerde bestehenden Gesteine, ohne genannten Unterschied.

Kieselguhr = Diatomeenpelit, Tripel).

Kieselkalk oder **Kieselkalkstein** — sind dichte, an Kieselsäure (amorph, in Alkali löslich) reiche Kalksteine; bald durchdringt dieselbe den Kalkstein unmerklich, bald ist sie z. Th. als Nester, Adern oder Nieren von Hornstein und Chalcedon ausgeschieden.

Kieselmehl = Diatomeenpelit.

Kieselsandstein — ein Sandstein, der aus Quarzkörnern, die durch ein festes hornsteinähnliches Bindemitel cementirt sind, besteht. — Syn. Glaswacke, z. Th. Quarzite.

Kieselschiefer — dichte harte dickschieferige, durch Thon, Eisenoxyd, Kohlenstoff etc. verschieden gefärbte Gesteine, die als eine kryptokrystalline Quarz- oder Hornsteinmasse erscheinen. — Syn. Hornschiefer, Jaspisschiefer, Phthanit, Lydienne, Cornéenne etc.

Kieselschieferfels (Freiesleben) = Hornfels und Kieselschiefer

Kieselsinter — sind helle, bald lockere, bald dichte kieselige Absätze aus heissen Mineralquellen; oft porös, tuffartig, oder auch als Skalaktite, Incrustationen ausgebildet. — Syn. Kieseltuff, Geyserit, Perlsinter, Fiorit, Sinteropal.

Kieseltuff = Kieselsinter.

Kil = Walkererde.

„Killas" — eigenthümliche Schiefergesteine aus Cornwall, ursprünglich für Thonschiefer und Hornblendeschiefer gehalten (Hawkins, Werner, Oeynhausen, Dechen, Kirwan), später von Phillips als Schieferthon bestimmt. Diese Schiefer enthalten im Contact mit Granit Zinnstein.

J. Hawkins. On the nomenclature of the Cornish rocks. Trans. K. Geol. Soc. of Cornwall. vol. II (1822), p. 251.

J. Phillips. Q. J. 1876, p. 156.

Kimberlit — compacte, breccien- und tuffartige, oft Diamantführende südafrikanische Gesteine aus der Gruppe der Peridotite (oder Pikritporphyrite). Die compacten Gesteine bestehen aus einer serpentinisirten Grundmasse, Einsprenglingen von Olivin (idiomorph, aber rundlich corrodirt), accessorisch Bronzit, Biotit, etwas Ilmenit, Perowskit, Pyrop. Manchmal ist chondrenähnliche Structur vorhanden.

H. Carvill Lewis. On a diamantiferous peridotite and the genesis of the diamond.— Geol. Magaz. 1887, IV, p. 22.

Kinnediabas — schwedischer Olivindiabas mit etwas primärem Quarz und in chloritische Substanz verwandelter Zwischenklemmungsmasse.

A. Törnebohm. N. J. 1877, p. 258 (siehe auch Aasby-Diabas).

Kinzigit — ein krystallinisches Gemenge von schwarzem Glimmer, Granat und Oligoklas. Gehört zu den feldspathfreien Granatgesteinen.

H. Fischer. (N. J. 1860, p. 796.

Klappersteine = Adlersteine.

Klastische Gesteine — sind die aus Bruchstücken von anderen Gesteinen gebildeten Massen, wie Breccien, Sandstein, Conglomerat, Tuffe. — Synonyme: Trümmergesteine, regenerirte G., secundäre G.

Klasto-Amphibolit-Schiefer — siehe Clasto-Amphibol-Slate.

Klastogen — nennt Renevier die groben klastischen Gesteine, wie Conglomerate, Breccien.

E. Renevier. Classification pétrogénique. 1881.

Klasto - krystallinisch — nennt Loewinson - Lessing (Note sur les taxites. Bull. Soc. Belge d. Géol., V, 1891) diejenigen vulkanischen Gesteine, die primär sind und klastische Structur besitzen. — Siehe Taxite, Schlieren.

Klastotuff — nennt Loewinson - Lessing (siehe Tuffoide) die durch starke Dynamometamorphose und starke Zermalmung der Gemengtheile aus krystallinischen Gesteinen entstandenen tuffartigen Gebilde. — Syn. Kataklastuff, dynamometamorphe Tuffe.

Klastozoïsch — nach Renevier ein Theil der zoogenen Kalksteine.

Klebschiefer = Amphisylenschiefer.

Klei — ist humusreicher sandiger und kalkiger Thon, der in einigen Küstengebieten (z. B. Holland) Wiesentorf bedeckt und mit demselben wechsellagert.

Klinger — ist eine alte Bezeichnung für Gesteine die zu den Grünsteinschiefern (spec. Hornblendeschiefern oder Dioritschiefern) gehören.

Klingstein (auch Klinkstein) — nannte Werner den Phonolith.

Klotdiorit — sind die basischeren, aus Hornblende, Glimmer, Plagioklas und Titanit bestehenden körnigen Kugeln im Kugel-Granit von Slätmossa.
Holst und *Eichstädt*. Geol. Fören. i Stockholm Förhandl. 1884, VII, p. 134.

Klüftung, Klüfte (od. Gesteinsklüfte) — sind die Trennungsflächen (Absonderung etc.) der Gesteine.

Klung — siehe Ortstein, Limonit.

Knauermolasse — ist ein sehr lockerer Sandstein reich an Knauern von Mergelkalk, Kieselkalk und festem Sandstein.

Knaust = Dolomit.

Kneiss = Gneiss.

Knick — ist thoniger Schlick.

Knochenbreccie — besteht aus Kalkcement und meist zu kohlensaurem Kalk umgewandelten Knochen.

Knochensand — ist Sand mit Ueberresten von Säugethieren.

Knochenthon — werden rothe, an Knochen reiche Thone, wie sie in Brasilien vorkommen, genannt.

Knollengneiss — nannte Jokély (J. g. R.-A. 1857, p. 521) Gneisse die dadurch porphyrartig werden, dass in der feinkörnigeren Masse aus mehreren Feldspathindividuen bestehende Knollen auftreten.

Knollenstein — werden knollen- oder nierenförmige Concretionen von Hornstein, Chalcedon und desgl. in zersetzten Porphyren, Sand und and. losen Gesteinen genannt.

Knollig — nennt Cotta (Gesteinslehre, 1862, 54) eine Abart der kugelförmigen Absonderung, bei welcher die einzelnen

Massen mit gerundeten Oberflächen sich nur mehr oder weniger der Kugelform nähern.

Knopfstein = Diorit.

Knoppefjällsgneiss — ist nach Törnebohm (1870) ein glimmerreicher rother Gneiss gewöhnlich mit Augenstruktur.

Knorpelkohle — Abart der Braunkohle.

Knotenerz — thoniger Sandstein mit reichlich eingesprengten Bleiglanzkörnern.

Knotenglimmerschiefer — ist, entsprechend dem Knotenschiefer, ein Glimmerschiefer mit dunklen Knötchen und Concretionen.

Knotengneiss — siehe Knollengneiss.

Knotenkalkstein (Knotenkalk) — werden Kalksteine genannt die in einer kalkigen oder mergeligen Masse zahlreiche dichte Kalksteinknoten oder Wülste enthalten und also an die Kramenzelstruktur sich anlehnen.

Knotenphyllit — sind im Contact mit Granit metamorphosirte Phyllite, in denen dunkle Concretionen der Pigmensubstanz (Eisenerze ?) als Knötchen auftreten.

   R. Rüdemann. N. J., Beil.-Bnd. V, 1887, p. 659.

Knotenschiefer = Knotenthonschiefer.

Knotenthonschiefer — ist die äusserste Zone der im Contact mit granitischen Gesteinen veränderten Thonschiefer; dieselben sind durch lokale als Knötchen erscheinende Pigmentanhäufungen dunkelbraun oder schwarz fein gefleckt.

Knotig — nennt Cotta (p. 38) die Struktur derjenigen Gesteine die in ihrer Masse kleine rundliche, linsenförmige oder längliche Concretionen einer festeren dichteren Substanz enthalten. Siehe variolithisch, blatternarbig, Knotenschiefer z. Th. etc.

Knotten — nennen die Bergarbeiter die Körnchen oder Knöllchen in welchen einige Erze (Knottenerze, z. B. Bleiglanz) in andern Gesteinen auftreten.

Knottenerze — siehe Knotten.

Knottensandstein — enthält Knotten von Bleiglanz und Weissbleierz.

Kohlenblendeschiefer — ist eine alte Bezeichnung von Escher für kohlige Glimmerschiefer.

Kohlenbrandgesteine — sind durch unterirdische Steinkohlenbrände veränderte Gesteine, wie gebrannte Thone, Erdschlacke, Porzellanjaspis.

Kohleneisenstein — thoniger Sphärosiderit mit reichlicher Beimengung (12—35 %) von Kohle.

Schnabel. Verh. naturh. Ver. d. Rheinl. u. Westph. 1850. VII, p. 209.

Kohlengesteine — bestehen aus Kohlenstoff mit schwankenden Beimengungen von Wasserstoff, Sauerstoff, Stickstoff und Salzen. Siehe Anthracit. Steinkohle, Braunkohle.

Kohlenlösche = Russkohle.

Kohlenschiefer — sind durch kohlige Substanz dunkel gefärbte und oft durch Quarz und Glimmer verunreinigte Schieferthone.

Kohlige Meteorite — sind die schwarzen weichen, an kohliger Substanz reichen Meteorite, wie Bokkeveldt und Orgueil.

Kokkite — nennt Gümbel (p. 85) die aus vorherrschend krystallinischen Gemengtheilen bestehenden, nicht schiefrigen Gesteine. also alle Eruptivgesteine (mit Ausschluss der Gläser) und die einfachen krystallinischen neptunischen Gesteine (Steinsalz, Gyps, körn. Kalk etc.)

Kokkolithe — sind kalkige Knötchen oder Concretionen organischen Ursprungs in massiven Thongesteinen.

Kokkolith-Structur — beobachtet man bei verwitterten Nepheliniten und Leucititen; das Gestein zerfällt in erbsengrosse rundlich-eckige Körner oder wird fleckig und bekommt dann ein variolithisches Aussehen.

Kolm — ist eine wasserstoffreiche Kohle von Rånnum in Schweden.

Cronquist. Geol. Fören. i. Stockholm Förhandl. 1883, VI. Nr. 82, p. 608.

Kongadiabas — schwedische feinkörnige Quarzdiabase, gangartig oder deckenartig, aus basischem Feldspath, gelblichbraunem Augit, (Salit) und Quarz als Hauptgemengtheilen bestehend.

A. Törnebohm. Om Sveriges vigtigare Diabas-och Gabbro-Arter. Kongl. Svenska Vetensk. Akad. Förh., XIV, Nr. 13. 1877.

Korallensand — ist zerriebener Korallenschutt, der sich am Fusse und in der Nachbarschaft der Korallenbauten absetzt.

Korallenschlamm — ist feiner Korallensand.

Koralligen — sind Kalksteine korallischen Ursprungs.

Korim — ist eine Harzer Bezeichnung für kalkspathreiche und oft korallenführende Eisenkalksteine oder Rotheisensteine.

Körnelung — nennt Bäckström (Bihang till K. Svenska Vetensk. Akad. Handlingar 1893, XVI, Nr. 1) das eigenthümliche chagrinirte Aussehen der durch das Diabasmagma veränderten Feldspäthe der resorbirten fremden Einschlüsse.

Körnelgneiss — ist körnigstreifig und zeigt abwechselnde Lagen von grob- und feinkörnigen Gemengen. Er enthält ausser Orthoklas und Quarz, viel Biotit, etwas Muscovit, Granat, selten Hornblende.

C. *Gümbel.* — Ostbayer. Grenzgebirge. — 1868, p. 221.

Körnergneiss — ist ein mehr körniger als schiefriger Gneiss.

Körnerschnee = Firn.

Körnige oder globulitische Entglasung — ist gekennzeichnet durch das Auftreten von zahlreichen Globuliten in der entglasten Basis der Eruptivgesteine.

Körnige, oder krystallinischkörnige — nennt man die Struktur derjenigen Gesteine die aus ganz oder zum Theil allotriomorphen krystallinischen Bestandtheilen zusammengesetzt sind und weder Glasbasis führen, noch den Gegensatz von Grundmasse und porphyrischen Einsprenglingen aufweisen. Syn. granitisch, zuckerkörnig.

Koprolithe — nennt Senft die aus thierischen Excrementen bestehenden Gesteine, wie der Guano.

Kosmische Gesteine = Meteorite. Kosmischer Staub — sind feine staubartige Ablagerungen kosmischen Ursprungs. Siehe Kryokonit.

Krablit — lose Auswürflinge der Krafla auf Island; von *Forchhammer,* (Journ. f. prackt. Chemie, 1843, p. 390) für einen Feldspath gehalten, von Sartorius v. Waltershausen und Zirkel als ein krystallinisches Gemenge gedeutet. Besteht bei holokrystalliner Struktur wesentl., aus Sanidin, Plagioklas, Augit, (und Quarz?) und gehört zum Liparit. — Syn. Baulit.

Kramenzelstein — ist in Westphalen die Bezeichnung für Knotenkalkstein oder Thonschiefer mit zahlreichen linsenförmigen oder wulstigen Kalkknoten.

Kramenzelstruktur — ist die Beschaffenheit der Knoten- und Nierenkalksteine, dadurch gekennzeichnet, dass flache Kalknieren von einem Netz von Schieferflasern umflochten werden.

Kräuselung — siehe gefältelte Struktur.

Kräuterschiefer — an Pflanzenabdrücken reiche Schieferthone oder Kohlenschiefer.

Kreide — ist weisser, feinerdiger und weicher mariner Kalkstein zoogenen Ursprungs; er besteht aus Foraminiferenschalen (meist Rotalia, Textularia, Planulina), sog. Kokkolithen, Discolithen, Rhabdosphären etc. — Syn. Schreibkreide.

Schwarze Kreide — ist schwarzer sehr bituminöser Thon im Lias von Osnabrück.

Kreidetuff — ist ein hellgelber weicher zerreiblicher Kalkstein, der aus lose zusammenhängenden Bruchstücken von Korallen, Foraminiferen, Bryozoon, Conchylien etc. besteht. — Syn. Craie tuffeau.

Krenitische Hypothese — die durch Sterry Hunt vertretene Ansicht der Bildung der altkrystallinischen Schiefergesteine durch Einwirkung von heissen Mineralquellen auf sedimentäres Material.

Krenogen — nennt Renevier die Absätze aus Quellen (Concretionen, Incrustationen, Pisolithe).

Krithische Struktur — nach Becke eine in Glimmerschiefern und Gneissen anzutreffende Struktur die dadurch gekennzeichnet ist, dass Orthoklaskörner von dünnen Lagen von Quarz und Glimmer umwickelt sind.

F. Becke. T. M. P. M. 1880, Bnd. II, p. 43.

Kriwoserit — nannte C. Schmidt einen aus dem Olonezer Gouvern. stammenden, Orthoklas und Hornblende führenden Dolomit.

C. Schmidt in *Helmersen*. Geologische und Physikogeograph. Beobachtungen im Olonezer Bergrevier, p. 262, 1882. Beitr. z. Kenntn. d. russisch. Reichs, II. Folge, Band V.

Krötenstein — siehe Toadstone.

Kryokonit — ist nach Nordenskjöld (Pogg. Ann. 6 R., 151, 154) schwarzer kosmischer Staub, d. h. als Staub niederfallende feste Körperchen meteorischen Ursprungs ; in den Polargegenden. — Syn. Kryonit?

Kryolith — lagerartig auf Grönland und in einigen anderen Gegenden vorkommendes weissesoder graulich, gelblich bis schwarz gefärbtes sedimentäres Gestein von der Zusammensetzung $Al^2 F^6 + 3 NaF$.

Kryptogen — nannte Naumann die Gesteine deren Bildungsweise unbekannt oder hypothetisch ist. In diesem Sinne wird der Ausdruck auch jetzt oft gebraucht. Kryptogen nennt Renevier die Gruppe der intrusiven Tiefengestein u. der krystallinischen Schiefer.

Kryptogranitisch (Lapparent) = Euritisch.

Kryptoklastisch — werden manchmal die sehr feinen klastischen Gesteine (z. B. Pelite) genannt, deren fragmentare Zusammensetzung sich dem unbewaffneten Auge nicht kundgiebt.

Kryptokrystallinisch — nennt man die Gesteine (oder deren Beschaffenheit), bei welchen die sie zusammensetzenden krystallinischen Gemengtheile wegen ihrer winzigen Dimensionen nicht mehr erkennbar sind. Es werden damit auch solche dichte Gesteine bezeichnet, deren krystallinischer Charakter zweifelhaft ist. Zirkel (Petrogr. 1893) hat dafür den Ausdruck „dubiokrystallinisch" vorgeschlagen.

Krypto-Leucitlava — nannte man früher solche leucitische Laven die den Leucit nur mikroskopisch ausgeschieden enthalten. — *Leonhard.* p. 450.

Kryptonilit — nannte Dana eine in den Flüssigkeitseinschlüssen vorkommende Flüssigkeit.

Kryptomer — sind die gemengten Gesteine, wenn die einzelnen Gemengtheile nicht mehr sichtbar sind. — Syn. Adelogen, adiagnostisch, z. Th. aphanitisch, dicht.

Kryptomorph — will Gümbel (Grundzüge der Geologie, 1888, p. 71) diejenige Ausbildungsweise der Gesteingemengtheile nennen, welche eine mittlere Stellung zwischen krystallinem und amorphem Zustande einnimmt, und zwar die mikrofelsitische und die mikrokrystalline.

Kryptoolithische Structur — ist durch undeutliche, nur unter dem Mikroskop erkennbare Oolithbildung gekennzeichnet.

Kryptosiderite — ist Daubrée's Bezeichnung (C.-R. 65, p. 60, 1867) für solche steinige Meteorite, die in einer steinigen Silicatmasse etwas Eisen, mit dem blossen Auge nicht sichtbar, eingesprengt oder beigemengt enthalten.

Kryptozoisch — nennt Renevier die nicht direct nachweisbar zoogenen Kalksteine, wie z. B. lithograph. Schiefer, krystallinischer Kalkstein.

Krystallgranit — wird manchmal porphyrartiger Granit genannt.

Krystallin — ist die Bezeichnung für krystallisirte Mineralien im Gegensatz zu dem amorphen Zustand. In der Petrographie — für aus Krystallen zusammengesetzte Gesteine.

Krytallinische Gesteine — bestehen wesentlich aus krystallisirten Mineralien.

Krystallinischer Metamorphismus — ist Dana's Bezeichnung (A. J. 1886, XXXII, p. 69) für die Umkrystallisirung oder krystalline Herausbildung von ursprünglich anders beschaffenen Gesteinen (z. B. Uebergang von Sandstein in Quarzit u. dsgl.)

Krystallinischer Sandstein = Krystallsandstein, Quarzpsammit.

Krystallinische Schiefer — siehe Schiefer.

Krystallinisch-körnig — nennt man die Struktur der krystallinischen Gesteine, wenn die Krystalle allotriomorph sind
und regellos dicht nebeneinander liegen. Syn. Granitisch,
z. Th. sacharoid.

Krystallisationsphasen — heissen die durch die sie bedingen-
den physiko-chemischen Verhältnisse verschiedenen Krystal-
lisationserscheinungen und Verfestigungsvorgänge in den vulkanischen, porphyrischen Gesteinen und Laven. Man unterscheidet zwei Phasen: vor dem Ausbruch die i n t r a t e l -
l u r i s c h e Krystallisationsphase und nach dem Ausbruch
die e f f u s i v e K.-Ph. — Siehe Generation, Consolidation,
Formation (Zirkel).

Krystallisch — von Lehmann für die krystallographische Bedeutung vorgeschlagen, um „Krystallin" als petrographischen Ausdruck zu behalten.
  J. Lehmann. Unters. über die Entstehung der altkrystall. Schiefergesteine. 1884. p. 257.

Krystallisirter Sandstein — wird der an Sandsteinpseudomor-
phosen nach Calcit reiche Sandstein von Fontainebleau u.
andere ähnliche Gebilde genannt.

Krystallite — von James Hall herrührender Ausdruck. Von
Vogelsang definirt als „alle unorganischen Produkte, in
denen man eine regelmässige Anordnung oder Gruppirung
erkennt, Gebilde, welche übrigens weder im Grossen und
Ganzen noch in ihren isolirten Theilen die allgemeinen
Charaktere krystallisirter Körper zeigen, namentlich nicht
polyedrischen Umriss". Es sind also die rudimentären
Formen der Krystallinität, schon geformt (als Körnchen,
Stäbchen) aber noch nicht krystallinisch und nicht in Be-
zug auf Mineralspecies definirbar. Manche Autoren ge-
brauchen den Ausdruck in weiterem, aber kaum richtigem
Sinne, indem sie darunter auch die mikroskopischen Kry-
ställchen (sog. Mikrolithe), verstehen.
  H. Vogelsang. Arch. Néerland., V, 1870.

Krystallitische Struktur — nennt Lapparent (Traité de géol.
1885, p. 592) die krystallitische Entglasung, d. h. die durch
Kristallitenbildung entglasten glasigen Gesteine. Siehe
globulit. und trichit. Entglasung.

Krystalloïde — nach Vogelsang nicht krystallographisch um-
grenzte aber auf das polarisirte Licht wirkende mikroskopische Gebilde, welche somit eine Mittelstellung zwischen
Krystalliten und Mikrolithen einnehmen. Wohl in die Mikrolithe einzuverleiben. Ehrenberg (N. J. 1840, p. 679)

belegte mit dieser Benennung auch seine Morpholite (siehe dies Wort). Auch im Sinn von Pseudokrystallen gebraucht (Roth, 555).

II. Vogelsang. Die Krystalliten. 1875, p. 43.

Krystallophyllitisch — siehe Cristallophylliens.

Krystallsandstein — werden Sandsteine mit mehr oder weniger krystallinisch ausgebildeten Quarzkörnern genannt.

Krystallskelette = gestrickte Formen — sind solche Gebilde, die nicht „einheitliche geschlossene Individuen darstellen, sondern aus krystallographisch parallelen oder symmetrischen, durch ihre ganze Ausdehnung hin einheitlich oder zwillingsartig geordneten Aggregaten kleiner Individuen" zusammengesetzt sind: embryonale Krystalle.

Krystalltuffe — werden an Krystallen reiche vulkanische Tuffe, im Gegensatz zu Glastuffen, Pisolithtuffen etc., genannt.

Kügelchelchondrit — werden diejenigen Chondrite genannt, die durch den Gegensatz von zahlreichen harten braunen feinfaserigen Chondren und einer lockeren zerreiblichen Grundmasse charakterisirt sind.

Tschermak. Sitz.-Ber. Wien. Akad. 1883, I, 88, p. 347.

Kugelbasalt — dient manchmal zur Bezeichnung von Basaltgesteinen mit deutlich ausgesprochener kugelförmiger Absonderung.

Kugeldiabas — wird manchmal der mit kugelförmiger Absonderung versehene Augitporphyrit - Mandelstein genannt. Siehe Kalkvariolit.

Kugeldiorit = Corsit.

Kugelfels = Corsit.

Kugelgabbro — schwedische Gesteine die in einer Grundmasse aus Hornblende, Bronzit, Plagioklas, Granat Haselnuss- bis Cocusnuss-grosse concentrirtschalige Kugeln von Bronzit (Hypersthen) enthalten.

Brögger und *Bäckström.* Geol. Fören. i Stockholm Förhandl. 1887, IX. p. 321 und 343.

Kugelgranit — sind Granite mit kugelförmiger Absonderung, oder noch richtiger diejenigen mit kugliger Struktur, d. h. regelmässiger, radialstrahlig oder schaalig zu Kugeln gruppirter Anordnung der Gemengtheile (wie z. B. das Gestein von Slätmossa in Schweden. Früher wurde die Bezeichnung auch als gleichbedeutend mit Kugeldiorit gebraucht.

Kugelgestein = Corsit.

Kugelgrünstein — siehe Kugeldiorit.

Kugelporphyr = Pyroméride, werden Felsitporphyre genannt, die eine sphäroidale Absonderung und zugleich sphärolithische Structur besitzen. In der felsitischen Grundmasse enthalten dieselben zahlreiche felsitische wallnuss- bis kopfgrosse Kugeln, die z. Th. radialstrahlig sind, oder einen Hohlraum beherbergen, oder septarienartig gespalten und drusig sind.

Kugelsandstein — werden Abarten der Sandsteine genannt, die in einer mürberen Hauptmasse kugelförmige Concretionen von festerem Sandstein enthalten.

Kugelstruktur, Kugelige Struktur = Sphäroidische Struktur.

Kukukschiefer — ist eine Abart des Fleckschiefers.

Kukukstein — ist eine alte Bezeichnung für gefleckte Thonschiefer.

Kulaite — nennt Washington (Am. J. 1894, Nr. 278, p. 115) die hornblendereichen Basalte von Kula, in denen die Hornblende reichlicher vorhanden ist als Augit, Olivin und Feldspath. Es giebt auch Leucit- und Nephelinkulaite.

Kulibinit — ist ein an Entglasungsprodukten und Mikrolithen-reicher Pechstein (des Felsitporphyrs) von Nertschinsk. Von Schtschegloff 1827 benannt, wurde der K. lange für ein Mineral gehalten (Augit). Jeremejeff (Verh. Mineral Ges. St. Petersburg, 1871, VI, p. 433) hatte seine Zugehörigkeit zum Pechstein dargethan und Melnikoff (Berg-Journal, russ., 1892, p. 158) liefert eine mikroskopische Beschreibung desselben.

Kulmizerstein = Diorit.

Kunkurs — sind grosse Kalkconcretionen die im Alluvialboden Indiens oder in den Schlammabsätzen des Niels vorkommkommen. — *Sykes* (Transact. of the geol. Soc. 1836, p. 420).

Kupferbrand — werden die bituminösen brennbaren Kupferschiefer genannt.

Kupferletten — Abart des veränderten zerreiblichen Kupferschiefers.

Kupfer-Sanderz — werden manchmal Steine genannt die mit Kupfererzen imprägnirt sind.

Kupferschiefer — werden die in der Zechsteinformation verbreiteten, an Kupfererzen reichen, bituminösen Mergelschiefer genannt.

Labradorbasalt — proponirte Naumann (I, p. 650) die eigentlichen Basalte zu nennen, falls die Existenz von Nephelinbasalten sich bestätigen sollte.

Labradordiorit — nennt Lasaulx (p. 302) solche Diorite, deren Feldspath als Labrador bestimmt worden ist; ob nicht aus Diabasen entstandene Deuterodiorite?

Labradorfels — ist von verschiedenen Autoren (Catta, Kjerulf u. and.) gebraucht worden zur Bezeichnung solcher massiger Gesteine, die vorwiegend oder ausschliesslich aus Labrador bestehen. — Syn. mit Labradorit, Anorthosit, Labradorgestein.

Labradorgesteine — nennt man manchmal (Cotta u. and.) diejenigen Plagioklasgesteine, deren Feldspath zum Labrador gehört, z. B. die Basalte, Diabase, Melaphyre, Augitporphyrite.

Labradorit — ist bei den französischen Petrographen (Fouqué u. Michel-Lévy. Minéralogie micrographique, 1879, p. 170) eine Bezeichnung für Andesite deren Feldspath Labrador ist. In der russischen geologischen Literatur werden die an schönem Labrador reichen Gesteine von Volhynien u. Kiew L. genannt, die bei wechselnder Zusammensetzung bald als Gabbro, bald als Norite oder Anorthosite erscheinen. — Syn. Anorthosit, Perthitophyr.

Labradorite — nennt Senft diejenigen gemengten krystallinischen Gesteine die als wesentlichen Gemengtheil Labrador oder oder Oligoklas und niemals Quarz oder Orthoklas enthalten.

Labradormelaporphyr — ist bei Senft eine Abart seiner Melaporphyre d. h. der porphyrischen Melaphyre, die von ihm als dunkle quarzfreie Eruptivgesteine des Thüringerwaldes aufgefasst werden.

Labradorporphyr (Labradorporphyrit) — wurden früher diejenigen porphyrischen Diabasgesteine („Diabasporphyre") genannt. die in einer aphanitischen oder feinkörnigen Grundmasse porphyrartig ausgeschiedene Labradorkrystalle enthalten. Rosenbusch beschränkte die Bezeichnung auf eine Gruppe der Augitporphyrite mit hypokrystalliner (aber nicht hyalopilitischer) Grundmasse und nennt ihn richtiger — Labradorporphyrit.

Labradorporphyrit — ist die richtige Bezeichnung für Labradorporphyr.

Labradortrappe — ist bei Senft (p. 272) diejenige Gruppe seiner Basaltite die den eigentlichen Feldspath (und nicht Leucit oder Nephelin) führenden Basalten der andern Petrographen entspricht.

Laccolithe — nannte Gilbert diejenigen kuchenförmigen plan-convexen Kuppen eruptiver Gesteine die im geschmolzenen Zustande nicht an die Erdoberfläche gelangten, sondern in der Erdrinde erstarrten, die überlagernden Schichten dom-artig emporhebend.

  G. Gilbert. Geology of the Henry Mounts. 1880.

Laccolithite — will Lagorio (Berichte d. Univers. Warschau, 1887) die als Laccolithe auftretenden Gesteine nennen.

Lacustrine Ablagerungen — sind Sedimente aus Seeen.

Ladères — nennt man im Westen und im centralen Frankreich eocäne bunte Sandsteine, die mit Sanden und Thonen alterniren.

Lagenförmig — nennt Naumann (Geogn. 1849, I, p. 483), die Struktur, wenn das Gestein von zweierlei, wiederholt mit einander abwechselnden Lagen gebildet wird, deren mineralische Natur eine wesentlich verschiedene ist; allgemeiner aufgefasst — wenn in ihm verschiedene zusammengesetzte oder verschieden beschaffene und gefärbte Lagen auftreten. Siehe auch Lagenstruktur.

Lagenglimmerschiefer — sind solche Glimmerschiefer, in denen dünne schiefrige Glimmerlager mit feinkörnigen Quarzlagen abwechseln.

Lagengneisse — sind durch parallelstreifige oder gebänderte Struktur gekennzeichnet, die dadurch entsteht, dass die einzelnen Gemengtheile, oder glimmerreiche und glimmerarme Partieen, mit einander wechselnde parallele Lagen bilden.

Lagenstruktur — wird in Eruptivgesteinen (z. B. Lipariten) dadurch erzeugt, dass die verschieden gearteten schlierigen Partieen beim Fliessen der Lava sich parallel der Unterlage ausbreiten und im Gestein als mehr oder weniger dünne parallele Lagen erscheinen. — Syn. Lamination. — Siehe Iddings (Am. Journ. 1887, XXXIII, p. 36).

Lagergneiss — ist typischer ebenschieferiger Gneiss.

Lagergranit — werden diejenigen Granite genannt, die lagerartig zwischen Gneissen und andern archäischen Gesteinen auftreten.

Lagerkalkstein — hat man früher die Kalksteine der „Uebergangsformation" genannt.

Lagergrünstein — nannte Zincken die im Harz mit den devonischen Schichtgesteinen eng verknüpften und als geschichtete Massen eingelagerten Schalsteine und Diabastuffe, die früher alle zu den Grünsteinen gerechnet wurden. (Uebersicht d. orogr. und geogn. Verhältn. d. NW. Deutschland, 1830, pag. 402).

Lahnporphyr (Koch) — gehört zu den Keratophyren.

Laimen = Lehm.

Lambourde — ist eine lokale Bezeichnung für die weichen grobkörnigen Abarten des eocänen „calcaire grossier" der Umgegend von Paris.

Lamellite — nennt Gümbel (Grundz. d. Geol. 1888, p. 11) die als dünne kleine Blättchen auftretenden Mikrolithe. — Syn. Mikroplakite, Mikrophyllite.

Lamination (engl.) — siehe Lagenstruktur.

Lamprophyr — von Gümbel als Sammelname für aus geologischen Gründen zusammengefasste Ganggesteine, die aus Alkali- und Kalknatronfeldspath, dunklem Glimmer, Hornblende, Augit, Magnetit, Pyrit und Apatit bestehen und bei granitischem oder dichtem Habitus durch Neigung zu kuglig-schaliger Absonderung, leichte Verwitterbarkeit und Fehlen von Tuffen und Mandelsteinen gekennzeichnet sind; es gehören hierher demnach recht verschiedene Gesteine. Rosenbusch modificirte die Benennung, gab ihr eine allgemeinere Bedeutung und fasste darunter „eine dem gefalteten Gebirge angehörige Ganggesteinsformation, die bei wechselnder, theils den verschiedenen Syenit, theils den Diorittypen entsprechender mineralogischer Zusammensetzung durch makroskopisch feinkörnige bis dichte, oder porphyrische Structur, durch im frischen Zustande graue bis schwarze Farbe und grosse Neigung zu Verwitterung unter reichlicher Entwickelung von Carbonaten charakterisirt ist; bei porphyrischer Ausbildung sind es die eisenhaltigen Mineralien der Glimmer-, Augit- und Hornblendefamilie, welche die Einsprenglinge bilden".

C. Gümbel. Die palaeolithischen Eruptivgesteine des Fichtelgebirges, 1879.

H. Rosenbusch. Mass. Gest. 1887, p. 308.

Landschiefer — ist eine alte Bezeichnung im Banat für den Glimmerschiefer.

Lapilli — werden die eckigen oder abgerundeten haselnuss- bis wallnussgrossen schlackigen und porösen Lavabrocken genannt die von den Vulkanen mit Asche und Bomben als lose Massen ausgeworfen werden. — Syn. Rapilli.

Lardaro = Talkschiefer.

Latenter Metamorphismus — wurden von v. Morlot (Berichte über die Mittheilungen von Freunden der Naturwiss., I, 1847, p. 39), im Gegensatz zum Contactmetamorphismus, diejenigen metamorphischen Processe genannt, durch welche nach den damals herrschenden Anschauungen die krystallinischen Schiefer sich aus klastischen Sedimentärgesteinen herausgebildet hatten. Einigermaassen erweitert deckt sich der Begriff mit dem neueren „Regionalmetamorphose".

Lateralsecretion — ist der Auslaugungsprocess der Gesteinswände einer Kluft und das Wiederabscheiden mineralischer Neubildungen (Erzen) in den Gangspalten und Klufträumen.

Laterit — in Indien, Afrika und überhaupt in regenreichen tropischen Gegenden verbreitete thonige Gesteinsart oder Boden, von ziegelrother Farbe mit braunen, gelben und weissen Flecken. Zersetzungsproduct von verschiedenen Gesteinen (Gneiss, Grünstein etc.).

Lattice Structure = Gitterstruktur.

Laukasteine (Reichenbach) — siehe Loukasteine.

Laurdalit — nennt Brögger grobkörnige südnorwegische Nephelinsyenite mit hypidiomorphem Natronmikrolin oder Natronorthoklas, Nephelin, Sodalith, einen oder mehreren Mineralien aus der Gruppe der Pyroxene, Amphibole, Biotite, und oft auch Olivin.

Laurvikit — nach Brögger südnorwegische Augitsyenite mit Natronorthoklas, Diopsid, Aegirin, Biotit, Hornblende, meist auch Nephelin und Sodalith.

Lava — wird ein jedes Gestein genannt, unabhängig von seiner Zusammensetzung und Structur, dass im feuerflüssigen Zustande von Vulkanen zu Tage gefördert wird. Die Bezeichnung ist alt, die angeführte Bedeutung aber erst von Buch deutlich ausgesprochen: „Alles ist Lava, was im Vulkane fliesst und durch seine Flüssigkeit neue Lagerstätter einnimmt."

Lava d'acqua — werden in Italien die Schlammströme genannt, die dadurch entstehen, dass der, viele Eruptionen begleitende, Platzregen das lockere Material des Aschenkegels aufwühlt und in breiigen Strömen niederreisst.

Lava di fuoco — wird in Italien . die feuerflüssige Lava genannt.

Lavabänke (Lavaschichten) — hatte Necker (1823) den Schichten ähnliche ausgedehnte Parallelmassen von Lava, also mehr oder weniger dünne horizontale Lagen von Strömen (oder Intrusivmassen) genannt; siehe auch Lamination.

Lavabomben — siehe Bomben.

Lavaglas — siehe vulkanisches Glas.

Lavakuchen — sind scheibenförmige plattgedrückte Bomben, entstanden dadurch, dass letztere noch vor der Verfertigung auf den Boden niederfielen.

Lavasand — siehe Sand (vulk.)

Lavaschichten = Lavabänke.

Lavastrom = siehe Strom.

Lavezstein = Topfstein.

Lebererz = Alaunerz.

Leberstein — ist in verschiedenem Sinne gebraucht worden: bald ist es ein Trass, bald ein Salzthon, bald ein Gemenge von Gyps mit Stinkkalk etc.

Lebesstein = Serpentin.

Lederschiefer — sind silurische, bei der Verwitterung dunkelbraun gefärbte und in kleine Schollen zerbröckelte Thonschiefer. — Siehe *Gümbel*, Fichtelgeb. 1879, p. 284.

Lehekohle = Blätterkohle.

Lehm — ist gelher, grauer, brauner oder ockerrother Thon, verunreinigt durch Sand, kohlensauren Kalk, Eisenhydroxyd.

Lehmmergel — entspricht nach Senft (p. 383) dem Löss (vom Rhein).

Leimstein — ein Gemenge von Gyps mit Stinkkalk.

Leistengneiss — sind solche porphyrische Gneisse, die in einer schilfrigen oder flaserigen Grundmasse leistenförmige porphyrartig ausgeschiedene Orthoklaskrystalle enthalten. — Syn. Pseudoporphyrischer Gneiss.

Leistengranit — werden einige Granite mit porphyrartig ausgeschiedenen Feldspathkrystallen genannt.

Lenartite — nennt St. Meunier die Meteorite vom Typus des Meteoriten Lenarto.

Lenneporphyr — werden die verschiedenartigen, zuerst genauer von Dechen beschriebenen Porphyre der Lennegegenden in Westphalen genannt. Nach der neuen ausführlichen Untersuchung von Mügge (Untersuchungen über die „Lenneporphyre". N. J., Beil.-Bnd. VIII, 1893, p. 535) sind es verschiedene Keratophyre, Tuffe etc.

Leopardit — sind nordamerikanische weisse sehr feinkörnige (feldspathreiche ?) Quarzite mit fast schwarzen Fleckchen, verursacht durch Manganoxydausscheidungen.

    (*Genth.* Mineralreichthum von Nord-Carolina ?).

Lepidomelangneiss vom Schwarzwalde — ist ein Gneiss mit Lepidomelan statt des Biotits.

Lepidomelanschiefer — ist eine Abart des Glimmerschiefers gekennzeichnet dadurch, dass der Glimmer vorwiegend oder ausschliesslich Lepidomelan ist. (Kalkowsky, 196).

Leptinit (Hauy) = Leptynit.

Leptit — siehe Hälleflinta u. Leptinit.

Leptoklasen — nennt Daubrée (Bull. Soc. Géol. de Fr. 1881, X, p. 136) die wenig ausgedehnten Spalten, durch welche die Erdrinde in kleine Stücke zertheilt wird; sie umfassen die Synklasen und die Piesoklasen.

Leptomorph — nennt Gümbel die krystallisirten, aber nicht von eigenen Krystallflächen umgrenzten, wie amorph erscheinenden Gemengtheile der Gesteine, (z. B. Nephelin in der Grundmasse, sog. Nephelinglas).

    C. Gümbel. Fichtelgebirge, 1879, p. 240 u. Grundzüge p. 72.

Leptynite (Leptinit) — die französischen Forscher gebrauchen es für den Granulit der deutschen Petrographen. Die Bezeichnung stammt von Hauy.

Leptynolite — ist die im Contact mit Graniten metamorphosirte, durch Glimmerausscheidungen charakterisirte Grauwacke.

Letten oder Schieferletten — werden rothe und bunte Thone genannt.

Lettenkohle — ist die im Keuper Deutschlands auftretende, viel erdige Theile enthaltende und in Brandschiefer übergehende Braunkohle.

Leubenplatten = Waldplatten.

Leucilit = Leucitfels.

Leucitbasaltit — nennt Lasaulx (p. 243) die eigentlichen dichten Leucitbasalte.

Leucitbasalt — werden seit Zirkel (Untersuch. über die mikrosk. Zusammensetzung und Struktur der Basaltgesteine, 1870) diejenigen Basaltgesteine genannt, in denen der Leucit den Plagioklas vertritt.

Leucitbasanit — werden solche Basalgesteine genannt die neben Plagioklas Leucit enthalten, also neovulkanische Laven die wesentlich aus Leucit, Plagioklas, Augit, Olivin, Magnetit und etwas Basis bestehen.

Leucitbasit — nannte Vogelsang (Z. d. g. G. 1872, p. 542) die leucitführenden Basalte.

Leucitconglomerat = Leucittuff.

Leucitdolerit — ist gleichbedeutend mit grobkörnigen Leucitbasalten. Kommt selten vor.

Leucitfels — wurden früher verschiedene leucitführende Laven genannt.

Leucitgesteine — werden entweder alle Gesteine genannt die einen wesentlichen Gehalt an Leucit (neben Feldspath oder ohne denselben) aufweisen oder, im engeren Sinne nur diejenigen, wo der Feldspath ganz fehlt und ganz durch Leucit vertreten wird.

Leucithauyngesteine — sind Leucitgesteine des Laacher See-Gebiets (Leucitite u. and.), die einen wesentlichen Gehalt an Hauyn aufweisen.

Leucitit — vulkanische, wesentlich aus Leucit und Augit bestehende Gesteine.

Leucititlimburgit — nennt Kalkowsky (151) glasige mit Leucitbasalten verknüpfte Gesteine, die in reichlicher Glasbasis Augit, Olivin, Magnetit und etwas Leucit enthalten.

Leucitit-Obsidian — nennt Kalkowky (p. 151) die glasige, leucitführende, Kruste der Leucitlaven oder die Salbänder der Leucititgänge.

Leucitit-Palagonittuffe — sind nach Kalkowsky (p. 152) Tuffe der Eifel die reich sind an Palagonitkörnern, Augit, Leucit und Magnetit.

Leucitit-Peperin — siehe Peperin.

Leucitkulait — siehe Kulait.

Leucitlava — wurden früher (und werden es auch noch jetzt) verschiedene porphyrische Leucitgesteine (Leucitite, Leucitophyre etc.) genannt.

Leucit-Nephelinit — nannte Zirkel (II, 266) solche Nephelin-Leucitophyre, wo der Nephelin über Leucit vorwiegt.

Leucit-Nephelin-Sanidingesteine (Zirkel) = Leucitophyre.

Leucit-Nephelin-Tephrit — sind neovulkanische Ergussgesteine die wesentlich aus Leucit, Nephelin, Plagioklas, Augit, Basis und Magneteisen bestehen.

Leucitoïdbasalt — solche Leucitgesteine (Basalte), wo der Leucit nicht direct oder mit Sicherheit nachweisbar ist, jedoch mit grosser Wahrscheinlichkeit angenommen wird. *E. Boricky.* Petrographische Studien an den Basaltgesteinen Böhmens. Prag, 1873.

Leucit-Hauynphonolith = Leucit-Noseanphonolith.

Leucit-Nephelinphonolith — ist eine von Boricky (Arch. d. naturwiss. Landesdurchforschung Böhmens, 1874, III, Abth. II, Heft 1) aufgestellte Abart des Phonolits mit Leucit. — Syn. Leucitophyr (Rosenbusch).

Leucit-Noseanphonolit — Leucit und Nosean führende Abart des Phonolithes. B o r i c k y (siehe Leuc.- Neph. - Phon.).

Leucitophyr — ursprünglich verstand man unter dieser Benennung überhaupt Leucitgesteine, oft speciell diejenigen, die jetzt den Namen Leucitit führen. Allmählig wurde der Name auf Phonolite mit gleichzeitigem Nephelin- und Leucit-Gehalt beschränkt. — (Boricky und Vogelsang nannte so die Leucitbasalte. Bei den französischen Petrographen (Fouqué und Michel-Lévy. Minéralogie micrographique, p. 171) ist der Ausdruck gleichbedeutend mit den Leucitphonolithen. Lasaulx versteht darunter Leucitdolerite. *H. Rosenbusch.* Mass Gest., 1877. p. 235.

Leucitphonolith — ist Phonolith der neben Sanidin nur Leucit (aber keinen Nephelin) als feldspathigen Gemengtheil führt. Syn. Nenfro.

Leucitporphyr — siehe Leucitlava.

Leucitpseudokrystalle — nennt Hussak (N. J. 1890, I. p. 166) die zuerst von Derby (Q. J. 1836, p. 459) beschriebenen nuss- bis kopfgrossen grobkörnigen holokrystallinen Ausscheidungen, die im Tinguait von der Serra de Tingua in Brasilien auftreten, aus einem Gemenge von Orthoklas und Nephelin bestehen und die Form des Leucits haben.

Leucitsanidingesteine — sind Leucittrachyte.

Leucittephrit — sind neovulkanische Laven die bei porphyrischer Struktur wesentlich aus Plagioklas, Leucit, Augit und Glasbasis bestehen. Geologisch gehören diese Gesteine zu den Basaltgesteinen im weiten Sinne, nach der mineralogischen Zusammensetzung aber zu den Leucititen und Andesiten.

Leucittrachyte — werden manchmal leucitführende Trachyte genannt, also Gesteine, welche die Mitte zwischen echten Trachyten und Phonolithen einnehmen; bestehen aus Leucit, Augit, Sanidin, auch Plagioklas u. Magneteisen. — v. Rath. Z. d. g. G. 25, 1873, p. 243.

Leucittrappe (Senft) — entsprechen z. Th. den Leucitbasalten.

Leucittuffe — sind graue oder gelbliche Tuffe, die ausser Bruchstücken von Leucitgesteinen Krystalle von Leucit, Augit, Sanidin, Biotit etc. enthalten.

Leucostine — Delamétherie's Bezeichnung für die felsitische Grundmasse der Porphyre. Bei Cordier (Distribution méthod. des substances volcan. dites en masse) sind es Trachyte und Phonolithe.

Leucostine granulaire — siehe Trachyt.

Leucotéphrite — siehe Leukotephrit.

Leukophyr — Benennung von Gümbel für hellfarbige Diabasgesteine mit saussüritartigem Plagioklas, blassgrünem Augit und viel chloritischer Substanz. Rosenbusch beschränkt diese Bezeichnung auf feldspatharme Diabase.

C. Gümbel. Die paläolithischen Eruptivgesteine des Fichtelgebirges, 1874.

Leucotephrit — ist eine Bezeichnung der französischen Petropher (Fouqué und Michel-Lévy. Minéralogie micrographique, 1879 p. 172) für Leucittephrit; wenn es olivinhaltig ist, entspricht es dem Leucitbasanit.

Lherzolith — aus Olivin, Diallag und einem rhombischen Pyroxen (Enstatit, Bronzit) bestehende körnige Peridotite. Der Entdecker des Gesteins (in den Pyrenäen) Lelièvre (Jour. de Phys. 1787, Mai) hielt ihn für eine Varietät von Chrysolith, doch wurde bald seine Zusammensetzung richtig erkannt. Benannt nach dem See Lherz von Delaméthérie. Théorie de la terre, II, p. 281 u. Leçons minér. II, p. 206.

Libellen — heissen die Luft- und Gazbläschen in den festen und Flüssigkeitseinschlüssen der Minerale.

Lichnites = Lychnites.

Liebeneritporphyr — sind Eläolithsyenitporphyre, deren porphyrartig ausgeschiedener Eläolith zu Liebenerit (Kaliglimmer) umgewandelt ist

Liegendes — heissen die Gesteinsmassen auf denen eine Schicht oder Schichtenreihe, oder überhaupt eine andere Gesteinsmasse liegt.

Lignilit — siehe Stylolith.

Lignit = Braunkohle, Holzkohle.

Limacées (roches) — siehe Iliogen.

Limburgit — Bezeichnung von Rosenbusch für Gesteine, die gleichzeitig von Boricky Magmabasalte (siehe dieses Wort) genannt wurden.

H. Rosenbusch. Petrographische Studien an den Gesteinen des Kaiserstuhls. N. J. 1872, p. 35.

Limerickite — nennt Stan. Meunier die Steinmetcorite vom Typus des Met. von Limerick.

Limmatische Gesteine — nannte Zirkel (II, 608) die Thone.

Limnische Bildungen — sind die Ablagerungen aus den süssen
Gewässern.

Limnocalcit — ist ein verschieden gefärbter, erdiger, dichter
schiefriger oder auch poröser, an Süsswasserconchylien und
Pflanzenresten oft reicher Kalkstein, der als Absatz aus
Süsswasserseen erscheint. — Syn. Süsswasser-Kalkstein.

Limnoquarzit — ist eine oft stark poröse aus einem Gemisch
amorpher und krystalliner Kieselsäure bestehende Masse,
die aus süssem Wasser abgesetzt worden ist. *Lindrit Drigger =*

Lineare - Parallelstructur (Linearstreckung) — eine durch
Streckung bedingte in einer Richtung ausgezogene Form
und Lage der Gemengtheile.

Linearparallelismus — nannte Naumann (I, 464) die regelmässige Anordnung der Gesteinsgemengtheile in Bezug auf
eine Linie, im Gegensatz zum F l ä c h e n p a r a l l e l i s m u s,
wo die bestimmte Richtung durch eine Fläche vorgeschrie-
ben wird. Beides gehört zur planen Parallelstructur als
Gegensatz der Massivstructur.

Linsenerz = Eisenrogenstein.

Linsenstructur — besteht nach Roth (III, Bd. 507) darin,
dass inmitten der krystallinischen Schiefer Linsen von Amphibolit, Eklogit, Eulysit und Magneteisen auftreten, die
sich bei der langsamen Erstarrung der Schiefer gebildet
haben sollen.

Liparitgläser — sind die glasigen Ausbildungsformen der Liparite, also Obsidiane, Pechsteine, Bimsteine und Perlite
die geologisch und chemisch zu den Lipariten gehören. —
Syn. Hyaloliparite, Vitroliparite.

Liparit-Granit — nennt Lang (Bull. Soc. Belge de Géol., 1891,
V, p. 134) einen Typus seiner Gesteine der Kalium-Vor-
macht, wo der Gehalt an Calcium geringer ist als derjenige
von K u. Na.

Liparit — von Roth (1861) in die Wissenschaft eingeführt
für die neuesten, den Graniten und Felsitporphyren parallelen, Trachytgesteine. Man versteht allgemein darunter neuere
quarzhaltige, den Quarzporphyren entsprechende Ergussgesteine mit Alkalifeldspath ; Hauptbestandtheile : Alkalifeldspath, Quarz, Glimmer oder eins (auch mehrere) der Mineralien aus der Gruppe der Amphibole und Pyroxene, mehr
oder weniger Basis ; Struktur porphyrisch.

Liparitbimstein — siehe Liparitgläser.

Liparitobsidian — siehe Liparitgläser.

Liparitpechstein — siehe Liparitgläser.

Liparitperlit — siehe Liparitgläser.

Listwänit — ist nach G. Rose (Reise nach dem Ural, II, p. 539) die locale Benennung bei Beresowsk und an andern Orten am Ural vorkommenden grünlichen oder gelblichen für einen Talkschiefer von körnig-schieferiger Structur, mit viel Quarz und mit einem Gehalt an Bitterspath.

Litchfieldite — von Bayley für amerikanische Elaeolithsyenite die wesentlich aus Albit, Lepidomelan und Elaeolith (Orthoklas, Cancrinit und Sodalith secundär) bestehen. Diese Eläolithsyenite würden also den Natrongraniten u. Rosenbusch's Keratophyren (Natronporphyren) entsprechen in der Reihe der Syenite.

W. S. Bayley. Eleolite-Syenite of Litchfield, Maine, and Hawes' Hornblende-Syenite from Red Hill, New Hampshire. Bull. of the geolog. Soc. of America, vol. 3, 1892, pag. 243.

Lithionitgranite — will Rosenbusch (1887, p. 31) zweiglimmerige Granite nennen die neben Muscovit Lithionit führen; sie enthalten Zinnstein und Turmalin.

Lithionitgranitite — ist nach Rosenbusch (1887, p. 32) ein Granitit, der Lithionit an Stelle des Biotits enthält.

Lithogenie — derjenige Abschnitt der Gesteinslehre, welcher die Bildung der Gesteine behandelt. — Syn. Petrogenesis.

Lithographischer Schiefer, oder Stein — ist ein sehr feiner weisser oder grauer schieferiger Kalkstein.

Lithoidisch — heisst wörtlich „steinig" und wird als Gegensatz von „glasig" für amorphe, dicht erscheinende Gesteine oder Theile derselben gebraucht. Die Bezeichnung stammt von Beudant. — Siehe Lithoidit.

Lithoide Gesteine — nennt Renevier die Argillite, Porcellanite, Thermanthide u. ähnliche Gebilde.

Lithoïdite — nannte Richthofen Liparite, deren Grundmasse ein zwischen felsitischen dichtem und hyalinem stehendes Gefüge haben, die sehr unvollkommen muschligen, etwas splitterigen Bruch, schwachen Fettglanz oder Wachsglanz zeigen und selbst an den Kanten nicht durchscheinend sind. Es sind dichte Gesteine von s t e i n i g e m. nicht glasigem Habitus, deren Grundmasse reich an Mikrofelsit (oder kryptokrystallinen Partieen) ist.

F. v. Richthofen. J. g. R. 1860, 11, pag. 174.

Lithoiditporphyr = Rhyolitporphyr.

Lithoklasen — nennt Daubrée (siehe Lepkoklasen) die Spalten und Klüfte der Gesteinsmassen.

Lithologie = Petrographie = Gesteinslehre.

Lithophysen — nannte Richthofen die in Lipariten vorkommenden gekammerten sphärolithischen Gebilde, die durch concentrische oder andere Scheidewände in Kammern getheilt sind. Iddings verallgemeinert den Ausdruck auf alle hohlen Sphärolithe.

F. v. Richthofen. J. g. R. 1860, p. 180.

Lithophysenvitrophyr — ist ein perlgrauer Pechstein des Felsitprophyrs, dessen Orthoklaskrystalle von schwarzen Pechsteinadern durchsetzt sind.

Pohlig. Sitz.-Ber. niederrhein. Ges. in Bonn, 1886, 278.

Lithosiderite — ist bei Stan. Meunier gleichbedeutend mit Daubrées Syssideriten.

Loam — werden in England sandig-thonige, an organischer Substanz mehr oder weniger reiche Ablagerungen genannt; also Bodenarten.

Localmetamorphose — nennt Gümbel (p. 371) die Contactmetamorphose.

Lockere Gesteine — sind entweder die leicht zerfallenden schwach cementirten klastischen Gebilde (Tuffe) oder durch Zersetzung locker gewordene krystallinische Gesteine.

Lodranite — nennt St. Meunier die Meteorite (Mesosiderite) vom Typus des Meteoriten von Lodran. Feines Eisennetz, das Krystalle von Olivin und Bronzit enthält.

Lösch = Löss oder auch Russkohle.

Löss — ist ein sehr feiner gelblicher Mergel, der aus feinsten Sandkörnchen, Thon und kohlensaurem Kalk mit verschiedenen Beimengungen (Eisenoxydhydrat, Glimmer) besteht und Kalkconcretionen enthält (sog. Lösspüppchen). Ursprünglich wurden mit diesem Namen rheinische Gehängelehmarten bezeichnet; jetzt versteht man darunter meist äolische oder aus der Grundmoräne durch Schlämmung gebildete Ablagerungen von der angegebenen Zusammensetzung.

Lösskindel = Lösspüppchen.

Lösspüppchen — sind die Concretionen von kohlensaurem Kalk im Löss.

Lötherde — siehe Thon.

Logronite — nennt St. Meunier die Meteorite (Mesosiderite) vom Typus des Meteoriten von Logrono (Barea).

Longrain — nennen in den Ardennen die Steinhauer eine durch diagonale Klüftung bedingte Theilung; Jannetaz (B. S. G., 3 Sér., 1884, XII, p. 211) hält es für eine Folge des Druckes. Siehe auch Griffelstruktur.

Longulite — sind die aus der Verschmelzung von mehreren Globuliten entstehenden cylindrischen, conischen und dergleichen längligen Krystalliten.

  Vogelsang. Die Krystalliten, p. 21.

Lose Gesteine — sind solche die, wie Sand, vulk. Asche, Thon, aus incoherenten Theilen bestehen.

Loukasteine — sind nach Reichenbach radialstrahlige kugelige Aragonitconcretionen von Suchá Louka in Mähren. — G l o c k e r. Z. d. g. G. V. 1853, p. 638. R e u s s. G. g. R. A. 1854, 690). Wurde ursprünglich Hydnospath genannt.

Lucéite — nennt Stan. Meunier die Meteorite vom Typus des Meteoriten von Lucé.

Luciit — nennt Chelius (siehe Orbit) hypidiomorph-körnige. bald quarzarme, bald quarzreiche Dioritgesteine. = *Malchit* ?

Lucullan = Anthraconit, Stinkkalk.

Luijaurit — möchte Brögger die von Ramsay beschriebenen eudialytführenden, aegirinreichen nephelinsyenitischen Gesteine nennen; enthält selten Titan oder Zirkon haltige Mineralien.

  W. Brögger, p. 204.

Lukullan = Lucullan = Stinkkalk.

Lumachelle — sind Kalksteine die vorwiegend aus Bruchstücken von Molluskenschalen bestehen.

Lumaquelle = Lumachelle.

Lustre-mottling — nannte Pumpelly (Proceed. Amer. Acad., 1878, XIII, p. 260) die eigenthümliche schillernde Oberfläche einiger Gesteine, wie sie dem Bastit, Schillerfels etc. eigen ist. — Syn. poikilitische Beschaffenheit, Schillerisation (?).

Luxsaphir = Luchssaphir = Obsidian.

Luxulian — von Pisani für einen porphyrischen gangartigen Turmalingranit von Luxulion in Cornwall vorgeschlagen. Andere Autoren gebrauchen die Benennung für Turmalinreiche oder gar Glimmerfreie Lithionitgranite.

  Pisani. C.-R. LIX. 1864, p. 913.

  H. Rosenbusch. Mass. Gest., 1887, p. 31.

Luxulianit — siehe Luxulian.

Lychnites — nannten die alten Griechen weisse reine und durchscheinende Marmorarten die zu Bildhauerarbeit geeignet sind.

Lydienne (d'Aubuisson) = Lydit, Kieselschiefer.

Lydit — werden die schwarzen sehr dichten und harten Kieselschiefer genannt. — Syn. Probirstein, Lydienne.

Lysische Formationen — nennt Brongniart die auf chemischem Wege aus einer Auflösung gebildeten Gesteine.

M.

Macigno — wird in Italien ein grünlichgrauer eocäner thonigkalkiger Sandstein genannt.

Macline oder Schistes maclifères — werden in Frankreich Knotenschiefer und ähnliche im Contact veränderte Thonschiefer und Phyllite genannt (Leptynolit, Fruchtgneiss, Cornubianit).

Madreporstein — werden gewisse stengelige Anthraconitvarietäten wegen einer schwachen Aehnlichkeit mit Korallen genannt.

Mächtigkeit der Schichten — heisst ihre Dicke, d. h. die Entfernung zwischen der oberen und unteren Fläche der Schichte.

Mädchenstein, (schöner) = körniger Gyps.

Maërl — werden in der Bretagne durch Nulliporen an Kalk angereicherte Strandablagerungen genannt.

Magma — ist die allgemeine Bezeichnung für die feuerflüssige Masse, aus der sich die Lava und die Eruptivgesteine überhaupt bilden. — Vogelsang (Arch. néerland. VII, p. 42) und Rosenbusch (N. J. 1872, 57) schlugen die Bezeichnung im Sinne von „Basis" vor.

Magmabasalt — jüngere. den alten Pikritporphyriten entsprechende, feldspathfreie Ergussgesteine; in glasiger (oder mikrofelsitischer) Grundmasse zahlreiche Olivin und Augit-Einsprenglinge, auch Magnetit oder Ilmenit und Apatit. — Syn. Limburgit.

E. Boricky. Petrographische Studien an den Basaltgesteinen Böhmens. Prag, 1873.

Magnesit — ist ein sedimentäres Gestein das aus kohlensaurer Magnesia (manchmal mit Beimengungen von Quarz, Feldspath) besteht.

Magnesite — nennt Senft die vorwiegend aus Magnesiasilikaten bestehenden Gesteine (Serpentin, Talkschiefer, Pyroxenit etc.)

Magneteisensand — ist ein Sand der vorwiegend aus titanhaltigem Magneteisen mit Quarz besteht u. mit Glimmer. Granat, Augit etc. vermengt ist und manchmal auch Gold und Silber führt. — Syn. Titaneisensand, Iserin.

Magneteisenstein — ist ein körniges, dichtes oder auch schiefriges Gemenge von Magneteisen, oft verunreinigt durch Chlorit, Chromeisenstein, Granat oder Reste von unzersetzten Mineralien der Gesteine aus denen sich der Magneteisenstein gebildet hat.

Magnetit-Aktinolithschiefer.

Magnetitbasalt (magnetithaltige Bas.) — wollte Sandberger (N. J. 1870, p. 206) die nur Magnetit enthaltenden Basalte zum Unterschied von den ilmenithaltigen nennen.

Magnetitdiallagit — ist nach Wichmann ein Gestein in Labrador, das fast ausschliesslich auz Diallag besteht (also eine Abart des Pyroxenits) mit reichlicher Magnetitbeimengung.

Magnetitglimmerschiefer — reich an Magnetit.

Magnetitgneiss — an Magnetit reicher Gneiss.

Magnetitgranit — an Magnetit reicher Granit.

Magnetit-Olivinit — olivin- und magnetitreiche plagioklasarme Facies von Hyperitgesteinen (Eisenerze von Taberg).
A. Sjögren. Geolog. Fören. i Stockh. Förhandl. 1874, III, 42.

Magnetitquarzit.

Magnetitquarzschiefer — sind gebänderte dickschieferige Gesteine, in welchen Quarz- und Magnetit- (z. Th. in Brauneisen verwandelt) Lagen abwechseln. — Syn. Calico-rock.
Götz. N. J., Beil.-Bd. IV, 1886, p. 164.

Magnetitphyllit.

Magnetitschiefer (Magnetitic slates) — nannten Irving und Van Hise (10-th Ann. Rep. of the U. S. Geolog. Survey, p. 389) dunkle, manchmal beinahe schwarze, aber oft licht gebänderte Schiefer, die wesentlich aus Quarz, Aktinolith, Hämatit und Magnetit bestehen.

Mahlsand — werden sehr feine Sande genannt.

Makroclivage — will Harker die dem blossen Auge sichtbaren Risse der Pseudoclivage nennen.
Harker. Brit. Assoc. Rep. 1885 (1886), p. 813.

Makroklastisch — nannte Naumann die aus grossen Bruchstücken zusammengesetzten klastischen Gesteine.

Makrokrystallinisch = grobkrystallinisch. (auch grosskrystallinisch).

Makromer — grobkrystallinisch oder phaneromer.

Makromerite — ist H. Vogelsang's Bezeichnung (Z. d. g. G. XXIV, p. 534) für die grobkörnigen Granomerite, d. h. krystallinisch-körnige Gesteine ohne kryptomere Grundmasse.

Makrovariolithisch — nennt Chroustschoff das Gefüge vieler Gesteine mit Kugelstruktur.

Malakolithfels — ist ein körniges, aus Malakolith bestehendes, Gestein, dass zu den Pyroxeniten im Sinne von Williams gehört.

Malakolithlager — sind den Gneissen und Kalksteinen eingelagerte Massen von Malakolith mit einigen Beimengungen. *A. Erdmann.* Versuch einer geogn. miner. Beschreib. von Tunaberg. 1851, p. 90. Siehe auch Z. d. g. G. 1850, II, 134.

Malbstein — wird in Schwaben ein zum Muschelkalk gehöriger Dolomit genannt. — Syn. Nagelfels, Mehlstein, Kornstein.

Malchit — nennt Osann dioritische Ganggesteine die sich zu den Dioriten verhalten, wie die Aplite zu den Graniten. In einer Quarz-Feldspath-Hornblendegrundmasse enthalten sie Einsprenglinge von Plagioklas, Hornblende und Biotit; manchmal reich an Glimmer; Struktur manchmal panidiomorph oder hypidiomorph. — Syn. Quarzhornblende-Porphyrit, Kersantit (?), Lamprophyr. !!Maligui Lauron) ≠

Manbhoomite — nennt Stan. Meunier die Meteorite (Oligosiderite) vom Typus des Met. von Manbhoom.

Mandeln — sind die eliptischen, rundlichen oder plattgedrückten Ausfüllungsmassen der Poren in Mandelsteinen.

Mandelstein — ist eine alte schon bei Cronstedt und Wallerius vorkommende (saxum glandulosum) und von Werner aufgenommene Bezeichnung, die schon recht bald eine rein strukturelle Bedeutung bekam. Man versteht darunter poröse Eruptivgesteine (Porphyrite, Melaphyre, Basalte etc.), deren rundliche oder elliptische Poren durch Infiltrationsprodukte gefüllt sind. Man spricht demnach von Basaltmandelstein, Diabasmandelstein etc. — Syn. amygdaloide Gest., roches amygdalaires.

Mandelsteinartige Struktur. — siehe amygdaloidische.

Manegaumit — nannte Tschermak (Sitz.-Ber. Wien. Akad. 1872) die weisslichen tuffartigen Meteorite die aus Bronzit bestehen; Eisen kaum bemerkbar.

Marekanit — Liparitgläser (Obsidian, Perlit, Eutaxit) von Ochotsk. *Ermann,* Arch. f. d. wissensch. Kunde Russlands, III, 170. — *Herter.* Z. d. g. G. XV, 459.

Margarite — perlschnurartige, kettenartige und andere lineare Gruppirungen von Globuliten.
H. Vogelsang. Die Krystailiten. p. 19.

Marlekor — werden in Schweden die schon von Linné erwähnten („Tophus ludus") und von Erdmann beschriebenen (N. J. 1850, 34) verschiedenartigen (linsenförmig, scheibenartig, zu mehreren verwachsen etc.) Mergelconcretionen, wie die Imatrasteine genannt. — Syn. Näkkebröd.

Marlite, bituminöser = Steinkalk.

Marmorosis (Marmorisirung) — Ausdruck von Geikie für den Process der Umkrystallisirung von Kalkstein zu Marmor.
A. Geikie. Textbook of geology. 1882. p. 577.

Marmolith = Serpentin.

Marmor — werden die verschiedenen krystallinischkörnigen politurfähigen Kalksteine und Dolomite genannt.

Marmo brecciato — siehe Trümmermarmor.

Marsch — kann marinen (Seemarsch) oder fluviatilen (Flussmarsch) Ursprungs sein. Es ist eine schlammige Masse die sich aus den Gewässern (überfluthenden Wassermassen) an den Uferpartieen absetzt.

Martörv — nannte Forchhammer (N. J. 1841, 13) den geschichteten und beinahe schieferigen Torf von Jütland, der oft plattgedrückte Zweige und Stämme enthält und von Dünensand bedeckt ist.

Maschenstruktur — eine bei der Serpentinisirung des Olivins beobachtete Gruppirung: Olivinüberreste in einem maschenähnlichen Netz von Serpentin. Sauer (Erläut. z. geol. Specialkarte d. Kön. Sachsen, Section Meissen, p. 56) gebraucht den Ausdruck auch für die Struktur einiger Hornfelse, gekennzeichnet durch polyedrische Form des Quarzes und geradlinige unverzahnte Verbindung von Quarz und Glimmer. — Syn. Bienenwabenstruktur.

Masegna — nach Naumann euganeische Trachyte.

Massenausbrüche (Masseneruptionen, Massenergüsse) — ist nach Richthofen, im Gegensatz zu den vulkanischen Ausbrüchen, das Ueberströmen aus Oeffnungen von Canälen, die mit einem inneren, mit dem Magma erfüllten Behältniss communiciren. Es werden dadurch ganze Decken von Eruptivgesteinen gebildet, wie es viele tertiäre Eruptivgesteine zeigen. Judd hält die Masseneruptionen nicht für Ueberquellen der Lava aus Spalten, sondern für eine Anzahl von Ausbrüchen aus reienartig geordneten Vulkanen. Massenergüsse können oberflächlich oder submarin sein.

Richthofen. Trans. Acad. Science California, 1868 u. Führer für Forschungsreisende, 1886.

Massengesteine — sind, im Gegensatz zu den geschichteten, die Eruptivgesteine.

Massig — wird von den meisten Petrographen (Lasaulx, Kalkowsky, Roth u. and.) die Massivstruktur Naumanns genannt; noch öfter nennt man massig die Eruptivgesteine selbst, ihrer richtungslosen Struktur wegen.

Massivstruktur — ist Naumann's Bezeichnung (I, p. 464) für die richtungslose Struktur der Gesteine, wenn deren Gemengtheile nach allen möglichen Richtungen durcheinander, ohne ein bestimmtes Gesetz in der Anordnung, verwachsen sind. Es ist die Struktur der massigen Gesteine im Gegensatz zu den geschichteten Gesteinen.

Matraite — dem Corsit entsprechende jüngere, wesentlich aus Anorthit u. Hornblende bestehende Eruptivgesteine. (Szabo?).

Matrix — wird manchmal im Sinne von Basis gebraucht. Man versteht darunter wohl auch die kalkige oder ähnliche Grundmasse (Cement) einiger Conglomerate.

Mattkohle — Abart der Steinkohle.

Mechanischer Metamorphismus (Baltzer. Der Glaernisch. 1873 p. 58) = Dynamometamorphismus.

Meeresschlick — ist recenter thoniger Tiefseeschlamm.

Meerestorf, auch Algentorf genannt — ist aus Meeresalgen entstanden.

Megaskopisch = Makroskopisch.

Mehlbatzen = Mehlkalk, Schaumkalk.

Mehlkalk — werden sehr fein poröse zähe, schmutziggelbe, graue oder rothe Kalksteine genannt. — Syn. Schaumkalk.

Mehlsand — staubfeiner Sand.

Melaphyr — nach Rosenbusch versteht man jetzt unter Melaphyr alteruptive Aequivalente der Olivindiabase, also palaeovulkanische Ergussgesteine wesentlich aus Kalknatron-Feldspath, Augit u. Olivin mit mehr oder weniger Basis bestehend. Die Benennung „Melaphyr" ist in sehr verschiedenem Sinne gebraucht worden: bald sah man ihn als ein Aggregat von O l i g o k l a s, Augit und Magnetitan, bald verstand man darunter alle dichten Diabasgesteine (Diabase, Porphyrite etc.); in dieser letzten Bedeutung ist der Name noch von Kalkowsky beibehalten. In die Wissenschaft von A. Brongniart (1813) eingeführt; er bezeichnete den Malaphyr als „Pâte moire d'amphibole pétrosilicieux enoelappant des cristaux de feldspath." Von L. v.

Buch (N. J. 1824) wurde der Name auf Augitporphyre übertragen. Für die Geschichte siehe Zirkel (1866) und Rosenbusch (1877).

Melaphyrbasalt — Basalte in denen der Feldspath zurücktritt,
etwa nur ein Drittel des Gesteins ausmacht. Bei Lang
(Bull. Soc. Belge de Géol. 1891, V, p. 142) ist es ein Typus
seiner Gesteine der Calcium-Vormacht mit mehr Kalium
als Natrium.

E. Boricky. Petrographische Studien an den Basaltgesteinen Böhmens. 1873.

Melaphyrpechstein — ist früher gebraucht worden für Augitvitrophyrit, manchmal wohl auch für Magmabasalt.

Melaphyrporphyr — Augitporphyrit von Duluth (Minnesota)
vom Typus der Labradorporphyrite. Früher (siehe Naumann) verstand man darunter porphyrartige Melaphyre (in
der alten unbestimmten Bedeutung).

Streng. N. J. 1877, p. 41.

Melaphyrwacke — sind zu thoniger Masse zersetzte Melaphyre,
entsprechend der Basaltwacke.

Melaporphyr — ist eine unklare Bezeichnung von Senft für
Gesteine die wohl theils zum Melaphyr, theils zum Labradorporphyr gehören (oder auch zum Glimmerporphyr Cotta's).

Melilithbasalt — ist nach Stelzner (N. J. 1882, I, p. 229 und
N. J., Beil.-Bnd., II, 1882, p. 369) eine neue Gruppe von
Basalten, wo der Feldspath durch Melilith vertreten wird.
Es sind also neovulkanische porphyrische Effusivgesteine
die wesentlich aus Augit, Olivin, Melilith, nebst Biotit,
Apatit, Magnetit, Chromit, bestehen.

Melilithgesteine — ist eine kleine Gruppe von Gesteinen in
denen Melilith eine wesentliche Rolle spielt; sie umfasst
die Melilithbasalte und den Alnöit.

Membro — harte graue, als Baustein geschätzte, Kalksteine
in dem Eocän Italiens.

Ménachanite = Menakan = Magneteisensand.

Menakan = Magneteisensand.

Menakanit — Titaneisensand (Werner), stammt aus dem Gabbro von Menachan.

Menilit — ist erdiger matter, dunkelgefärbter Klebschiefer.

Ménite — ist Stan. Meunier's Bezeichnung für die Meteorite
(Oligosiderite) vom Typus des Met. von Klein-Menow.

Mergel — dichte, erdige, schieferige, oder anders aussehende
gewöhnlich hellfarbige Gesteine die ein inniges Gemenge
von Thon mit Kalk oder Dolomit sind; enthalten oft Con-

cretionen von kohlensaurem Kalk. Im grossen und ganzen sehr ähnlich den Thonen (aber nicht so plastisch) und weisen dieselben Varietäten auf.

Mergelerde — erdiger Mergel.

Mergellehm — ist von Kalktheilchen imprägnirter Lehm.

Mergelsandstein — ist ein Sandstein mit mergeligem Bindemittel.

Mergelschiefer — sind schieferige, oft bituminöse Mergel; siehe Brandschiefer.

Mergelstein — wird dichter harter nicht schieferiger Mergel, oft durch Sand verunreinigt, genannt. — Syn. Steinmergel.

Mesminite — nennt Stan. Meunier die Meteorite (Oligosiderite) vom Typus des Met. von Saint-Mesmin.

Mesoandesit — siehe Mezo-Andesit.

Mesobasalt — siehe Mezo-Basalt.

Mesodiabas (Lossen)?

Mesodacit — siehe Mezo-Dacit.

Mesokait = Mittelkohle.

Mesoliparit — siehe Mezo-Liparit.

Mesolithisch — werden manchmal die zur mesozoischen Aera gehörenden Eruptivgesteine genannt.

Mesopyre Gesteine (roches mésopyres) — nennt Durocher (A. d. M. 1857, p. 258) die mesozoischen Eruptivgesteine.

Mesosiderit — nannte G. Rose (Abh. Berlin. Akad. 1864 (für 1863), p. 28) solche Eisenmeteorite die ein körniges Gemenge von Eisen, Magnetkies, Olivin und Augit sind. Man versteht allgemein darunter solche Meteorite die als körnige Gemenge von Silicaten und Meteoreisen erscheinen.

Mesostatis — ist Gümbel's Bezeichnung für Basis.

Metachemischer Metamorphismus — ist bei Dana (Am. J. 1886, XXXII, p. 69) die Bezeichnung für die Veränderungen der chemischen Zusammensetzung des Gesteins.

Metacrasis — von Bonney gebraucht für eine Categorie von hydrochemischer Metamorphose, nämlich für „Veränderungen wie die Umwandlung von Schlamm in eine Masse von Quarz mit Glimmer und anderen Silicaten".

Bonney. Proc. Geol. Soc. 1886, p. 59.

Metadiorit — siehe Deuterodiorit.

Metakrasis — siehe Metacrasis.

Metallatomzahl — ist bei Rosenbusch (T. M. P. M. 1890, XI, p. 144) die Zahl der auf 100 umgerechneten, aus den Molecularproportionen (auf Grund der chemischen Analyse) gefundenen Verhältnisszahlen der in der Gewichtseinheit des

Gesteins enthaltenen Metallatome; diese Zahl wird mit MAZ bezeichnet und soll für alle Eruptivgesteine gleich sein.

Metallisirung (Metallisation) — nennt Naumann (I, p. 811) die Imprägnation der Gesteine mit Erzen, das Auftreten von eingesprengten Körnern, Adern, Nestern etc. von metallischen Mineralien in Nebengesteinen in der Nähe von Erzlagerstätten.

Metallschiefer = Kupferschiefer.

Metamorphisch (Metamorph) — nennt man seit Lyell (?) diejenigen Gesteine, die nach ihrer Festwerdung mehr oder weniger tiefgreifende Veränderungen erlitten haben, wodurch ihr ursprünglicher Zustand und ihre Entstehung oft unkenntlich geworden sind; im letzteren Falle ist metamorphisch gleichbedeutend mit kryptogen. Manchmal (Cotta) versteht man unter metam. Gesteinen nur die krystallinischen Schiefer, manchmal die Granite und ähnlichen Gesteine, manchmal (Haidinger, Durocher u. and., siehe Naumann, I) alle Gesteine, die irgend welche Veränderungen erlitten haben und also nicht mehr das sind, was sie ursprünglich waren.

Metamorphismus — ist der von Lyell stammende (Principles of geology, 1833 und Manual of element. geol.) Ausdruck zur Bezeichnung aller Umwandlungserscheinungen in den Gesteinen. Späterhin wurde der Begriff sehr gegliedert, so dass man regionalen, Contact-, mechanischen Metamorphismus etc. unterscheidet. Siehe: Latenter, allgemeiner, regionaler, unabhängiger, freier, nachbarlicher, mechanischer Met., Contactmetam., Juxtapositionsmetam., Metapepsis, Metastasis, Metataxis, Metatropie, Pneumatolyse, Paroptesis, anogener, katogener, krystallinischer, metachemischer, lokaler, Met., Pressionsmet., Dynamomet., Druckmet., everser, inverser, pyrokaustischer, hydatokaustischer, hydrochemischer, hydatothermischer Met., Pyromorphos., Hydatomorph., Hydatopyromorph. Frictionsmet. etc., etc.

Metamorphosen — sind die verschiedenen Umwandlungserscheinungen der Gesteine.

Metapepsis — von Kinahan gebraucht für Umwandlungsprocesse, welche durch Einwirkung von stark erhitztem Wasser oder Dampf auf das Gestein bedingt werden.

Kinahan. Geology of Ireland. 1878.

Metasomatische Umwandlungen — siehe Metasomatose.

Metasomatische Breccien — sind nach Löwinson-Lessing (T.

M. P. M. 1887, V, 535) die nicht vulkanischen dynamometamorphen und neptunischen Breccien.

Metasomatische Structuren — nennt Loewinson-Lessing (siehe
katalytisch) die secundären, durch Dynamometamorphose
oder chemische Umsetzung entstandenen Structuren.

Metasomatose (Metasomatische Umwandlungen) — sind alle
Veränderungen der Gesteine oder Mineralien welche nach
ihrer Bildung, nach ihrer Verkörperung geschehen. — Syn.
Methylosis.

Metastasis — nennt Bonney „Umwandlungen von paramorphem
(?) charakter wie z. B. die Krystallisation von Kalksteinen,
die Entglasung von glasigen Gesteinen".
Bonney. Q. J., 1886, p. 59.

Metataxis — nennt A. Irving (siehe Metatropie) die bei der
Metamorphose von Gesteinen von statten gehenden mechanischen Veränderungen, wie z. B. die Druckschieferung.

Metatropie — nennt A. Irving (Chem. and. physic. Studies in
the metamorphism of rocks, 1889, p. 5) diejenigen metamorphischen Processe, die in physikalischen Veränderungen
bestehen und von wenig durchgreifenden und wichtigen
chemischen Processen begleitet werden. Dazu rechnet er
z. B. die Entglasung. Hydratisation einiger Bestandtheile,
polymorphe Umwandlungen etc.

Métaxite (Métaxyte) — war für Hauy weischer glimmerreicher
Sandstein verschiedenartiger Zusammensetzung; auch Arkose
mit kaolinisirtem Feldspath.

Meteoreisen = Eisenmeteorite.

Meteorite — heissen die Stein- und Eisenmassen, die aus dem
Weltraum auf die Erde in heissem Zustande. mit ange-
schmolzener Oberfläche (Rinde) und gewöhnlich von Getöse
und donnerähnlichem Schall begleitet herabstürzen. Man
unterscheidet Steinmeteorite (Aerolithe) und Eisenmeteorite
(Siderolithe).

Meteorsteine = Meteorite.

Mezo-Andesit — siehe Mezo-Dacit.

Mezo-Basalt (richtiger Mesobasalt) — nannte Lagorio (Ver-
gleich. petrogr. Studien über die massigen Gesteine der
Krim, 1880, p. 53) die zum Neocom gehörigen Mela-
phyr-ähnlichen Basalte der Krim.

Mezo-Dacit (richtiger Mesodacit) — nannte Lagorio (siehe
Mezo-Basalt) die zum Neocom gehörigen Dacite der Krim,
deren Habitus ebenso an die Grünsteinporphyrite wie an die
Propylite erinnert.

Mezo-Liparit (besser Mesoliparit) — hat Lagorio (siehe Mezo-Basalt) die neocomischen Liparite der Krim genannt.

Methylosis — nannte, mit King und Rowney, Bonney (Q. J. 1886, p. 62) die chemischen Umwandlungserscheinungen, die einen Theil des Methamorphismus bilden. — Syn. Paramorphosis (Irving), metachemische Metamorphose.

Miarolit — ursprünglich gebraucht von F o u r n e t (Mém. sur la géol. des Alpes, II, p. 24 und Bull. Soc. géol. (2), II, p. 495) für oligoklasreichen drusigen Granit von Lyon und Baveno. Jetzt als structurelle Bezeichnung „miarolitisch" für echt zuckerkörnige Granite mit saccharoider Structur gebraucht.

Miarolithische Structur — zuckerkörnige Structur der Granite: es bleiben zwischen den Körnern kleine Hohlräume und die Krystallenden der verschiedenen Gemengtheile ragen hinein. — *H. Rosenbusch.* Mass. Gest. 1887, p. 39.

Miascit (richtiger **Miaskit**), — glimmerführende Eläolithsyenite. *G. Rose.* Reise nach dem Ural, Bd. II, p. 47, 93, 535 und Pogg. Ann., Bd. 47, p. 375.

Micaschiste = Glimmerschiefer.

Mica-Peridotite (Glimmerperidotite) — nennt Diller (Am. J. 1892, 44, p. 286) Peridotite die wesentlich aus Serpentin (umgewand. Olivin) und Biotit bestehen.

Mica-Traps — vague englische Benennung für eine Gruppe von sehr verschiedenen Ganggesteinen. (Minette, Kersantite, Glimmersyenite, Glimmerdiabase etc.) *J. H. Teall.* British Petrography. 350. *Bonney u. Houghton.* Q. J. XXXV. 1879, p. 165.

Micopsammit — dickschiefriges, sandsteinähnliches Gestein, welches sich unmittelbar an die glimmerreichen schiefrigen Grauwacken anschliesst; ein Glimmersandstein. *C. Naumann.* Lehrbuch der Geognosie, I. 698.

Migrationsstructur — nannte Gümbel (Die paläolitischen Eruptivgesteine des Fichtelgebirges, 1874), die eigenthümliche, an die Fluidalstructur erinnernde, Beschaffenheit der Schalsteine und veränderten Tuffe, die darin besteht, dass „innerhalb gewisser Partien die kleinen Krystallnädelchen oder Körnchen nach einer bestimmten Richtung harmonisch geordnet um verschiedene Substanzen schalig, zonal oder streifig nach Art der Bildungen des Festungsachates gruppirt sind. Es ist dies Folge der Umbildung alter und der Ausbildung neuer Gemengtheile, gleichsam einer Wanderung der Stoffe".

Mijakit (Petersen) Manganhaltiger Augitandesit

Mikrite — ist bei Gümbel (p. 10) eine Bezeichnung für die sonst als Krystallite und Mikrolithe zusammengefassten mikroskopisch winzigen, morphologisch individualisirten, aber nicht näher bestimmbaren Gebilde in den glasigen und halbglasigen Gesteinen.

Mikroaphanit — ist Lasaulx's Bezeichnung (p. 106) für Mikrofelsit.

Mikrobreccien u. Mikroconglomerate — sind sehr feinkörnige, nur unter dem Mikroskope deutlich als Breccien u. Conglomerate erscheinende, sandsteinartige, oft aus losen vulkanischen Gebilden zusammengesetzte Gebilde, die man als Diabassandstein, Porphyrpsammit etc. bezeichnet.

Mikroclivage — nennt Heim (Mechanismus der Gebirgsbildung, p. 54) die innere Streckung und Plattdrückung der Gesteinstheilchen, wie sie sich in grossen plattgedrückten Geröllen kundgiebt.

Mikrodiabas — nennt Loewinson-Lessing (siehe katalytisch) die anscheinend dichten, unter dem Mikroskop feinkörnigen holokrystallinen Diabasgesteine, die als Uebergänge zwischen Diabas und Augitporphyrit erscheinen. Entspricht in der Structur dem Mikrogranit und gehört in den Diabasporphyrit Rosenbusch's.

Mikroeutaxitisch — ist die Beschaffenheit vieler vulkanischer Gläser, die eine streifenartige oder complicirt verwebte Zeichnung von Partien verschiedener Farbe oder Structur unter dem Mikroskope offenbaren.

Mikrofelsit (Mikrofelsitische Basis) — nennt man seit Zirkel (Mikrosk. Beschaff. der Mineral. u. Gesteine, 1873, p. 280) solche Theile der Grundmasse porphyrischer Gesteine, die bei gelber bis brauner Färbung und allotriomorpher Begrenzung wie die Glasbasis, ohne Wirkung sind auf das polarisirte Licht, sich aber von dem Glase, das structurlos ist, durch eine faserige, körnige oder irgendwie geartete Structur, (primitive Entglasung, erste Anfänge einer Individualisirung ohne aber in bestimmte Individuen zu zerfallen) unterscheidet. Rosenbusch betonte besonders die Abgrenzung gegen kryptokrystalline, als bereits doppelbrechende, Ausbildung der Grundmasse.

Mikroflaserige Structur — ist die Beschaffenheit einiger veränderter Diabasgesteine, die unter dem Mikroskop eine flaserige Structur zeigen.

Mikrofluctuationsstructur — siehe Fluidalstructur. Letztere Bezeichnung stammt von Vogelsang (Philos. d. Geol. 1867,

p. 138), während Zirkel (Z. d. g. G. 1867, 742) den Ausdruck „Fluctuationsstructur" für zutreffender hält. (Siehe auch Zirkel, Mikr. Beschr. d. Min. u Gest. 1873, p. 282).

Mikrofluidalstructur — siehe Fluidalstructur.

Mikrogranite — nennt Rosenbusch (1887, p. 380) diejenigen Quarzporphyre, deren Grundmasse ein holokrystallines Gemenge von Orthoklas und Quarz ist. In der I. Aufl. 1877 zählte er sie zu den Graniten.

Mikrogranitisch = felsitisch, euritisch oder auch ganz fein krystallinischkörnig.

Mikrogranitporphyr — von Chelius als Berichtigung für Rosenbusch's Benennung Mikrogranit (siehe dieses Wort) vorgeschlagen.

Mikrogranulit — ist Michel-Lévy's und der französischen Petrographen Ausdruck für Granophyr, d. h. Porphyre mit mikrogranulitischer (granophyrischer) Structur. — Syn. Granophyr, Granulophyr.

Mikrogranulitisch — ist die dem blossen Auge dicht erscheinende, unter dem Mikroskop granulitische Structur. *Michel-Lévy.* B. S. G. II, p. 177 u. III, 204.

Mikroklastisch — gebraucht Naumann für die aus kleinen Fragmenten zusammengesetzten klastischen Gesteine.

Mikroklingneiss — ist ein seltener Gneiss, dessen Feldspath fast ausschliesslich Mikroklin ist.

Mikrokokkite — nennt Gümbel (p. 100) die aphanitischen Gesteine.

Mikrokokkitisch (Gümbel, 75) = aphanitisch.

Mikrokryptokrystallin — nennen viele Autore diejenige Ausbildungsweise der Porphyrgrundmassen, wenn man auch unter dem Mikroskop die einzelnen Gemengtheile nicht mehr unterscheiden kann und nur eine feinkörnige Aggregatpolarisation wahrnimmt. Zirkel nennt es phanerokrystallin adiagnostisch.

Mikrokrystallin (Mikrokrystallinisch) — wird das Gefüge der krystallinisch-körnigen Gesteine genannt, wenn die einzelnen Gemengtheile (Körner) nur unter dem Mikroskop bestimmbar sind. Diese Bezeichnung wird wohl auch gebraucht für das Gefüge der krystallinischen Gesteine, wenn die einzelnen Körner oder Gemengtheile etwa die Grösse einer Erbse (?) nicht übersteigen, gewöhnlich aber noch kleiner sind. — Syn. z. Th. Feinkryst., Kleinkryst.

Mikrokrystallisch = Mikrokrystallinisch.

Mikrokrystallitische Entglasung — ist nach Zirkel (Mikrosk. Besch. d. Min. u. Gest., 1873, p. 277) diejenige Devitrificationsart, wenn die Glasbasis überfüllt oder gar verdrängt ist durch unbestimmbare Häärchen, Nädelchen, Körnchen u. dsgl.

Mikrolith — schlug Vogelsang vor (Philos. d. Geol. 1867) die nadelförmigen oder säulenartigen mikroskopischen Kryställchen zu nennen. (Shepard hatte schon früher damit eine Varietät des Pyrochlor bezeichnet). Meist versteht man darunter alle mikroskopischen Kryställchen. die noch bestimmbar sind, zum Unterschiede von den Krystalliten; manchmal (Rosenbusch, Cohen) wird auch zwischen diesen beiden Gruppen kein Unterschied gemacht; Cohen versteht darunter alle Kryställchen die selbst unter dem Mikroskop im Dünnschliff als Körper erscheinen.

Mikrolithenfilz — ordnungslose filzartige Gruppirung von Mikrolithen, wie sie in der Grundmasse vieler Eruptivgesteine vorkommt.

Mikrolithisch — wird von Fouqué und Michel-Lévy (Minéral. micrograph. 1879) die Structur derjenigen porphyrischen Gesteine genannt. deren Grundmasse aus glasiger Substanz und mehr oder weniger zahlreichen Mikrolithen besteht. Hierher gehören als typische Vertreter die hyalopilitische und pilotaxitische Structuren von Rosenbusch.

Mikromerite — ist H. Vogelsang's Bezeichnung (Z. d. g. G. 1872, XXIV, p. 534) für die feinkörnigen krystallinisch-körnigen Gesteine ohne kryptomere Grundmasse — (seine „Granomerite.")

Mikromorphite — nennt Gümbel (p. 11) die rundlichen Krystallite, also Globulite, Margarite, Longulite.

Mikrcntogen (microntogène) — nennt Renevier die aus mikroscopischen kieseligen oder eisenschüssigen organischen Ueberresten bestehenden Gesteine.

Mikropegmatit — ist die regelmässige Durchwachsung eines Gesteinsgemengtheils durch den andern (z. B. Orthoklas durch Quarz), wenn sie nur unter dem Mikroskop sich offenbart. — Siehe Implicationsstructur.

Mikropegmatitisch — siehe mikropegmatoidisch.

Mikropegmadoitisch — ist nach Michel-Lévy (B. S. G. III, p. 199) die pegmatoide Struktur, wenn sie erst unter dem Mikroskop sich offenbart.

Mikropertith — nannte Becke die streifigen Orthoklase,

welche sich als mikroskopische Verwachsungen von Orthoklas und triklinem Feldspath (Ablit, Oligoklas?) erweisen.
F. Becke. T. M. P. M. IV, 1881, p. 197.

Mikrophanerokrystallin — ist das Gefüge der Gesteine, wenn
sie dem blossen Auge dicht erscheinen, unter dem Mikroskop aber deutlich krystallin, und die Gemengtheile deutlich zu erkennen sind. — Syn. Mikrokrystallin eudiagnostisch.

Mikrophyllite — nannte Schrauf (Sitz.-Ber. Wien. Akad. LX,.
I, 1869, p. 1) die graubraunen isotropen Einschlüsse im
Labrador, die als lange, undeutlich krystallisirte mikros-
kopische Blättchen erscheinen.

Mikroplakite — nannte Schrauf (Sitz.-Ber. Wien. Akad., LX.
I, 1869, p. 1) die graubraunen isotropen Einschlüsse im
Labrador, die als mikroskopische rectanguläre Tafeln er-
scheinen.

Mikropoikilitisch — ist die mikroskopische Schillerfels-Structur.
Siehe Poikilitisch — Williams The Journal of Geology
1893, I, p. 176. Chicago.

Mikropyroméride — hat Michel-Lévy die sphärolitischen Felsitporphyre genannt.

Mikrosphärolitisch — wird manchmal die Structur solcher
Gesteine genannt, deren Sphärolithe nur unter dem Mikroskop sich kundgeben.

Mikrozoïsch (mikrozoïques) — nach Renevier die aus kleinen
oder mikroscopischen Thierarten bestehenden zoogenen
Kalksteine.
E. Renevier. Classif. pétrogén. 1881.

Millstone-grit — ist der grobe, zu Mühlensteinen gebrauchte
Sandstein der Kohlenformation in England.

Mimesit = Dolerit.

Mimophyr — ist ein Ausdruck von Elie de Beaumont, mit
welchem er Porphyrtuffe bezeichnete. Wohl identisch mit
Porphyroïd. Auch auf Grauwacken und Porphyre angewandt.

Mimose (Mimosit) (Cordier) = Dolerit (Hauy).

Mineralisation — ist der Uebergang von organischen Ueberresten in mineralische Substanzen.

Mineralisirte Gesteine — wollten King und Rowley (citirt bei
Bonney; siehe Metastasis) diejenigen metamorphosirten
Gesteine nennen, die im Gegensatz zu den „methylosirten"
(chemisch veränderten) nur physikalische Umänderungen
(Krystallisation u. desgl.) erlitten haben.

Minerogen — nennt Naumann (Geogn., I, 1879, p. 424) diejenigen Gesteine, die gänzlich oder vorwaltend (dann fossilhaltig) aus mineralischen anorganischen Bestandtheilen gebildet sind. — Syn. anorganogen, Stöchiolithe.

Minette — gangförmige Glimmersyenite; feinkörnige bis dichte, oft porphyrische, aus Orthoklas und Glimmer bestehende ältere Gesteine. Benennung französischer Bergleute für die Gesteine von Framont in Elsass. In die Wissenschaft eingeführt von Voltz (Topographische Uebersicht der Mineralogie der beiden Rheindepartemente. 1828. Auch Géognosie de l'Alsace, p. 55).

Minette-felsite — nennt Bonney eine Gruppe von „Mica-Traps" die gangförmige Glimmersyenite mit mikro- oder kryptokrystalliner Grundmasse sein sollen; also syenitische Lamprophyre. *Bonney* und *Houghton.* Q. J. 1879, p. 1661.

Minette-Porphyrit — nennt Lang (siehe Ferru-Trachyte) einen Typus der Gesteine der Alkalimetall-Vormacht, mit mehr Kali als Natron und als Kalk.

Miokrystallin = halbglasig, halbkrystallin. *A. Lagorio.* Die Andesite des Kaukasus. 1878, p. 8.

Mischio di Serravezza — siehe Brecciato.

Mittelgneiss — nannte Scheerer diejenigen Gneisse, die nach ihrem Kieselsäuregehalt (68—70%) als Zwischenglied zwischen grauem und rothem Gneiss erscheinen.

Mittelkalkstein = Uebergangskalkstein.

Mittelkörnig — sind körnige Gesteine oder deren Structur, wenn das Gefüge zwischen grob- und feinkörnig steht.

Mittelkohle — Abart der Steinkohle.

Mittelstein ? = Alpenkalk.

Mocke — ist dichter Süsswasserkalk.

Mörtelstructur — nennt Törnebohm diejenige dynamometamorphe Ausbildung von Graniten und Gneissen (wird auch auf andere Gestein angewandt), wenn grössere Feldspath- und Quarzkörner, wie in einem Mörtel, in einem feinkörnigen Aggregat derselben Mineralien liegen. — Syn. Murbruksstruktur. *A. Törnebohm.* Några ord am granit och gneiss. Geol. För. i Stockh. Vörhandl. 1881, V, p. 244, Nr. 61.

Moja — werden die durch Schmelzen der Schneedecke hoher Vulkane als Schlammströme herabgestürzten vulkanischen Tuffe genannt.

Mohrenkopffels = Topanhoacanga.

Moldawit — siehe Bouteillenstein.

Monchiquit — sind camptonitische Ganggesteine, die in naher Beziehung zu den Eläolithsyeniten stehen, basaltoiden oder lamprophyrischen Habitus besitzen und aus Olivin, Amphibol, Biotit, Magnetit in einer glasigen Basis bestehen. Nach dem mineralogischen Befund gehören sie zu den Limburgiten oder Pikritporphyriten, von denen sie zwar chemisch abweichen.

Rosenbusch und *Hunter.* T. M. P. M. XI, 1890, p. 445.

Mondmilch = Kalkguhr.

Monogen — nennt man Breccien und Conglomerate die aus Bruchstücken nur eines Gesteins bestehen. — Syn. homomikt.

Monosomatisch — nennt man Krystalle deren Einschlüsse derselben Species, wie der Krystall selbst gehören. Loewinson-Lessing nennt so („Die Gesteine" in Brockhaus' u. Efron's Conversat.-Lex. XXII), die nicht schlierigen krystallinischen und glasigen Eruptivgesteine im Gegensatz zu den Taxiten, die „bisomatisch" sind.

Montréjite — nennt Stan. Meunier die Meteorite (Oligosiderite) vom Typus des Met. von Montréjeau.

Monzoni-Hypersthenit — nach Richthofen (Geogn. Beschr. von Süd-Tyrol. 1860, p. 146) ein Hypersthenit, nach Tschermak (Porphyrgest. Oesterreichs, p. 110) ein Diabas. — Syn. Monzonit z. Th., Augitmonzonit.

Monzonit — ist eine Bezeichnung die von Lapparent, (Ann. d. M. VI, 1864, 259) stammt: er fasste darunter die von Richthofen als Monzon-Syenit und Monzoni-Hypersthenit bezeichneten Gesteine und hielt den Hypersthen des letzteren für Hornblende. Jetzt ist es gleichbedeutend mit Augitsyenit, (siehe dies. Wort).

Monzonit-Dacit — ist bei Lang ein Typus seiner Gesteine der Alkali-Vormacht, wo die Menge des Kalkes grösser als die des Natrons und als die des Kalis ist.

Monzon-Syenit — nach Richthofen (Geogn. Beschr. von Süd-Tyrol. 1860) ein Syenit.

Moorband-pan — ist eine schottische Bezeichnung für diejenigen Seerze (Bog-iron-ore) die als feste Krusten sich am Boden von Seen oder in wasserdichtem Boden absetzen; also durch organische Substanz cementirte Eisenoxydlager-Gebilde, analog dem Ortstein.

Moorkohle — ist eine derbe feinerdige, meist lockere, Braunkohle.

Moostorf — ist der gewöhnliche, aus Sphagnumresten gebildete, Torf.

Morasterz = Sumpferz.

Morbulite — nennt Gümbel (p. 11) die maulbeerähnlichen Knöllchen von Globuliten oder Mikromorphiten schlechthin.

Morpholithe — nannte Ehrenberg (Ber. Berl. Akad. 1840 und N. J. 1840, p. 679) rundliche oder plattgedrückte nierenförmige Knollen mit concentrischen Wülsten und Ringen und oft zu mehreren verwachsen. — Syn. Krystalloide, Augensteine, Brillensteine.

Morphologie der Gesteine — nennt Naumann (I, p. 416) denjenigen Abschnitt der Petrographie, der die Formen, in denen die Gesteine auftreten, studirt. Lasaulx (p. 99) begreift darunter Struktur und Tektonik der Gesteine.

Mosaikstruktur — ist in manchen dynamometamorphen Gesteinen zu beobachten und besteht darin, dass die zertrümmerten Gesteinsgemengtheile wie eine körnige Mosaik erscheinen, besonders scharf im polarisirten Licht.

Moya = Schlammlava.

Mud-lava = Lava d'acqua.

Mudstone — werden in England harte, nicht schieferige, etwas sandige feine Thonsteine genannt.

Mühlsteinlava — werden die oft leucithaltigen Tephrit-Laven von Niedermendig am Laacher See genannt.

Mühlsteinporphyr — heissen im Bruch rauhe, poröse Quarzporphyre, deren Poren secundär mit Bergkrystall, Amethist, Chalcedon, Kalkspath etc. ausgefüllt sind; auch poröse Liparite.

Mühlsteinquarz — werden einige poröse Süsswasserquarze genannt.

Mulatto — wird in Irland ein glaukonitischer Kreidesandstein genannt.

Mulattporphyr — nannte v. Klipstein einen Hornblendeporphyrit von Tyrol (Margola).

Muldakait — nannte Karpinsky (Berg-Journal, russ. 1869, p. 231) ein grob- bis feinkörniges Gestein vom Dorf Muldakajewo im Ural, das aus Augit, Uralit, etwas primärer Hornblende besteht, Hämatit bis 2—3 % enthält und von Kalkspath durchsetzt ist. Das Gestein ist mit Grünschiefern und echtem Uralitporphyrit verbunden.

Murbruksstruktur — nannte Törnebohm eine durch Dynamometamorphose in den Graniten und Gneissen hervorgebrachte Struktur, die darin besteht, dass grössere allotriomorphe Feldspath und Quarzkrystalle in einem feinkörnigen Aggregat derselben Mineralien eingebettet sind, also wie Mauersteine im Mörtel. — Syn. Mörtelstruktur.

Muriacit = Anhydrit.

Murkstein — ist eine alte Bezeichnung die sich auf Granulite und Granat- oder Turmalin-führende Glimmerschiefer bezog.

> *Haidinger*. Entwurf einer system. Eintheil. d. Gebürgs-Arten, 1785, p. 31.

Muschelsand — werden Sande genannt, die reich sind an Muscheln oder deren Bruchstücken.

Muscovit-Glimmerschiefer — sind helle G.-Sch. die wesentlich aus Muscovit und Quarz bestehen.

Muscovitgneiss — sind solche Gneisse, deren Glimmer ausschliesslich Muscovit ist; es giebt Uebergangsformen zu den Muscovitgraniten, zu den Granuliten und zu den Muscovitglimmerschiefern, je nachdem, ob die Structur aufhört deutlich schiefrig zu sein, oder ob Granat auftritt, oder der Feldspath zurücktritt.

Muscovitgranit — sind Granite, die aus Orthoklas, Quarz und Muscovit bestehen. Oft sind sie sehr grobkörnig. Die feinkörnigen, gangförmig auftretenden werden Aplite genannt. — Syn. Pegmatit.

Muscovitschiefer — siehe Muscovitglimmerschiefer.

Mylonite, (Mylonitische Struktur) — nennt Lapworth die durch dynamometamorphe Processe entstandene Schiefergesteine. — Syn. Kataklasstructur.

> *Lapworth*. Brit. Ass. Report, Aberdeen, (1886) 1885, p. 1026.

N.

Nachbarliche Metamorphose (Gümbel) = Peripherische Met.

Nacritid — nannte Schiel einen aus Quarz, schwarzem und weissen Glimmer bestehenden Schiefer vom Pikes-Peak in Arkansas; zweiglimmeriger Glimmerschiefer.

> *J. Schiel*. Ueber Nacritid. Ann. d. Chem. u. Pharm., 1857, (103), p. 119.

Nadeldiorit — ist eine durch Nadelform der Hornblende gekennzeichnete Abart des Diorits. Zuerst von Gümbel (Ostbayr. Grenzgeb. 1868, 349) aufgestellt. Nach Stache und John (J. g. R. 1879, p. 372) sind diese Diorite durch die Ausbildung von Feldspath und Quarz körnig, während die Hornblende nadelförmig erscheint.

Nadelkohle — ist eine aus bräunlichschwarzen elastischen Nadeln bestehende Abart der Braunkohle (vorwiegend veränderte Palmenstämme).

Nadelporphyr — nannte L. v. Buch norwegische porphyrische Gesteine (Melaphyrporphyre genannt) die in einer feinkörnigen oder dichten dunklen Grundmasse eingesprengte Labradorkrystalle von linearem oder leistenartigem Durchschnitt enthalten. — Gehört, ebenso wie der Rhombenporphyr, zum Orthoklasporphyr.

Nägel — heissen die kleinen mehr pyramidalen Concretionen oder Absonderungen, ähnlich den Tuten, in Mergeln, Kalksteinen u. desgl.

Näkkebröd — siehe Marlekor.

Nagelfels = Malbstein — wird in Schwaben ein Dolomit des oberen Muschelkalks genannt.

Nagelfluhe — ist die schweizerische Bezeichnung für die in der Molassenformation sehr verbreiteten polygenen Conglomerate, die hauptsächlich aus stark abgerundeten Trümmern von Kalksteinen und Sandsteinen (manchmal auch Grauwacke, Granit, Gneiss etc.) und spärlichem gelblichgrauem oder weisslichem Bindemittel — einem kalkigen Sandstein — bestehen.

Nagelfluhesand — ist ein Mergelsandstein aus den Schweizer Molassenablagerungen.

Nagelförmig — ist die Absonderung einiger Gesteine, wenn dieselben in mehr oder weniger pyramidale Stücke getheilt sind.

Nagelkalk — heissen dichte Kalksteine, die aus keinförmigen Stücken (Nägeln) zusammengesetzt sind.

Nagelstein = Nagelfluh.

Namiester Stein — von v. Justi (1761) für den Granulit von Namiest in Mähren vorgeschlagen. — Siehe Granulit.

Napfstein — wird eine Abart des Rogensteins genannt, die concentrisch-schalige Absonderung besitzt und Schalen von mehreren Fuss Durchmesser liefert.

Naphtha — ist eine schmutzig-grünlichgraue oder gelbe ölige Flüssigkeit, die aus einem Gemenge von Kohlenwasserstoffen von den Formeln C_nH_{2n+2} und C_nH_{2n-6} besteht. — Syn. Petroleum, Bergöl, Steinöl.

Napoleonit — siehe Corsit.

Napoleonsporphyr = Kugelporphyr oder Corsit.

Nappes = Decken.

Natrongranite — nennt man Granite, deren Natrongehalt höher als bei den gewöhnlichen Graniten ist und durch Natronorthoklasgehalt bedingt wird. — Siehe Sodagranit.

Natronliparit = Albitliparit.

Navit — nach Rosenbusch Melaphyre mit holokrystalliner Grundmasse und zahlreichen Olivineinsprenlingen. Entspricht Rosenbusch's Labradorporphyriten (in der Gruppe der Augitporphyrite).

Rosenbusch. Mass. Gest. 1887, p. 512.

Nebengemengtheile der Gesteine — sind solche Bestandtheile, deren Anwesenheit nicht nothwendig ist, damit das Gestein seinen Gattungsnamen behält.

Nebengestein — heisst die von einem Gang durchsetzte Gesteinsmasse.

Nebulite — sind bei Gümbel (p. 11) unregelmässige wolkenartige Häufchen von Globuliten.

Necks = Kuppen.

Nekrolith (Brocchi) — sind Trachyte und Phonolithe von Viterbo und Tolfa.

Nelsonite — ist Stan. Meunier's Bezeichnung für die Eisenmeteorite vom Typus des Met. von Nelson Co.

Némate — nannte man früher biegsame haarförmige, also wohl bimsteinförmige, Gläser. — Syn. Obsidienne filamentense, Bimsteinobsidian.

Nenfro — ist nach Brocchi ein Localname für Gesteine vom Cimini-Gebirge; Naumann und viele Autoren hielten ihn für Trachyt, Rosenbusch für Leucitphonolith.

Neolithisch — heissen zum Tertiär und Posttertiär gehörigen Eruptivgesteine.

Neopyre Gesteine (roches néopyres) — nennt Durocher (A. d. M., 1857, p. 259) die tertiären und recenten Eruptivgesteine.

Neovulkanisch — nennt Rosenbusch die posttertiären effusiven Eruptivgesteine. — Synon.: neuere Gesteine, vulkanische (part.), neopyre, neolithische Gest.

II. Rosenbusch. Mass. Gest. 1887, p. 6.

Nephelinanamesit — sind feinkörnige Nephelinbasalte, welche die Mitte zwischen Basalten und Doleriten einnehmen; früher verstand man darunter auch feinkörnige Nephelinite.

Nephelinbasalt — Ursprünglich verstand man unter dieser Bezeichnung alle dichten Nephelingesteine. Girard war der erste, welcher auf Grund seiner Analyse und des Fettglanzes darin einen Basalt sah, wo der Labrador durch Nephelin vertreten ist. Zirkel stellte zuerst auf Grund mikroskopischer Untersuchung die wahre Zusammensetzung des Nephelinbasalts und seine Stellung unter den Basaltgesteinen fest; seitdem versteht man darunter alle feinkörnigen und dichten neovulkanischen Ergussgesteine, die wesentlich aus Nephelin, Augit, Olivin und Basis bestehen.

Girard. Pogg. Annal. 1841, Bnd. 54, p. 562.

Zirkel. Untersuchungen über die mikroskopische Zusammensetzung und Structur der Basaltgesteine, 1870.

Nephelinbasaltit — nennt Lasaulx (p. 241) die dichten Nephelinbasalte im Gegensatz zu den Nephelindoleriten.

Nephelinbasanite — sind neovulkanische, an die Basalte sich anlehnende, Ergussgesteine, die wesentlich aus Nephelin, Plagioklas, Augit und Olivin bestehen.

Nephelinbasanitoid — siehe Basanitoid.

Nephelinbasit — nennt Vogelsang (Z. d. g. G. 1872, p. 542) die Nephelinbasalte.

Nephelindolerit — wurden schon früh grobkörnige Nephelingesteine genannt; später auf grobkörnige Nephelinbasalte beschränkt.

Nephelinfels = Nephelindolerit.

Nephelinfüllmasse — nicht idiomorpher Nephelinkitt in der Grundmasse der Nephelingesteine. — Syn. Nephelinitoïd, Nephelinglas.

Nephelingesteine — werden manchmal alle Eruptivgesteine genannt, in denen der Nephelin eine wesentliche Rolle spielt.

Nephelin-Hauynphonolith = Neph.-Noseanphonolith.

Nephelinglas — allotriomorpher Nephelin (Möhl)'; siehe Nephelinitoid.

Nephelinglasphonolith — ist bei Möhl eine Abart des Phonolithes in seiner Classification (N. J. 1874, p. 38); die Grundmasse ist sog. „Nephelinglas" (Nephelinitoïd).

Nephelinit — Vor Einführung des Mikroskops verstand man darunter feinkörnige Nephelingesteine. Bei Boricky sind es Nephelingesteine (Basalte) mit wohl bestimmbarem Nephelin. Nach Roth und Rosenbusch olivinfreie körnige und porphyrische Nephelingesteine (Ergussgesteine wesentlich aus Augit Nephelin und Basis bestehend).

Nephelinit-Limburgit — will Kalkowsky (p. 156) glasige Gesteine nennen, die in reichlicher Glasbasis Olivin, Augit, Magnetit und manchmal etwas Nephelin enthalten. Die Glasbasis verhält sich nach Bücking zu Säuren wie Nephelin. Bei Lang ist es ein Typus der Calcium-Vormacht-Gesteine mit mehr Na als K.

Nephelinitoid (Nephelinitoidbasalt) — solche Nephelinite und Nephelinbasalte wo der Nephelin nicht in wohl bestimmbaren Krystallen auftritt dessen Anwesenheit aber durch

das chemische und optische Verhalten gedeutet wird. Auch
der allotriomorphe Nephelinkitt solcher Gesteine ist. Nephelinitoid genannt worden. (In diesem letzteren Sinne
wohl syn. mit Möhl's Nephelinglas).

Nephelinkulait — siehe Kulaite.

Nephelinlava — werden dichte effusive Nephelingesteine genannt.

Nephelin-Leucitophyr — nannte man früher solche Leucitlaven
die aus Nephelin, Leucit und Augit bestehen.

Nephelin-Leucittephrit — sind Tephrite mit wesentlichem Leu-
citgehalt.

Nephelin-Noseanphonolith — ist nach Boricky (siehe Leuc.-
Neph.-Phon.) eine noseanführende Abart des Phonoliths.

Nephelinphonolithe — sind die eigentlichen Phonolithe; bei
Lasaulx (p. 284) sind es die an Nephelin besonders reichen
Phonolithe.

Nephelinpikrit — unter dieser Bezeichnung beschrieb Boricky
Basaltgesteine die aus Olivin, Nephelin, Biotit, Magnetit,
Apatit, Picotit, Perowskit, und einem Cäment (Wollastonit?)
bestehen. Stelzner erkannte diese Gesteine für Melilithbasalte; somit fällt diese Benennung.

> *E. Boricky.* Ueber den Perowskit als mikroskopischen
> Gemengtheil eines für Böhmen neuen Olivingesteines, des
> Nephelinpikrites. Sitz. Ber. Böhm., Ges. d. Wiss. 1876.

Nephelinporphyr — nannte Vogelsang (Z. d. g. G. 1872,
542) die porphyrartigen Nephelinite (und Nephelinbasalte?)
Auch auf Eläolithsyenitporphyre anwendbar.

Nephelinrhombenporphyr — dunkle zu den Rhombenporphyren
gehörende Gesteine mit feinkörniger, an Nephelin reicher
Grundmasse und grösseren Einsprenglingen von Natronorthoklas und Mikroperthit.

> *W. Brögger.* Miner. d. südnorweg. Nephelinsyenite.
> Allg. Th., p. 38. Z. f. K. 1890, XVI.

Nephelin-Sanidinphonolith — ist bei Boricky (siehe Leuc.-
Neph.-Phon.) eine Abart der Phonolithe.

Nephelinsyenit = Eläolithsyenit.

Nephelinsyenitporphyre — sind porphyrische, den Nephelinsyeniten entsprechende, Gesteine, die wesentlich aus Orthoklas, Nephelin, Hornblende bestehen und deren Grundmasse
gewöhnlich feinkörnig ist. Bei der Umwandlung von Nephelin entstehen die sog. Gieseckit- und Liebeneritporphyre.

> *Dölter.* J. g. K. 1875, 25, 226.

Nephelin-Tachylyt — ist die glasige Ausbildungsform der
Nephelingesteine: ein schwarzes homogenes Glas mit Magnet-

eisenstaub und Augitnädelchen, aber ohne porphyrische Einsprenglinge.

Nephelintephrite — sind neovulkanische Ergussgesteine die bei verschiedenem Gefüge wesentlich aus Nephelin, Plagioklas und Augit, manchmal mit Hornblende, bestehen und also als Zwischenglieder zwischen Andesiten und Nepheliniten erscheinen.

Nephelintrappe (Senft) — sind Nephelinbasalte und Dolerite.

Nephrit — erscheint als Gestein in Lagen zwischen krystallinischen Schiefern; dicht, hell bis dunkelgrün, unter dem Mikroskop strahlig-faserig.

Neptunische Gesteine — sind diejenigen, bei deren Bildung das Wasser eine Hauptrolle spielte, also chemische, mechanische oder gemischte Absätze aus Wasser. — Syn. Sedimentärgesteine, katogene, hydatogene, hydrogene, geschichtete Gesteine etc.

Nero de Prato = Serpentin.

Nester — sind unregelmässige grössere oder kleinere Hohlräume in Gesteinen die nach allen Richtungen ungefähr gleiche Dimensionen haben und mit mineralischer Substanz ausgefüllt sind.

Neutrale Gesteine — sind diejenigen Eruptivgesteine, die nach ihrem Kieselsäuregehalt die Mitte zwischen sauren und basischen Gesteinen einnehmen. Bei den französischen Autoren sind die Grenzen auf 55% — 65% Kieselsäure gesetzt. Loewinson-Lessing (Bull. d. l. Soc. Belge d. Géol.) versteht darunter diejenigen Gesteine die das Maximum von gebundener SiO^2 enthalten, deren Gemengtheile also die höchst möglichen Silicatstufen sind und wo freie Kieselsäure fehlt. Der Procentgehalt von SiO^2 ist 60 % (58—62). Zum ersten Mal scheint der Ausdruck von Elie de Beaumont (Note s. l. émanations volcan. et métallifères) gebraucht worden zu sein.

Nevadit — nach Richthofen granitische (oder nahezu vollkrystalline) Liparite; auch ähnliche Dacite rechnete er hierher. Nach Hague und Iddings-Liparite mit zurücktretender Grundmasse und vorwiegender intratellurischer Krystallisation (also dem Granittypus sich nähernd).

F. v. Richthofen. Memoirs California Acad. of Sc., I, 1868 und Z. d. g. G. 20, 1868, p. 680.

A. Hague and J. Iddings. Notes on the volcanic rocks of the Great Basin. Am. Journ. XXVII, Nr. 162, 1884.

Névé = Firn.

Nierenerz — wird eine Abart des Brauneisensteins genannt, die als gerundete, in Thon liegende Concretionen vorkommt, gewöhnlich zusammen mit Bohnerz.

Nierenkalkstein — ist ein zum Devon gehöriges Gestein, ein mergeliger Schieferthon oder Thonschiefer mit zahlreichen Nieren von grünlichgrauem oder rothem Kalkstein.

Nilkiesel — Jaspis aus der Nummulitenformation in Aegypten.

Nonesit — Enstatitporphyrite (d. h. Porphyrite mit rhombischem Pyroxen).

R. Lepsius. Das westliche Süd-Tyrol. 1878.

Nordmarkite — saure und alkalireiche granitische Gesteine, (die Brögger als rothe Quarzsyenite bezeichnet), deren wesentliche Gemengtheile Orthoklas, etwas Oligoklas, oft Mikroperthit, Quarz und dem Feldspath untergeordnetbrauner Biotit, diopsidischer Pyroxen, Hornblende und oft Aegirin bilden. — *Brögger.*

Norit — Gabbrogesteine mit rhombischen Pyroxenen (und nicht Diallag) als Hauptgemengtheile, also alte körnige Intrusivgesteine, die aus Plagioklas und einem oder mehreren rhombischen Pyroxenen bestehen; oft auch olivinhaltig — die „Olivinnorite". Hierher gehören die Labradorite, Hypersthenite, Perthitophyre etc.

Esmark. Ueber den Norit. Magaz. for Naturvidenskabern, I, p. 207. — *Scheerer.* Gaea Norwegica, II, p. 313.

Norit-Diorit — siehe Quarz-Bronzit-Gabbro.

Norit-Dolerit — ist bei Lang ein Typus seiner Gesteine der Kalkvormacht, wo die Menge des Natrons grösser als die des Kalis ist.

Noritgneiss — schiefriger Norit?

Noritporphyrit — nannte John porphyrische Gesteine die in einer kryptokrystallinen Grundmasse Einsprenglinge von Plagioklas, Enstatit und Augit enthalten. — Syn. Enstatitporphyrit, (Rosenbusch), Palatinit z. Th.

Teller und *John.* J. g. K.-A. 1882, XXXII, p. 655.

Normalmetamorphose (Normaler Metamorphismus) — wird manchmal (z. B. bei Prestwich) im Sinne von Regionalmetomorphose gebraucht.

Normalgneiss — ist der gewöhnliche schiefrige Gneiss; der Glimmer bildet meist zusammenhängende, dünne, ebenflächige Lagen, die untereinander parallel sind und durch körnige Streifen von Quarz- und Orthoklasgemengen getrennt werden.

Normalbasaltisch — möchte Zirkel (I, p. 454) ganz richtig das normalpyroxenische Magma von Bunsen nennen.

Normalpyroxenisch — ist das basische von den zwei von Bunsen angenommenen Magmen (siehe Normaltrachytisch); es enthält 48% Kieselsäure und entspricht nach der Zusammensetzung den Basalten. Nach Bunsen ist es ein zweifach basisches Silicat von Thonerde und Eisenoxydul, in Verbindung mit Kalk, Magnesia, Kali und Natron.

Normaltrachyt — nennt Lang einen Typus der Gesteine der Alkalimetall-Vormacht mit mehr Na als Ca und als K.

Normaltrachytisch — ist das eine von den zwei von Bunsen (Pogg. Annal. 1851, LXXXIII, p. 197), auf Grund der Studien über die Gesteine Islands und Transcaucasiens, angenommenen Magmen, von denen jedes einem besonderen Heerde entstammt und deren Mischung in verschiedenen Verhältnissen die Zusammensetzung der verschiedenen vulkanischen Gesteine bedingt. Es ist ein saures Magma mit 76% Kieselsäure und das ungefähr dem Liparit entspricht. Nach Bunsen ist es fast genau ein zweifachsaures Gemisch von Thonerde- und Alkali-Silicaten, in denen Kalk, Magnesia und Eisenoxydul fast zum Verschwinden zurücktreten.

Noseanit — an Nosean reiche Nephelinbasalte.
Boricky. Arb. d. geol. Abth. d. Landesdurchforschung Böhmens, II, 1873.

Noseanleucitophyr — sind Leucitdolerite oder überhaupt Leucitbasalte (manchmal Leucitophyre genannt) die Einsprenglinge von Nosean enthalten; man versteht auch wohl darunter allgemein Leucitlaven die vorwiegend aus Augit, Leucit und Nosean bestehen. Auch im Sinne von Noseanphonolith gebraucht.

Nosean-Melanitgestein — ist ein feinkörniges, meist compactes, bisweilen etwas poröses Gestein von Perlerkopf am Laacher-See, das wesentlich aus Nosean, Sanidin, Melanit und Hornblende besteht.
G. v. Rath. Z. d. g. G. 1862, XIV, p. 666.

Noseanphonolithe — ist eine an Nosean reiche Abart der Phonolithe.
Boricky. (Siehe Leuc.-Neph.-Phon.).
G. v. Rath. Z. d. g. G. 1860, XII, 32 und 1864, XVI, p. 102.

Novaculite (schiste novaculaire) — sehr harte (oft von feinen Granateinsprenglingen durchsetzt) und höchst feine Kieselschiefer; werden als Wetzsteine gebraucht.

Nyirok — nennt man in Ungarn thonige Zersetzungs- und Abschwemmungsprodukte trachytischer Gesteine. — Syn. Creta.

O.

Oberrauchstein — veraltete Bezeichnung für Dolomit.

Obsidian — ist eine rein glasige oder auch durch eingesprengte Krystalle porphyrische, homogene, wasserfreie, dunkelgefärbte Glasmasse vulkanischen Ursprungs, die nach ihrem chemischen Bestande und stratigraphischen Verbande den sauren Gesteinen entspricht und nach dem Alter als Felsitporphyr-Obsidian oder Granitobsidian und Trachytobsidian unterschieden wurde. Ursprünglich wurde es als ein amorphes, den Feldspäthen sich anreihendes Mineral betrachtet. In der letzten Zeit fasst man den Ausdruck mehr als einen structurellen Begriff auf, ohne Rücksicht auf die chemische Zusammensetzung, und spricht demgemäss von Trachytobsidian, Diabasobsidian, Basaltobsidian etc. Der Ausdruck scheint schon den alten Griechen bekannt gewesen zu sein.

Obsidianbimstein — nannte Beudant (Voyage minéral. et géolog. en Hongrie, III, p. 389) den ganz glasigen, sehr reinen, theils schaumartigen, theils fasrigen, grauen und weissen Bimstein.

Obsidianlava — ist ganz glasige, aus Obsidian bestehende Lava.

Obsidianperlit — ist ein zwischen Perlit und Obsidian stehendes vulkanisches Glas; spärliche perlitische Kügelchen sind durch eine Obsidianzwischenmasse verbunden.

Obsidianporphyr — ist eine alte Bezeichnung für Obsidian mit porphyrartigen Einsprenglingen von Krystallen. Z. Th. syn. mit Vitrophyr, porphyrartiger Obsidian.

Ocellar-Structur — nennt Rosenbusch (p. 625) eine eigenthümliche Structurmodification, die bei Phonolithen und Leucitophyren beobachtet wird und dadurch gekennzeichnet ist, „dass sich die Aegirin-Individuen bald zu rundlichen, augenartigen Massen häufen, bald zu vielfach verzweigten, blumenkohl- und farnkrautähnlichen Gebilden aggregiren, bald tangential und radial um die Nepheline ordnen."

Ockerkalk — ist ein Kalkstein mit ungleichmässig, in Hohlräumen und auf Spalten vertheilten Eisenoxydausscheidungen.

Octibbehite — nennt St. Meunier die Eisenmeteorite vom Typus des Met. Octibbeha Co.

Odinit — nennt Chelius (Notizblatt d. Ver. f. Erdkunde. Darmstadt, 1892, 13 Heft, p. 1) im Gabbro auftretende porphyrische Ganggesteine, die aus einer grauen Grundmasse (Filz von Plagioklasleistchen und Amphibolnädelchen) und phorphyrartigen Einsprenglingen von Plagioklas, Augit (und Diallag), letztere in Hornblende-Aggregate umgewandelt, bestehen.

Oeje-Diabas von Törnebohm (siehe Aasby-Diabas) — ist nach Rosenbusch ein Labradorporphyrit z. Th. mit spilitischer Ausbildung.

Oelschiefer — ist bituminöser Mergelschiefer, d. h. dunkler, an Kohlenwasserstoffverbindungen reicher Mergelschiefer. — Syn. mit Brandschiefer.

Oil-shale = Brandschiefer, Oelschiefer.

Oktaëdrische Eisen — nennt man seit G. Rose Eisenmeteorite mit oktaëdrischer Schalenbildung.

Oligoklasdiorit — nennt Lasaulx (p. 300) die Diorite, deren Feldspath Oligoklas ist (also eigentlich alle normalen Diorite).

Oligoklasdolerite — wollte Cotta (p. 76) ein Zwischenglied zwischen trachytischen und basaltischen Gesteinen nennen, wohin er den Andesit (Buch) und den Trachydolerit (Abich) rechnete.

Oligoklasgesteine — werden manchmal diejenigen Plagioklasgesteine genannt, in denen der Feldspath überwiegend oder ausschliesslich Oligoklas ist.

Oligoklasgneiss — nannte Hochstetter (Novara - Reise, 1861, I, p. 324) einen Gneiss von Ceylon, der Oligoklas an der Stelle von Orthoklas enthält und reichlich Granat führt. — Syn. Dioritgneiss, Tonalitgneiss.

Oligoklas-Granatgranulit — nennt Kalkowsky (p. 182) Granulite in denen Oligoklas über Orthoklas vorwaltet.

Oligoklasit — mannigfaltige, bald Olivin-, bald Hypersthenreiche, bald hornblendehaltige Gabbrogesteine vom Monte Cavaloro bei Bologna. — *Bombicci* (?).

Oligoklasporphyr — nannte G. Rose (Reise nach dem Ural, II, p. 571) ein uralisches Gestein, das nach der neueren Nomenclatur Labradorporphyr heissen würde und zu den Augitporphyriten gehört. Die Bezeichnung ist vielleicht für solche Augitporphyrite vom Typus des Labradorporphyrs zu behalten, wo die porphyrartig eingesprengten Feldspathkrystalle dem Oligoklas gehören.

Oligoklasporphyrit — siehe Feldspathporphyrit.

Oligoklasquarzporphyr — nannte man früher manchmal solche Quarzporphyre, die unter den porphyrartigen Einsprenglingen neben Orthoklas auch Oligoklas führen.

Oligoklas-Sanidinphonolith — ist bei Boricky (siehe Leuc.-Neph.-Phon.) eine Abart des Phonoliths. — Syn. Trachytphonolith.

Oligoklastrachyt — wurden früher die vermuthlich nur Oligoklas als Feldspathgemengtheil führenden Trachyte genannt. Wohl meistens Propylite, Porphyrite etc. — Syn. Grünsteintrachyt, Domit z. Th.

Oligokrystallin — nannte A. Lagorio (Die Andesite des Kaukasus. 1878, p. 9) die Ausbildung der vulkanischen Gesteine, wenn die Grundmasse hauptsächlich glasig ist. — Syn. vitrophyrisch, halbglasig, semikrystallin.

Oligosiderite — nannte Daubrée (C.-R. 1867, 65, p. 60) diejenigen Sporadosiderite die spärlich eingesprengtes Eisen enthalten.

Olivinbasalt = Basalt.

Olivindiabase — sind ältere körnige, den neovulkanischen Doleriten entsprechende, Diabase, in denen zum Plagioklas und Augit sich der Olivin als wesentlicher Gemengtheil gesellt.

Olivindiabasporphyrit — werden manchmal Gesteine genannt, die sonst als Melaphyre (im Sinne von Rosenbusch) bezeichnet werden. Siehe z. B. Cohen. N. J., Beil.-Bnd. V., 1887, 248.

Olivin-Diallagserpentin — ist aus der Zersetzung von Wehrlithen entstandener Serpentin.

Olivindolerit — ist bei den englischen Petrographen identisch mit grobkörnigem Basalt.

Olivin-Enstatitfels — ist eine Abart des Harzburgits.

Olivinfels — ist ein Peridotit der wesentlich aus Olivin mit kleinen Beimengungen von Chromit, Aktinolith u. Glimmer besteht; siehe Dunit. Auch Lherzolithe sind so bezeichnet worden.

Olivinfreie Basalte — sind nach Bücking und Rosenbusch (p. 731; da auch Liter.-Ang.) basische Ergussgesteine ohne Olivin, die nach ihrer mineralogischen Zusammensetzung zum Augitandesit gestellt werden müssten, geologisch aber (und chemisch ?) zu den Basaltgesteinen gehören.

Olivingabbro — sind diejenigen stark verbreiteten Gabbrogesteine, die einen wesentlichen Gehalt an Olivin aufweisen, also alte körnige Intrusivgesteine, die wesentlich aus Plagioklas, Diallag und Olivin bestehen.

Olivingabbrodiabas — zwischen Olivindiabas und Olivingabbro stehende abyssische Gesteine. — *W. Brögger.*

Olivingestein — siehe Olivinfels.

Olivingesteine = Peridodite.

Olivingrammatit-Serpentin — ist aus Amphibolpikrit entstandener Serpentin.

Olivinhornblendeserpentin — ist aus Amphilbolpikrit entstandener Serpentin.

Olivinhyperit — werden in Scandinavien manchmal Olivingabbros genannt.

J. Vogt. Geol. Fören. i Stockholm, Förhandl., 1891, 1892.

Olivinitschiefer — ist ein flasriger Olivinfels.

Olivinkersantit — will Rosenbusch (p. 332) die von Becke als Pilit-Kersantite bezeichneten Gesteine (Kersantite mit reichlichem zu Pilit verändertem Olivin und ohne Quarz) nennen. Becke (T. M. P. M. 1883, V, p. 1883) gebraucht auch schon selbst diese Bezeichnungen als gleichbedeutend. Bei Kalkowsky (p. 127) sind es olivinhaltige Glimmermelaphyre.

Olivinknollen — sind die oft in Basalten auftretenden mehr oder weniger grossen Knollen von Olivin in hypidiomorphkörniger Ausbildung. Dieselben werden bald als alte intratellurische Ausscheidungen aus dem basaltischen Magma, bald als mitgerissene Einschlüsse von fremden Gesteinen angesehen. — Syn. Olivinfelseinschlüsse.

Olivinleucitit (Leucitite avec olivine) — ist bei den französischen Petrographen (Fouqué u. Michel-Lévy. Minéralogie micrographique. 1879, p. 172) gleichbedeutend mit Leucitbasalt.

Olivinleucotephrit (Leucotéphrite avec olivine) — siehe Leucotephrit.

Olivinmelaphyr — nennt Kalkowsky (p. 128) die eigentlichen Melaphyre.

Olivinnorit — sind Norite mit wesentlichem Olivingehalt; bei Abnahme des Feldspathgehalts entstehen Uebergänge zu den Harzburgiten.

Olivinproterobas — nannte Törnebohm (Geol. Fören. i Stockh. Förhandl. 1883, VI, Nr. 84, p. 692) einen Olivindiabas der viel braune Hornblende, oft mit Augitkernen, enthält und eine Neigung zu porphyrischer Struktur aufweist.

Olivinschiefer — sind nach Reusch (auch schon Kjerulf 1864) schieferige schwedische Olivinfelse die Enstatit. Smaragdit, Glimmer, Chromeisen, Apatit, Magnetit, manchmal Granat, enthalten. Der Name stammt von Brögger (N. J. 1880, II, p. 188), der die Zugehörigkeit des Gesteins zu den krystallinischen Schiefern, wie es schon Reusch dargethan, warm vertritt.

Olivinserpentine — sind die aus der Zersetzung von Olivingesteinen hervorgegangenen, durch Maschenstruktur ausgezeichneten, Serpentine.

Olivintephrit = Basanit.

Olivin-Tholeiit — will Rosenbusch (p. 515) die Melaphyre mit Intersertalstruktur nennen.

Olivin-Weiselbergit — will Rosenbusch (p. 510) die Melaphyre mit hyalopilitischer Grundmasse nennen.

Ollenit — so nennt Cossa die zuerst von Sella erwähnten dichten aus Amphibol, Epidot und Titanit bestehenden Gesteine. — Amphibolite?

> *A. Cossa.* Ricerche chimiche e microscopiche su roccie e minerali d'Italia, 1881, p. 269.

Omphacit-Amphibolit — ist nach Kalkowsky (p. 210) ein omphacitreicher Amphibolit.

Omphacit-Eklogit — ist eigentlicher Eklogit.

Omphacitfels = Eklogit.

Oolith — ist gleichbedeutend mit oolithischen Körnern, oolithischen Kalksteinen. In der Stratigraphie wird damit ein Abschnitt der Juraformation bezeichnet. — Syn. Pisolith, Erbsenstein, Rogenstein.

Oolithisch — ist die Struktur der Gesteine, wenn sie ganz oder zum grossen Theil aus kleinen (nicht über ein Hirsekorn) kugelförmigen Concretionen („Oolithe") mit radialstrahliger und concentrisch-schaliger Struktur, bestehen, wie z. B. viele Kalksteine, Eisenerze. Abart der sphärolithischen Struktur. — Syn. pisolithische Str.

Oolithisches Eis = Firneis.

Oolithoide — nannte Loretz (Z. d. g. G. 1878, p. 387; siehe auch Zirkel, Petrogr. 1893, I, 485), zum Unterschiede von den echten Oolithen, solche sphäroidische oder kugelige Gebilde oolithartiger Kalksteine die nur concentrisch-lagenartig struirt sind; und zwar ist diese Struktur durch Abwechselung fein- und grobkrystallinischer Partieen, durch regelmässige Vertheilung pigmentirender Beimengungen etc. hervorgebracht worden.

Ooze = Schlamm.

Opacite — in vielen Gesteinen auftretende schwarze opake Körner oder Schuppen von mikroskopischen Dimensionen, deren Zugehörigkeit zu einer bestimmten Mineralspecies nicht zu ermitteln ist.

> *H. Vogelsang.* Arch. Néerland., VII, 1872; auch Z. d. g. G. XXIV, p. 329, 1872.

Opacitrand — wird der dunkle Schmelzrand um die porphyrartigen Hornblende- und Glimmerkrystalle der Eruptivgesteine genannt. Er besteht aus Augitmikrolithen, Magnetitkörnchen, manchmal Olivin.

Opaljaspis — ist durch Eisenoxydausscheidungen rothgefärbter Opal. — Syn. Eisenopal.

Opalschiefer — nannte Naumann (II, 1080) streifenartig buntgefärbte Halbopalgesteine; eine Abart von Kieselschiefer.

Ophicalcit (Ophicalce A. Brongniart) — kleinkörniger mit Nestern, Flecken und Adern von edlem Serpentin (Ophit) durchmengter Kalkstein. Siehe v e r d e a n t i c o.

Ophiolite — nannte Brongniart (Classif. minér. d. roches mélangées; J. d M. XXXIV, 31) die Serpentine.

Ophiolithische Gesteine — nennt man manchmal die Gruppe der Serpentine, Euphotide, Hyperite.

Ophit — pyrenäische Diabasgesteine meistens mit uralitisirtem Augit. P a l a s s o u. Mém. pour servir à l'histoire des Pyrénées et des pays adjacents. 1819. — In der alten Literatur (Cronstedt, Wallerius) verstand man darunter Serpentin. Brongniart fasste es als Grünsteinporphyr oder Serpentin auf: „pâte de pétrosilex amphiboleux verdâtre enveloppant des cristaux déterminables de feldspath". — Syn. Pierre verte.

Ophitische Struktur — die für Diabase und Dolerite charakteristische Anordnung der Gemengtheile, dadurch gekennzeichnet, dass die Zwischenräume zwischen den idiomorphen Feldspathleisten durch grosse unregelmässige Tafeln von Augit eingenommen werden.

Synonyme: doleritic structure, diabaskörnige Str., divergentstrahligkörnige Str., granito-trachytische Struktur.

Orbicular-Structur — siehe Sphäroidalstructur.

Orbit — will Chelius (Notizblatt d. Ver. f. Erdkunde, Darmstadt. 13 Heft, 1892, p. 1) dioritporphyritische Ganggesteine mit grösseren Hornblenden und Plagioklasleisten in der Grundmasse nennen.

Organogen — sind diejenigen Gesteine, welche sich aus organischen Ueberresten (sei es pflanzlichen oder thierischen Ursprungs) bilden. — Syn. Biolithe, Organolithe.

Organolithe — sind die Gesteine organischen Ursprungs, d. h. solche die aus organogenen Mineralien oder organischer Substanz bestehen. — Syn. organogene G., Biolithe.

Orgueillite — nennt San. Meunier die kohligen Steinmeteorite vom Typus des Met. von Orgueil.

Ornansite — ist Stan. Meunier's Bezeichnung für die kryptosideren Meteorite vom Typus des Met. von Ornans.

Orthoklas-Eläolithgesteine — siehe Eläolithsyenite und Eläolithsyenitporphyre.

Orthoklasfelsophyr — ist bei Lasaulx (p. 271) ein Felsophyr mit Quarz in der Grundmasse und Orthoklas unter den porphyrartigen Einsprenglingen.

Orthoklasgabbro — sind nach Irving (Monographs of the United States Geolog. Surrey., vol. V, 1883, p. 50) grobkörnige Gabbro von der Keweenaw-Series mit Orthoklas und viel Apatit: also Uebergang von Gabbro zum Syenit bildend.

Orthoklasgesteine — sind die Eruptivgesteine, deren Feldspathgemengtheil ausschliesslich oder stark vorwiegend Sanidin oder Orthoklas ist, also Granite, Trachyte, Syenite, Porphyre etc. — Syn. Orthoklasite.

Orthoklasitconglomerate — nennt Senft (p. 314) die aus Bruchstücken von Granit, Gneiss oder Syenit bestehenden Conglomerate.

Orthoklasite — umfassen bei Senft (p. 51) die körnigen, porphyrischen unb schiefrigen Orthoklasgesteine (Porphyre, Granite, Syenite, Gneisse).

Orthoklas-Liebeneritporphyr — nannte Zirkel (I, p. 599) Eläolithsyenitporphyre, in denen neben zu Liebenerit umgewandeltem Nephelin auch Orthoklas vorhanden ist.

Orthoklasmelaphyr — nennt Kalkowsky (p. 128) porphyrische holokrystalline Diabasgesteine mit einem Gehalt an Orthoklas und Quarz.

Orthoklas-Oligoklasporphyr — ist quarzfreier Porphyr der neben Orthoklas auch Oligoklas enthält, also ein Uebergangsglied zum Porphyrit.

Orthoklas-Oligoklassyenit — nannte Zirkel (II, 379) Syenite. die einen merklichen Gehalt an Oligoklas aufweisen.

Orthoklasnorit — ist nach Williams (Am. J. 1887, XXXIII. p. 139) ein Norit mit reichlichem Gehalt an porphyrartig eingesprengtem Orthoklas (Pyroxen-Orthoklasporphyr ?)

Orthoklaspechsteine — sind nach Lasaulx (p. 229) einige porphyrische Pechsteine, die porphyrartig eingesprengte Orthoklaskrystalle (und auch Plagioklas) enthalten. — Syn. Vitrophyr.

Orthoklasporphyre — sind paläovulkanische Ergussgesteine von porphyrischer Struktur in den verschiedensten Ausbildungen (Granophyre. Felsophyre, Vitrophyre), wesentlich aus Orthoklas und einem oder mehreren von den Mineralien: Biotit, Hornblende, Augit bestehend (manchmal in der Grundmasse auch etwas Quarz). — Syn. Orthophyre. quarzfreie Porphyre, Syenitporphyre.

Orthoklasporphyroid — sind Porphyroide, die vorwiegend oder ausschliesslich Orthoklas als Feldspathgemengtheil führen.

Orthoklas-Quarzporphyr — nannte man manchmal diejenigen Varietäten der Porphyre, in denen Orthoklas und Quarz porphyrartig ausgeschieden sind.

Orthoklassyenit — ist eigentlicher Syenit.

Ortholith — werden in Frankreich die echten Glimmersyenite genannt, zum Unterschiede von den Minetten, worunter analoge Ganggesteine, aber oft von complicirterer Zusammensetzung, verstanden werden.

Orthophonite — nannte Lasaulx (p. 318) die Eläolithsyenite.

Orthophyr = quarzfreier Porphyr, Orthoklasporphyr.

Orthophyrische Struktur — besitzt nach Rosenbusch (p. 594) die Grundmasse einiger Trachyte durch die kurzrectangulären oder quadratischen Durchschnitte der Feldspäthe.

Ortlerite — grünsteinähnliche Augitdioritporphyrite (es giebt auch augitfreie Varietäten) mit nahezu holokrystalliner Grundmasse, oder auch etwas basishaltig.

J. Stache u. C. v. John. Das Cevedale-Gebiet als Hauptverbreitungsdistrict dioritischer Porphyrite. J. k. k. geol. Reichsanst. 1879, XXIX, 317.

Ortstein — siehe Alios.

Orvinit — ist ein chondritischer Meteorit vom Typus des Met. von Orvinio.

Osteolith = Phosphorit.

Ottfjäilsdiabas — feinkörnige, dunkle, gangförmige schwedische Olivindiabase.

A. Törnebohm. Om Sveriges vigtigare Diabas-och Gabbro-Arter. Kongl. Svensk. Vetensk. Akad. Förhand. XIV, 13, 1877, und N. J. 1877, p. 258.

Ottrelithphyllit = Ottrelithschiefer.

Ottrelithschiefer der Ardennen — sind helle Schiefer, die mehr oder weniger reich sind an Ottrelith; gehören zum Glimmerschiefer oder Phyllit.

Ottrelitofiro von Serravezza bei Carrara, (beinahe massig) = Ottrelithphyllit.

Ozokerit — ist ein durch Oxydation des Bergöls entstandener weicher Bergwachs. — Syn. Kir., Neft-gil.

P.

Palaeandesit — will Loewinson-Lessing (Die Olonezer Diabasformation. Arbeit. St. Petersb. Naturforsch. Ges., XIX,

1888) die Augitporphyrite mit hyalopilischer Grundmasse nennen. — Syn. Weiselbergit.

Palaeoandesit — nannte Doelter (T. M. P. M. 1874, p. 89) den Dioritporphyrit von Lienz wegen seines andesitischen Habitus.

Palaeodolerit — Sandberger glaubte unter dieser Benennung die Ilmenit-haltigen Diabase (silurisch) von den Magnetit-haltigen trennen zu können.

F. Sandberger. Die krystallinischen Gesteine Nassaus. Naturf.-Versamml. Wiesbaden, 13. Sept. 1873.

Palaeolithisch — heissen die zum Azoicum und Palaeozoicum gehörigen Eruptivgesteine (Paläolithe). — Syn. paläopyr.

Palaeophyre — gangförmige Quarzglimmerdioritporphyrite, röthlich, mit Plagioklas, braunem Biotit, brauner Hornblende und Quarz als Eisensprenglingen.

C. Gümbel. Die palaeolithischen Eruptivgesteine des Fichtelgebirges. 1874.

Palaeophyrite — Dioritporphyrite mit deutlich ausgeprägtem porphyrischem Charakter, stark vorherrschender graulicher oder grünlicher Grundmasse und Feldspath, Hornblende, Augit als Einsprenglinge.

J. Stache und *C. v. John.* Das Cevedale-Gebiet als Hauptverbreitungsdistrict dioritischer Porphyrite. Jahrb. k. k. geol. Reichsanst. 1879, XXIX, p. 342.

Palaeopikrit — feldspatharme Olivindiabase und ältere Pikrite.

C. Gümbel. Die palaeolithischen Eruptivgesteine des Fichtelgebirges, 1874.

Paläopyre Gesteine (roches paléopyres) — nennt Durocher (A. d. M. 1857, p. 258) die archäischen und paläozoischen Eruptivgesteine. — Syn. paläovulkanisch.

Paläovulkanisch — nennt Rosenbusch (p. 6) die vortertiären effusiven Eruptivgesteine. Synon.: alte (ältere) Gest., pluton. (part.), paläopyre G.

Palagonit (Palagonittuf) — basaltische Tuffe von Palagonia in Sicilien, die aus hydrochemisch veränderten und in eine lederbraune Substanz — „Palagonit" (ursprünglich als ein Mineral betrachtet) verwandelten Glas-Lapilli bestehen.

Sartorius v. Waltershausen. Ueber die vulkanischen Gesteine in Sicilien und Island. 1853.

Palagonitfels — sind die aus Palagonit bestehenden Tuffe. — Syn. Palagonittuff.

Palagonittuff = Palagonitfels.

Palaiopêtre — siehe Cornubianit; *Fournet.* Mém sur la géologie de la partie des Alpes comprise entre le Valais et l'Oisans, p. 29.

Palatinit — wenig genau bestimmte Benennung für Entstatit-haltige Diabasporphyrite. Von Laspeyres auf vermuthliche dyadische Gabbros (Diabase?) der Pfalz angewandt.

Laspeyres. N. J. 1869, p. 516.

Streng. Bemerkungen über die krystallinischen Gesteine des Saar-Nahe-Gebietes. N. J. 1872, p. 371—388.

Pallasit — von G. Rose für das von Pallas bei Krasnojarsk gefundene Meteoreisen in Anwendung gebracht. Seit Rose versteht man allgemein darunter solche Meteorite die in einer zusammenhängenden Eisenmasse Olivinkrystalle porphyrartig eingewachsen enthalten; gehören zu den Mesosideriten.

G. Rose. Monatsber. Berl. Akad. 1862, p. 551. — Abhand. Berl. Akad. (1863). 1864, p. 28.

Pampasthone — sind, entsprechend den brasilianischen Knochenthonen, blaue mächtige, an Knochen reiche Thone Südamericas.

Pan — siehe Moorband pan.

Panchina — werden marine Gesteine genannt, die als ein Gemenge von Travertino und Grand aufzufassen sind.

Panidiomorphkörnig — nennt Rosenbusch (p. 11) diejenige Ausbildung der Gesteine, wenn alle Gemengtheile als wohl begrenzte, i d i o m o r p h e, Krystalle erscheinen. — Syn. prysmatischkörnig.

Panniform — wird manchmal die runzelige Oberfläche der Lavaströme genannt.

Pantellerit — nannte Förstner (Bollet. Comit. geolog. d'Italia, 1881) vulkanische Gesteine von Pantelleria, die bei verschiedener Ausbildung bald dem Liparit, bald dem Trachyt oder Dacit sich nähern. Das Eigenthümliche liegt in der mineralogischen Zusammensetzung, und zwar darin, dass der Feldspath vorwiegend Anorthoklas ist und dass reichlich Cossyrit auftritt. Bei Rosenbusch ist die Bezeichnung gerade in diesem Sinne, d. h. als Anorthoklas-Liparite, definirt.

Papierkohle = Dysodil.

Papierporphyre — sind Porphyre mit sehr dünner Band- oder Parallelstruktur.

Papierschiefer = bituminöser Schiefer.

Papiertorf — wird der dünnschichtige Torf genannt, dessen Lagen sich leicht von einander ablösen. — Syn. Blättertorf.

Paradiorit — ist bei Rolle eine Abart seiner Chlorogrisonite.

Paragenesis — nannte Breithaupt die Gesetze der Association der Minerale in Gesteinen, Gängen etc.

> *Breithaupt.* Die Paragenesis der Mineralien. 1849.

Paragonitschiefer — ist diejenige Abart des Glimmerschiefers, in welcher Paragonit das einzige oder stark vorwiegende Glimmermineral ist.

Paraklasen — hat Daubrée (B. S. G. X, p. 136) diejenigen Lithoklasen genannt, die von Verwerfungen begleitet sind.

Parallelepipedisch — ist die Absonderung der Gesteine wenn sie in ungefähr parallelepipedische Stücke zerfallen.

Parallelstruktur — haben die Gesteine, wenn die Gesteinsgemengtheile eine regelmässige Anordnung aufweisen, entweder in Bezug auf eine Fläche — p l a n e P. S t r., oder auf eine Linie — l i n e a r e P. S t. Naumann I, 464. Auch die Fluidalstruktur gehört hierher.

Paramelaphyr — Glimmerporphyrite, deren Grundmasse einen holokrystallinen Filz von Feldspathleisten mit Hämatit, Limonit und Carbonaten darstellt.

> *E. Schmid.* Die quarzfreien Porphyre des centralen Thüringer Waldgebirges und ihre Begleiter. — 1880, (Jena).

Paramorpher Metamorphismus — sind nach Dana (Am J. 1886, XXXII, p. 69) die paramorphen Umwandlungserscheinungen, also die Veränderung der mineralogischen Zusammensetzung des Gesteins.

Paramorphismus — nennt Irving (Chem. and physic. Studies in the metamorphism of rocks, 1889, p. 5) diejenigen metamorphischen Processe, die hauptsächlich in tiefgreifenden chemischen Veränderungen der Gesteine bestehen, in der Vernichtung der ursprünglichen Gemengtheile und der Herausbildung von neuen.

Paramorphosen — nennt man seit Scheerer solche Pseudomorphosen die ohne chemische Veränderung der Substanz, nur durch eine moleculare Umlagerung, entstehen: sie sind also möglich bei polymorphen Substanzen, wie z. B. Calcit und Aragonit etc.

Parnallite — nennt Stan. Meunier die Meteorite (Oligosiderite) vom Typus des Met. von Parnallee.

Parophit (Par.-Gestein) von Nord-Carolina — gehört zum Topfstein. Zuerst von Sterry Hunt beschrieben.

Paroptesis — Kinahan's Ausdruck für Contactmetamorphismus.

> *Kinahan.* Geology of Ireland, 1878.

Parrot-Coal = Kännelkohle.

Patterleinstein = Diorit.

Paulitfels = Hypersthenit.

Pausiliptuff — wird nach der Grotte von Pausilippo der in den phlegräischen Feldern verbreitete gelbe, ziemlich feste trachytische, an Bimmsteinstücken, Sanidin und Augit reiche Tuff genannt. Manchmal enthält er auch Kalksteinstücke. — Syn. Tufo giallo.

Pea-grit — Hauptoolith in England.

Peastone = Erbsenstein.

Pechkohle — ist eine derbe harte, pechschwarze, muschelig brechende und mit Wachs- oder Fettglanz gekennzeichnete Abart der Braunkohle.

Pechmatit (Hauy) = Pegmatit.

Pechsand — ist mit Erdpech zusammengekitteter Sand, der bei Erhärtung in Asphaltsandstein übergeht.

Pechstein — werden die wasserhaltigen vulkanischen Gläser genannt; ursprünglich wurde die Bezeichnung, ebenso wie Obsidian, nur auf saure Gläser angewandt; jetzt spricht man von Trachytpechstein, Basaltpechstein, Diabaspechstein etc. — Syn. Pitchstone, Retinit.

Pechsteinfelsit — nennt Lasaulx (p. 229) porphyrartige Pechsteine, deren glasige Grundmasse z. Th. steinig aphanitisch, thonsteinig oder mikrokrystallin geworden ist. — Z. Th. syn. mit Vitrophyr und Thonsteinporphyr.

Pechsteinkohle = Pechkohle.

Pechsteinpeperit — nannte Lasaulx (Z. d. g. G. 1873, 25 p. 325) ein porphyrisches Gestein mit dem Habitus eines Peperins: glasige Grundmasse und zahlreiche Ausscheidungen von Hornblende, Feldspath, etwas Glimmer und Bruchstücke anderer Gesteine. Nach dem Wassergehalt ist es ein Pechsteinporphyr, nach dem Kieselsäuregehalt gehört er zum Quarzporphyrit (nach Roth — Glimmerporphyrit). Rothgrau und dunkelgrün gestreift, flaserig. Ein Taxit oder eine Agglomeratlava?

Pechsteinperlit — nennt Lasaulx (p. 222) solche Perlite, wo die Körner zu einer homogenen, pechsteinartigen Masse verschwommen erscheinen.

Pechsteinporphyr — werden Pechsteine mit porphyrartig eingesprengten Krystallen von Orthoklas, Quarz, Glimmer, Hornblende und dsgl. genannt. — Syn. porphyrartiger Pechstein, z. Th. Vitrophyr.

Pechthonstein (Naumann) — vielleicht ein gefritteter Felsittuff, oder ein Uebergangsglied zwischen Pechstein und

Felsitporphyr, oder ein intermediäres Verwitterungsstadium des Pechsteins zu Kaolin.

Pechtorf — wird der homogene erdartige schwere, im Schnitt wachsglänzende, alte Torf genannt, der schwarz gefärbt ist, wie Pechkohle aussicht und fast gar keine erkennbaren Pflanzentheile enthält.

Pegmatit — ist ursprünglich von Hauy für diejenigen Orthoklas-Quarzdurchschwachungen vorgeschlagen, die als Schriftgranit bekannt sind. Naumann (I, 558) übertrug die Benennung auf sehr grobkörnige Muscovitgranite, oft gangartig und turmalinführend. In beiden Bedeutungen wird der Ausdruck auch noch jetzt gebraucht, in Bezug auf Granit als auch in Anwendung auf andere Gesteine, z. B. Syenitpegmatit, Diabaspegmatit etc.

Pegmatite graphique = Schriftgranit.

Pegmatitdiabas — ist ein Diabas, wo der Augit und der Feldspath gleichzeitig krystallisirt haben, so dass eine pegmatitische Durchwachsung des Pyroxens durch den Plagioklas auftritt.

Pegmatitisch — ist die Struktur eines Gesteins, wenn zwei Gemengtheile gleichzeitig auskrystallisirt sind und entweder der eine in grossen durch gleich orientirte Individuen des andern durchwachsenen Ausscheidungen ausgebildet ist oder beide in einer Reihe von gleich orientirten und sich gegenseitig durchwachsenden Individuen erscheinen, so dass man bei gekreuzten Nicols im Gesichtsfelde des Mikroskops nur zwei Interferenzfarben hat. — Syn. Pegmatoide Str., Implicationsstruktur, Granophyrstr., Pegmatophyr-Str.

Pegmatitischer Dolerit — siehe Pegmatitdiabas.

Pegmatoïde Struktur (Michel-Lévy) = Pegmatitische Struktur.

Pegmatophyr (Pegmatophyrische Struktur). — schlägt Lossen für Rosenbusch's Granophyr vor.

Lossen. Vergleichende Studien über die Gesteine des Spiemonts und des Bosenbergs bei St. Wendel und verwandte Eruptivgesteine aus der Zeit des Rothliegendes. Jahrb. k. preuss. geol. Landesanst. 1889, p. 270.

Pegmatophyrstruktur (Lossen) = Granophyrstruktur (Rosenbusch), Implicationsstruktur (Zirkel).

Pegothokiten — sind nach Nordenskjöld cylindrische Concretionen, entstanden um verrottete Pflanzenwurzeln. Sie sind in Thonen anzutreffen, stehen meist vertical und oft in ganzen Gruppen und bestehen aus Sand und quellsaurem Eisen. *Helmersen.* N. J. 1860, p. 39.

Pelagische Ablagerungen — sind die chemischen und organogenen Absätze, die sich im offenen Meere in den Tiefen niedersetzen in solcher Entfernung vom Strande oder Inseln (über 250—300 Klm.), wohin die terrigenen Sedimente nicht mehr gelangen. — Syn. Tiefseeablagerungen, abyssische Abl.

Pelagosite — grünlicher oder schwärzlicher glänzender, stark am Substrat haftender, warziger Absatz aus dem Meereswasser; besteht aus kohlensaurem Kalk (92 %) mit etwas organischer Substanz, Wasser, kohlensaurer Magnesia und and. Verunreinigungen.

> *Cloëz.* Bull. Soc. Géol. d. Fr., 3 série, VI, p. 84.

Pelées Haar — siehe haarförmiger Obsidian. Hawaische Benennung. — Siehe Dana. Geol. U. S. Explor. Exped. — „Geology", p. 179.

Pelite — nannte Naumann (I, 487) die feinerdigen, homogen aussehenden, klastischen Gesteine, hauptsächlich die thonig beschaffenen im gegensatz zu den gröberen sandigen.

Pelitstruktur — ist die Beschaffenheit der Pelite. — C. Naumann. I, 884.

Pelitische Tuffe — sind die sehr feinerdigen, thonigen oder thonartigen vulkanischen Tuffe.

Pelolithe — nennt Gümmbel (p. 91) alle „geschichteten, mehr oder weniger dichten, anscheinend gleichartigen Gesteine, die aus einem innigen Gemenge von kleinen krystallinischen, klastischen und organisch geformten Theilchen" bestehen; Kieselschiefer, Kalkstein, Thon, Thonschiefer u. dgl.

Pelolithisch — ist das Gefüge der anscheinend gleichartigen Pelolithe.

Pelomorphismus — nennt Thurmann (citirt bei Stapff N. J. 1879, p. 799.) die Fähigkeit der Gesteine unter hohem Druck plastisch zu werden (analog dem Fliesen von Metallen in Tresca's u. Spring's Experimenten.)

Pencatit — bei Predazzo in Tyrol in grösseren Massen auftretendes Gemenge von Kalkspath und Brucit.

Penninschiefer — nannte Kenngott einen Chloritschiefer, dessen Chlorit als Pennin bestimmt wurde.

Peperino — helle, graue, auch rothe, grosse Krystalle von Glimmer, Augit, Leucit enthaltende Tuffe vom Albaner Gebirge bei Rom.

> *L. v. Buch.* Geognost. Beobacht. auf Reisen. II, 70.
> *P. di Tucci.* Saggio di studi geologici sui peperini del Lazio. Memor. d. R. Acad. Lincei. 1879, 880.

Peperinbasalte — durch grosse Augit- und Hornblende-Krystalle ausgezeichnete, von Boricky als erhärtete Schlammströme betrachtete Tuffe der Leucitbasalte.

E. Boricky. Petrographische Studien an den Basaltgesteinen Böhmens. 1873.

Pépérite — Cordier's Bezeichnung für rothe und braune vulkanische Tuffe und insbesondere für Peperino.

Peridodite — ältere körnige feldspathfreie Gesteine, wesentlich aus Olivin mit einem oder mehreren Pyroxenen, oder auch Amphibol, Glimmer, bestehende Gesteine.

Rosenbusch. Mass. Gest., 1877, p. 522.

Peridotitserpentin — ist der aus Peridotiten hervorgegangene Serpentin.

Peridotoide — nennt Gümbel (p. 88) die feldspathfreien Eruptivgesteine (Heterokokkite): Peridotite, Serpentine.

Perimorphosen — sind solche pseudomorphe Bildungen, wo ein Mineral nur von einer dünnen Haut eines anderen, der die Form bedingt, umgeben ist, oder wenn das Mineral, dessen Form für die Pseudomorphose bedingend ist, innen netzartig und von einem oder mehreren fremden Mineralien erfüllt ist. Gehört diese Ausfüllung der glasigen oder krystallinischen Grundmasse eines Gesteins, so nennt man solche Gebilde „magmatische Perimorphosen".

Peripherische Metamorphose = Nachbarliche Metamorphose.

Perlaire (Hauy) — siehe Perlit.

Perlbasalt — nennt Gümbel (p. 138) die perlitartig abgesonderten, aus erbsengrossen Kügelchen bestehenden Basalte.

Perldiabas — Benennung von Gümbel für Variolit.

C. Gümbel. Die paläolithischen Eruptivgesteine des Fichtelgebirges. 1874.

Perlit — sauere vulkanische Gläser mit concentrisch-schaliger („perlitischer") Absonderung und oft mit sphärolithischer Struktur.

Beudant. Voyage minér. ef géolog. en Hongrie IV, 363.

Perlitbimstein — ist ein schwarzes Obsidian-ähnliches trachytisches Glas mit eingesprengten Sanidinen, Sphärolithen und Einlagerungen von bimsteinartigen Partieen in unregelmässigen Streifen.

Perlitporphyr — nach Verbeek und Fennema (N. J. Beil.-Bnd. 1883, p. 203) ein perlitisches Glas mit Einsprenglingen von Plagioklas, Augit, Hornblende und Magnetit; sie nennen das Gestein auch Andesit-Perlitporphyr. — Syn. Hyaloandesit.

Perlittuff — werden einige an Bimstein- und Perlit-Brocken und Körnern reiche Tuffe der Liparite genannt.
v. Andrian u. Pettko. — J. g. R. 16, p. 441.

Perlquarzit oder perlitischer Quarzit — nannte Dokutschajew (Verh. Miner. Ges. St. Petersb. 1874, IX. (p. 92) ein von den Ufern der Lena stammendes quarzitisches Gestein, das in einer weissen bis gelben Grundmasse erbsengrosse dunkelbraune bis schwarze Kügelchen (Sphärolithe) enthält und einem Sphärolithfels quasi ähnlich ist.

Peripherische Metamorphose — nennt Gümbel (p. 371) die sich auf grössere Entfernung vom Eruptivgestein erstreckenden metamorphischen Veränderungen der Sedimente (regional., freier Met.) — Syn. nachbarliche Met.

Perlsand — wird grober Sand genannt, dessen abgerundete oder eckige Körner 1—1$\frac{1}{2}$ Linie gross sind. — Syn. Kies.

Perlsinter = Kieselsinter.

Perlstein (Werner) — siehe Perlit.

Perlsteinporphyr = Perlitporphyr.

Perthit — werden regelmässige lamellare Verwachsungen von Orthoklas und Albit in Parallellage genannt.

Perthitophyr — nennt Chrustschoff (T. M. P. M. 1888, IX, p. 526) die volhynischen sogen. „Labradorite" (Norite, Gabbro, Olivingabbro, Labradorfels etc.) wegen des constanten Mikroperthitgehalts und einiger Eigenthümlichkeiten der Zusammensetzung. — Syn. Orthoklasgabbro, Orthoklasnorit, Labradorit.

Petrisco — ist der Localname für den Leucitphonolith von Viterbo in Italien, den v. Rath (Z. d. g. G. 1868, XX, p. 297) als Leucittrachyt beschrieben hat.

Petrogenesis — ist die Lehre von der Bildung, dem Ursprung der Gesteine.

Petrographie — ist die Lehre von den Gesteinen. — Synon. Lithologie, Gesteinslehre, Petrologie.

Petroleum — siehe Naphtha.

Petrologie — siehe Petrographie.

Petrosilex = Hälleflinta, Felsitfels bei den alten Geologen. Die neueren französischen Petrographen (siehe Fouqué und Michel-Lévy) gebrauchen es für „Mikrofelsit" der deutschen Autoren. Die Doppelbrechung wird durch opal- oder chalcedonartige Einlagerungen erklärt.

Petrosiliceuse (Structure) = felsitische, euritische Struktur.

Pfahlgneiss, Pfahlschiefer — siehe Hälleflinta.

Pfeiler — nennt man die dicken, weniger regelmässigen Säulen der säulenförmig geklüfteten Gesteine.

Pfeilerförmige Absonderung — siehe säulige Absonderung.

Phanerogen — nannte Hauy die aus wohl definirbaren Mineralien bestehenden Gesteine. — Syn. phaneromer, Phanerokokkitisch.

Phanerokokkite — sind bei Gümbel (p. 100) die deutlich krystallinisch-körnigen Gesteine; syn. mit eudiagnostisch, phaneromer, phanerokrystallinisch.

Phanerokokkitisch (Gümbel) — heisst dem blossen Auge deutlich krystallin.

Phanerokrystallin — ist im Gegensatz zu aphanitisch das Gefüge der Gesteine, wenn die Gemengtheile schon dem unbewaffneten Auge deutlich krystallin erscheinen. — Siehe phanerogen.

Phaneromer — werden diejenigen Gesteine genannt, deren Gemengtheile leicht erkannt und bestimmt werden können. — Siehe phanerogen.

Phanerozoisch (phanérozoïque) — nennt Renevier die groben, aus grossen Thierresten zusammengesetzten zoogenen Kalksteine, wie z. B. Korallenkalke.

E. Renevier. Classif. pétrogén. 1881.

Phenocryst (Phänokryst) — nennt Iddings die porphyrartigen Einsprenglinge der Eruptivgesteine.

Phlebogen — nennt Renevier die Ablagerungen aus unterirdischen Gewässern, Gang- und Ader-Ausfüllungen etc.

Phonolith — palaeovulkanische Ergussgesteine, unter den körnigen Gesteinen der Familie der Elaeolittsyenite entsprechend. Wesentlich aus Nephelin oder Leucit mit Sanidin und einem oder mehreren Bisilikaten und Basis bestehend; struktur porphyrisch. Klaproth (Abh. d. Berl. Akad. 1801) schlug den Namen statt der früher gebräuchlichen: Klingstein, Porphyrschiefer, Hornschiefer vor.

Phonolithbasalte — nannte Boricky (siehe Melaphyr-Basalt) eine Gruppe der böhmischen Basaltgesteine, die nach Rosenbusch zu den Tephriten gehört.

Phonolithoide — ist Gümbel's Ausdruck für die verschiedenen Phonolithe.

Phonolithpechstein — ist nach Laube (N. J. 1877, p. 185) ein glasiger Phonolith aus dem Erzgebirge, der in einer mit Trichiten und Krystalliten erfüllten braunen Basis Sanidin, Magnetit und Nephelin enthält.

Phonolithporphyr — nannte Vogelsang (Z. d. g. G. 1872,

XXIV, p. 539) die Gruppe der Eläolithporphyre („ältere Phon.-Porph.") u. der Phonolithe und Leucitophyre („jüngere Phon.-Porph.").

Phonolitvitrophyr = Hyalophonolith.

Phosphorit — nennt man die graulichen, gelben, braunen und beinahe schwarzen, meist knolligen und concretionären Massen, die aus fascrigem oder dichtem Apatit bestehen und meist noch erkennbare Reste von Knochen aus denen sie sich gebildet, enthalten.

Phthanit = Kieselschiefer, Lydit.

Phyllade — nennen, seit Brongniart (J. d. M. XXXIV, 31), Daubuisson und Brochant, die französischen Geologen die Glimmerthonschiefer, die von den deutschen Petrographen Phyllit genannt werden.

Phyllit — ist von Naumann (I, 553) für das französische Phyllade in Vorschlag gebracht. Es sind schwarze oder dunkle, oft stark glänzende Schiefer, die ausser den gewöhnlichen klastischen Gemengtheilen des Thonschiefers noch mehr oder weniger reichlich Glimmer enthalten. Bald nähern sie sich mehr dem Thonschiefer, bald dem Glimmerschiefer. — Syn. Phyllade, Thonglimmerschiefer, Urthonschiefer, (wegen ihrer wichtigen Stellung im huronischen System), Glimmerthonschiefer.

Phyllitgneiss — werden an Feldspath reiche schieferige hellfarbige und Sericit-führende Phyllite genannt. — Syn. Sericitgneiss. — *Gümbel*. Fichtelgebirge, 94.

Phyllitkalkschiefer = Kalkglimmerschiefer.

Phyllolithe — ist Gümbel's Bezeichnung (p. 89) für die dünn und oft flaserig geschieferten, aus meist makrokrystallinischen Gemengtheilen bestehenden Gesteine, also für die krystallinischen Schiefer.

Phytogen — sind die vorwaltend oder gänzlich aus pflanzlichen Ueberresten gebildeten Gesteine.

Phytomorphosen — nennt Naumann die versteinerten Pflanzenreste, Pseudomorphosen nach Pflanzen.

Picurit = Pechkohle.

Piemontitschiefer — ist eine in Japan vorkommende, hauptsächlich aus Piemontit bestehende Gesteinsart; gehört zum Epidotfels oder Epidotschiefer.

Pierre carrée — quarzlose Porphyrite mit scharf ausgeprägter parallelipipedaler Absonderung in den Anthracitablagerungen der Basse-Loire.

Pierre ollaire = Topfstein.

Piésoglypte — nennt man mit Daubréc die wie durch Finger-abdrücke hervorgebrachten Eindrücke und Vertiefungen auf der Oberfläche der Meteorsteine.

Piesoklasen — nennt Daubrée (B. S. G., X, p. 136) die durch mechanische Einwirkung (Druck) in Gesteinen entstandenen Absonderungskluften, die mit den Synklasen in seine Gruppe der Leptoklasen hineingehören.

Pietraverdit (eigentl. Pietra verde) — ist eine dichte grüne dem Schalstein ähnliche Tuffbildung in den Südalpen.

Pikrite — körnige Peridotite, wesentlich aus Olivin und Augit bestehend; es giebt aber auch Amphibolpikrite. Scheint ursprünglich von Tschermak auf Olivindiabase (Teschenite?) angewandt worden zu sein.

> *G. Tschermak.* Sitzungsber. k. Akad. in Wien. 1866, 8. März. LIII, p. 262.

Pikritporphyr = Pikritporphyrit.

Pikritporphyrit — nennt Rosenbusch (p. 517) paläovulkanische Ergussgesteine die als feldspathfreie Melaphyre erscheinen und porphyrische Glieder der Peridotite sind; glasige Grund-masse, Einsprenglinge von Augit, Olivin, Eisenerzen und Apatit.

Pilitkersantit — nannte Becke (siehe Olivinkersantit) die quarz-freien Kersantite, die zu Pilit pseudomorphosirten Olivin enthalten. — Syn. Olivinkersantit.

Pilotaxitisch — nennt Rosenbusch (1887, p. 466) diejenige Beschaffenheit der Grundmasse, wenn sie wie ein Filz von leistenartigen Mikrolithen erscheint.

Pinitgranit — ist Cordieritgranit, dessen Cordierit ganz oder merklich zu Pinit umgewandelt ist.

Pinitporphyr — sind Felsitporphyre mit Pseudomorphosen von Pinit (nach Cordierit oder Nephelin?).

Pinolistein — in Steiermark gebräuchliche Benennung für Ge-steine die von Rumpf mit dem Namen Pinolit (siehe dies. Wort) bezeichnet wurden.

Pinolit — wird in den österreichischen Alpen ein Gestein, das aus körnigem krystallinischem milchweissem Magnesit und aus Thonschiefer (der aber auch durch Talkschiefer vertreten wird), besteht genannt; darin kommen linsenförmige Magnesit-Krystalle vor; die Aehnlichkeit deren Querschnitte mit den Früchten von Pinus pinea wird hervorgehoben.

> *J. Rumpf.* Ueber krystallisirte Magnesite aus den n.-ö. Alpen. T. M. P. M. 1873, IV, p. 263.

Piperno — nennt man nach der betreffenden Localität der

Pianura in den Phlegräischen Feldern die eigenthümliche
Struktur einiger Trachyte (vielleicht auch Tuffe?) die dadurch gekennzeichnet ist, dass grosse und kleine dunkle
Flecken oder Flammen in der hellen porösen Hauptmasse
des Gesteins zerstreut sind und ihm ein klastisches Aussehen verleihen. Schon Leop. v. Buch hielt es für ein pri-
märes Gestein, andere, z. B. Dufrénoy für ein klastisches
Gebilde. Jetzt manchmal auch als strukturelle Bezeichnung, im Sinne von Ataxit, gebraucht. — Syn. z. Th. Eutaxit, Ataxit, Spaltungsbreccien, Tuflaven.

Pipernostruktur — siehe Piperno.

Pisolith — siehe Erbsenstein. Als pisolithische Körner wird
auch der sog. Erdhagel (granizo di tierra) bezeichnet.

Pisolithische Tuffe — sind nach Loewinson - Lessing (T. M.
P. M. 1887, VIII, p. 535) die an Pisolithkörnern (granizo
di tierra) reichen vulkanischen Tuffe.

Pisolithenkalk — nannte d'Orbigny den oolithischen Kalkstein
der Umgegend von Paris.

Pistazitfels = Epidosit, Epidotfels.

Pistazitkalkschiefer — nach Porth (J. g. R. 1857, VIII,
703) schieferige Kalksteine mit Pistazit, Albit, Quarz,
Schwefelkies.

Pistazitschiefer = Epidotschiefer.

Pistazitsyenit — sind nach Rosenbusch (Mikr. Phys. 1877,
p. 119) Syenite, deren Hornblende zu Epidot umgewandelt ist.

Plänerkalk und **Plänermergel** — sind in Platten abgesonderte
helle zur Kreideformation gehörige Gesteine.

Pläner = Plänerkalk.

Plättelerz = Plattenerz.

Plagioklasanamesite — sind die feinkörnigen Plagioklasbasalte.

Plagioklas-Augitschiefer = Diabasschiefer.

Plagioklasbasalte — werden die eigentlichen Basalte, im Gegensatz zu den Nephelin-, Leucit- u. and. Basalten genannt.

Plagioklasbasaltit — nennt Lasaulx (p. 234) die dichten scheinbar homogenen Plagioklasbasalte, unter welcher Bezeichnung er alle Plagioklas-Basaltgesteine (Basaltite, Anamesite
und Dolerite) versteht.

Plagioklasbimstein — sind bei Lasaulx (p. 328) porphyrartige
Bimsteine die ausgeschiedene Krystalle von Plagioklas,
Hornblende und etwas Glimmer enthalten und su seinen
Feldspathbimsteinen gehören.

Plagioklasdiabasit (Lasaulx) = Labradorporphyr, Diabasporphyr.

180

Plagioklasdclerite — sind die grobkörnigen Plagioklasbasalte.

Plagioklasgesteine — werden diejenigen Eruptivgesteine genannt, deren Feldspath ausschliesslich oder stark vorwiegend Plagioklas ist.

Plagioklasgranulit — siehe Pyroxengranulit, Trappgranulit.

Plagioklasobsidian — ist bei Lasaulx (p. 227) die Bezeichnung für porphyrartige Obsidiane, wo die porphyrartigen Einsprenglinge hauptsächlich dem Plagioklas angehören. Gehört wohl in den Vitrophyr hinein.

Plagioklasporphyrit — nennt Lasaulx (p. 293) diejenigen Porphyrite (oder Dioritporphyrite), wo fast nur Plagioklas porphyrartig ausgeschieden ist.

Plane Parallelstruktur — besteht darin, dass die Gesteingemengtheile gesetzmässig in Bezug auf eine mehr oder weniger ebene Fläche geordnet sind. — Siehe Parallelstruktur.

Planglimmerschiefer — wurde früher manchmal ebenschieferiger Glimmerschiefer genannt.

Plattelkohle — ist Brettelkohle mit deutlicher Parallelstruktur.

Platten — sind mehr oder weniger ebene Absonderungsformen der Gesteine begrenzt durch zwei grössere parallele ebene Flächen, die sich nicht sehr bedeutend erstrecken, und mehrere kleinere Randflächen. — Siehe Bänke.

Plattenerz — wird manchmal der dünngeschichtete rötlichbraune schieferige Thoneisenstein genannt.

Plattenförmig — ist die Absonderung in Platten (siehe dies. Wort); kommt bei sedimentären und bei eruptiven Gesteine vor. — Syn. Plattung.

Plattenkalkstein — werden die sehr dünnschichtigen gewöhnlich hellen Kalksteine, wie z. B. derjenige von Solenhofen, genannt. — Syn. Kalkschiefer.

Plattenporphyr — ist der plattenförmig abgesonderte Porphyr.

Plattung — ist die Absonderung vieler Eruptivgesteine (seltener sediment. Gest.) in dicke parallel gelagerte ebenflächige Platten. Naumann (I, 465) nennt auch die plane Parallelstruktur Plattung, weil sie oft zusammen auftreten. — Syn. Tafelung, Bankung, plattenförmige Absonderung.

Pleokrystallin = vollkrystallin.

A. *Lagorio.* Die Andesite des Kaukasus, p. 8, 1878.

Plessit — benannte Reichenbach (siehe Fülleisen) diejenigen Theile der Eisennickel-Legirungen in den Eisenmeteoriten, die als dreiseitige oder vierseitige Felder die Zwischenräume zwischen dem Balkeneisen füllen. — Syn. Fülleisen.

Plum-pudding = Grauwacke.

Plusiatisch — nannte Brongniart diejenigen Schuttmassen und losen Ablagerungen, die Edelmetalle oder Edelsteine führen.

Plutoneptunisch (*formations pluto-néptuniennes*) — nannte Prévost (B. S. G., X, p. 340) die vulkanischen Tuffe und die Schlammlava, wegen ihres pyrogenen Ursprungs und ihrer Ablagerung durch Wasser. — Syn. amphotere Bildungen.

Plutonische Gesteine — heissen die aus Schmelzfluss gebildeten Gesteine; oft werden darunter nur die Intrusivgesteine, im Gegensatz zu den Effusivgesteinen, verstanden. — Syn. Erstarrungsgesteine, endogene, eruptive, vulkanische G. etc. Manchmal werden die durch hohe Temperatur, oder Einwirkung von Schmelzfluss, oder Contact erzeugten Umänderungen der Gesteine p l u t o n i s c h e r M e t a m o r - p h i s m u s genannt.

Plutonite — nannte Scheerer (N. J. 1864, 385) die granitischen, gneissartigen und andern kieselsäurereichen Gesteine; Allmählig bekam der Ausdruck eine andere Bedeutung und wurde auf die Tiefengesteine angewandt. — Syn. siehe bei Tiefengesteine.

Pluto-Vulkanite — nannte Scheerer (N. J. 1864, p. 403) eine Zwischengruppe von Gesteinen, die zwischen den Plutoniten und Vulcaniten stehen; er rechnet dazu Quarz-Syenit, Syenit, Melaphyr.

Pneumatolyse, Pneumatolische Processe und Mineralbildung. — Bunsen's Ausdruck für superficielle Eruptivmassen begleitende Sublimationsbildungen. Brögger verallgemeinert diesen Ausdruck und fasst darunter alle durch die sogenannten „agents minéralisateurs" (Gaze und das flüssige Magma begleitende chemische Agentien) im Magma, als im Gestein und in den ihn umgebenden Spalten gebildeten Mineralien.

> *Bunsen*. Pogg. Annal., Bnd. 83, p. 241.
> *W. Brögger*. p. 213.

Potashgranit — werden manchmal die natronarmen oder fast freien, also hauptsächlich Orthoklas führenden, Granite genannt.

Pockenstein = Variolit.

Pöcilitische Ausbildung der Porphyrgrundmasse — siehe Poikilitic.

> *Erasmus Haworth*. A contribution to the archean geology of Missouri. Minneapolis, 1888, p. 27. Inaug.-Dissert.

Pogonite — ist bei Hauy wohl gleichbedeutend mit Perlit.

Poikilitic — ist ein Ausdruck von Williams (Am. J. 1886, XXXI, p. 30) für diejenige, dem Schillerfels ähnliche Struktur, die dadurch entsteht, dass das eine Gesteinsgemengtheil in grossen Individuen auskrystallisirt ist, die von zahlreichen kleinen Körnern des andern durchwachsen sind, ohne dass dieselben, zum Unterschied von der pegmatitischen Struktur, irgend welche Regelmässigkeit in ihrer Orientirung aufweisen; dadurch entsteht eine quasi körnige Beschaffenheit der Grundmasse. — Syn. Lustremottling, Schillerfels-Str. z. Th.

> *G. Williams.* The Journ. of Geology, I, 1893, p. 176.

Polierschiefer — ist eine sehr dünnschieferige, gelblichweisse bis gelblichgraue zerreibliche Masse von feinerdiger Zusammensetzung aus mikroskopischen Kieselpanzern von Diatomeen. — Syn. Tripel.

Polygen — sind die Conglomerate und Breccien, wenn die sie zusammensetzenden Fragmente verschiedenen Gesteinen angehören.

Polymikte Conglomerate = Polygene Conglom.

Polymikter Gabbro, Amphibolit, Gneiss — siehe Riesenflaserstruktur; es sind meist breccienartige Gemenge oder Conglomerate.

Polysiderite — nannte Daubrée (C.-R. 1867, 65, p. 60) diejenigen Sporadosiderite die viel Eisen enthalten.

Polzevera-Marmor — wird ein mit Gabbro untermengter Kalkstein genannt.

Porcellanthon = Kaolin.

Porcellanjaspis — siehe Porzellanit.

Poren — sind die rundlichen, eliptischen und drgl., durch Entweichung der angesammelten Dämpfe in den Laven gebildeten, Cavitäten. In den Mineralien bezeichnet man auch die Einschlüsse als Poren.

Porfido di Corsica = Gabbro.

Porfido rosso antico (Porphyrites der Römer) — rother Hornblendeporphyrit von Djebel-Dokhan in Aegypten. Die rothe Farbe ist durch rothen Epidot bedingt.

Porfido verde antico (Marmor Lacedaemonium viride) — Labradorporphyr von Marathonisi in Lakonien (Süd-Morea); Basis meist in strahlige Aggregate verwandelt.

> *Plinius.* Historia naturalis XXXVI, 11.

Porodin — amorphe Minerale (u. Gesteine), die durch Ver-

festigung aus gallertartigem Zustande entstanden sind, wie
z. B. Opal, und gallertartig, nicht glasig, aussehen sollen.

Porphyr (quarzfreier) — ältere den Syeniten entsprechende Effusivgesteine mit vorherrschenden Alkalifeldspath, einem oder
mehreren Mineralien aus der Gruppe der Amphibole, Pyroxene
und Glimmer, ohne Quarz und mit mehr oder weniger
Krystallisationsrückstand; verschiedene porphyrische Strukturen. Seit Naumann und G. Rose (Z. d. g. G. 1849, 377)
vereinigte man unter dieser Bezeichnung alle porphyrischen
Gesteine mit Grundmasse und Einsprenglingen und trennte
die quarzfreien als P o r p h y r i t e ab. Rosenbusch begrenzte die Bezeichnung „Porphyr" auf Orthoklasgesteine
und „Porphyrit"- auf Plagioklasgesteine. — Syn. Syenitporphyr, (G. Rose, Z. d. g. G. 1849, I, 377) Orthophyr,
Orthoklasporphyr (Roth, Gesteinsanalysen, 1861, XXXVI).

Porphyrartig — heisst die Struktur der Gesteine, wenn ein
Gegensatz zwischen einzelnen grösseren „porphyrartigen"
Einsprenglingen und einer Grundmasse (verschieden geartet)
existirt. Siehe porphyrisch.

Porphyrbreccie — wurde in der älteren Literatur für echte
Breccien mit Porphyrbruchstücken wie auch für die sog.
Trümmerporphyre gebraucht.

Porphyrconglomerat — sind geschichtete klastische Gesteine
die aus abgerundeten Porphyrbruchstücken und feinem
Porphyrschutt bestehen.

Porphyrfacies des Granites — nennt man die Erscheinung,
dass die äusseren Theile der Granitmassive (besonders im
Contact) und auch deren gangförmige Ausläufer feinkörnig
und porphyrisch werden; es sind also porphyrische, aber mit
echt granitischen Massen eng verknüpfte, locale Ausbildungen
von Granitmassiven.

Porphyrfels — nannte Haidinger (Entwurf einer systemat. Eintheilung d. Gebürgs-Arten, 1785, p. 36) die Felsitporphyre.

Porphyrgranit — gebraucht Gümbel (Grundz. d. Geol., 105)
für porphyrische Granite mit feinkörniger holokrystalliner
Grundmasse, also im Sinne von Granitporphyr.

Porphyr-Granit — nennt Lang einen Typus der Gesteine der
Kali-Vormacht mit weniger Calcium als Natrium und als
Kalium.

Porphyrisch — ist die Struktur der Gesteine, wenn in einer
dichten oder krystallinischen Grundmasse ein oder mehrere
Gemengtheile als grössere porphyrartige Einsprenglinge
enthalten sind. Rosenbusch (N. J. 1882), sieht das Eigen-

thümliche in der Recurrenz der Bildung eines oder mehrerer Gemengtheile.

Porphyrit — ursprünglich von Naumann (N. J. 1860, p. 24) und G. Rose für quarzfreie Porphyre mit vorwiegend felsitischer Grundmasse in Vorschlag gebracht, wird jetzt, seit Rosenbusch, diese Benennung entweder als Sammelname für alle olivinfreien alteruptiven Porphyrgesteine aus der Plagioklasreihe (wobei man Hornblende-Porphyrite, Augit-Porphyrite, Enstatitporphyrite unterscheidet), d. h. für die älteren Aequivalente der Dacit- und Andesit-Gesteine gebraucht oder im engeren Sinne für Hornblende-Porphyrite und Diorit-Porphyrite. G. Rose (Z. d. g. G. 1849) und Naumann (geogn., II. Aufl.) wollten unter Porphyrit die quarzfreien Porphyre zusammenfassen. Bei Senft synonym mit quarzfreier Porphyr. Vogelsang nannte die Porphyre ohne Einsprenglnge „Porphyrite" (Z. d. g. G. 1872, 534).

Porphyrit-Andesit — ist bei Lang ein Typus seiner Gesteine der Alkali-Vormacht, wo die Menge des Kalkes grösser als die des Natrons und als die des Kalis ist.

Porphyritpechstein = Vitrophyrit.

Porphyrnagelfluhe — nennt man manchmal die Nagelfluhe-Arten mit zahlreichen Porphyrfragmenten.

Porphyroide — von Lossen für saure porphyrartige schieferige, flaserige und massige Gesteine, die zu der sauren Reihe der krystallinischen Schiefer gehören und zwischen Hälleflinta und Gneiss stehen vorgeschlagen auch für flaserige, mit porphyrartiger Structur ausgestattete Sedimente, im Contact, regional- oder dynamometamorph veränderte und mit porphyrartiger Structur versehene Tuffe etc. gebraucht.
Lossen. Z. d. g. G. 1869. XXI, p. 329.

Porphyrpechstein — nennt Lasaulx (p. 224) diejenigen Pechsteine, deren Entglasungsart an die aphanitische Grundmasse der Porphyre erinnert.

Porphyrsammite — sind feine Porphyrbreccien oder Conglomerate, in welchen die einzelnen Porphyrfragmente die Grösse einer Erbse oder eines Hirsekorns nicht übersteigen.
— Syn. Porphyrsandstein.
C. Naumann. I, 707.

Porphyrsandstein = Porphyrsammit, Felsitsandstein.

Porphyrschiefer — war Werners erste Bezeichnung für den Phonolith.

Porphyrtuff = Felsittuff, Thonstein.

Porzellanerde = Kaolin.

Porzellanit — durch Kohlenbrände zu schlackenartiger, meist dunkelfarbiger (oft gefleckt, geflammt etc.) Masse verwandelte Thone und Schieferthone. — Syn. Kohlenbrandgesteine part., Erdschlacke.

Pouddingstein — werden einige Conglomerate genannt.

Pozzolite — ist Cordier's unbestimmt begrenzte Bezeichnung für zersetzte Schlacken, Basaltwacken, Porzellanjaspis?

Prasinit — will Kalkowsky (p. 217) solche Grünschiefer nennen, in denen Hornblende, Epidot und Chlorit in ungefähr gleicher Menge vorhanden sind.

Predazzit — weisses marmorähnliches Gestein aus der Contactzone von Predazzo, besteht aus zwei Theilen kohlensaurem Kalk und einem Theil Magnesiahydrat. Zuerst beschrieben von Leonardi.

Petzholdt. Beiträge zur Geognosie von Tyrol.

Pressionsmetamorphismus (Pressure-Metamorphism) Bonney Q. J., 1886, p. 62 = Dynamometamorphismus.

Pressionsfluidalstructur (Pressure-Fluxion) — nannte Carvill Lewis (Brit. Assoc. Report, 1885 (1886) p. 1027) eine durch Dynamometamorphose bedingte Anordnung der Gemengtheile die an die Fluidalstruktur erinnert. Ist schon von Heim (Mechanismus der Gebirgsbildung, II, p. 56) beobachtet worden. — Siehe auch M a r g e r i e und H e i m. Dislocationen der Erdrinde, 1888, p. 122.

Pressungspalten (Groddeck. Die Lehre von den Erzlagerstätten, 1879, p. 313) = Piesoklasen.

Primäre Gesteine — alle nicht klastischen Gesteine, die direct aus einer wässrigen Lösung oder aus einem Schmelzfluss sich gebildet haben und nicht aus Bruchstücken von präexistirenden Gesteinen. — Syn. protogen.

Primärtrümer — sind solche Trümer, deren Ausfüllung nachweislich zu derselben Zeit wie die Verfestigung des Gesteins erfolgt ist und deren Substanz dem Gestein selbst angehört. — Syn. Durchwachsungstrümer, z. Th. Constitutionschlieren.

Primitive Gesteine — nannte Bischof die Eruptivgesteine.

Prismatische Absonderung = säulenförmige, basaltische Abs.

Promorphisme — M. Lévy's Bezeichnung (A. d. M. 1875, VIII, p. 352, und C.-R. 1876) für Devitrificationprodukte des amorphen oder halbkrystallinen Magmas.

Propylit — grünsteinähnliche metamorphosirte Andesite und

Dacite; es sind veränderte neuere vulkanische Gesteine mit dem Habitus älterer Grünsteine. Benennung von Richthofen.

F. v. Richthofen. California Acad. of Sc. Memoirs, vol. I, part. II, San Francisco 1868. Auch Z. d. g. G. 1868, XIX, p. 685.

Zirkel. Microscopical petrography. 1879.

Judd. Quart. Journ. 1890,

Proteolit — nannte Boase, ebenso wie C o r n u b i a n i t, Contactgesteine aus der Contactzone der Granite von Cornwall. (Von Naumann sind beide als Cornubianit zusammengefasst worden). Nach Bonney's Beschränkung der Bezeichnung „Proteolit" auf aus Quarz, Glimmer und Andalusit bestehende Contactgesteine, hätte man darin sog. Andalusithornfelse zu sehen.

Boase. On the geology of Cornwall. Trans. Roy. Geol. Soc. Corn., IV, p. 394.

Bonney. Q. J. XLII. (1886), Proc., p. 104.

Proterobas — nach Gümbel vor- bis mittelsilurische massige Diabasgesteine mit grüner oder brauner nicht stark fasriger Hornblende. Rosenbusch und andere verstehen darunter Diabase mit primärer compacter Hornblende. Oft versteht man darunter auch uralitisirte kataklastische Diabase. (Epidiorite, Deuterodiorite etc.)

C. W. Gümbel. Die paläolitischen Eruptivgesteine des Fichtelgebirges. 1874.

Protobastitfels — ist ein mit Gabbro eng verknüpfter Norit und Olivinnorit, dessen Enstatit ursprünglich von Streng für ein neues Mineral gehalten wurde. weshalb er auch diese Benennung vorschlug (N. J. 1862, p. 525), welche er später (N. J. 1864, p. 260) in Enstatitfels umänderte. — Syn. Schillerfels.

Protogen = primär — krystallinische Gesteine. d. h. die durch einen directen Krystallisationsprocess gebildeten Gesteine. Manchmal auf die Eruptivgesteine beschränkt.

Protogin oder Protogingranit (Protogine) — in den Alpen verbreiteter Talc und Chlorit führender Granit (und Gneiss).

Jurine. Journ. des Mines, 1806. XIX, p. 372.

Protoginschiefer — sind schieferige Protogingneisse oder vielleicht eine Abart von Talkschiefer.

Delesse. Ann. d. Chim. et d. Phys. XXV. 3-e série.

Protoklasstructur — nennt Brögger die p r i m ä r e n kataklastischen Erscheinungen der Eruptivgesteine. noch vor dem Erstarren in der breiartigen Masse entstanden.

Protopylit — wollten Stache und John (J. g. R. 1879, p. 352) eine den Propyliten entsprechende Gruppe der Porphyrite (Paläophyrite) nennen.

Protosomatisch — nennt Loewinson-Lessing (siehe Amphogen) die primären nicht klastischen Sedimentärgesteine.

Protosomatische Strukturen — sind nach Loewinson-Lessing (siehe katalytisch) die primären, bei der Bildung des Gesteins entstehenden Strukturen. — Syn. primär, synsomatisch.

Protrusion — Empordrängung fester Massen (z. B. Granitmassive) in höher gelegene Theile der Erdrinde.
Lyell. Elem. of Geol., 1857, p. 420, (franz. Ausg.)

Protrusive Gesteine = Intrusivgesteine.

Prysmatischkörnig — nannte Loewinson-Lessing (siehe katalytisch) eine bei einem Diabasgestein beobachtete Struktur, dadurch gekennzeichnet, dass alle Gemengtheile mehr oder weniger prysmatisch ausgebildet sind. — Syn. panidiomorphkörnig.

Psammite — ist die von Hauy und Brongniart (J. d. M., t. 34, p. 31) stammende und von Naumann beibehaltene Bezeichnung für die Sandsteine.

Psammitstruktur — nannte Naumann (I, 484) die Zusammensetzung von klastischen Gesteinen aus kleinen Brocken und Körnern, wie es die Sandsteine zeigen.

Psammogen — nennt Renevier die Sande, Sandsteine und Conglomerate. — Syn. psammitische G., roches arénacées.
E. Renevier. Classif. pétrogén, 1881.

Psephite — ist eine von Brongniart stammende Bezeichnung für Conglomerate (Journ. d. Mines, t. 34, p. 31), welche Naumann (Geogn. I. 484) auch auf die Breccien ausdehnte und darunter alle klastischen Gesteine verstand, die im Gegensatz zu den Psammiten und Peliten, aus grossen Gesteinsbruchstücken bestehen.

Psephitstruktur — nannte Naumann (Geogn. I, 484) die Zusammensetzung der klastischen Gesteine aus mehr oder weniger grossen Bruchstücken, bald gerundet, bald eckig; also das Gefüge der Conglomerate und Breccien.

Psepholithe — nennt Gümbel (p. 92) die geschichteten, lockeren oder cementirten Gesteine, die vorwaltend aus deutlich erkennbaren Gesteinstrümmer älterer zerfallener Gesteine bestehen: Sand, Sandstein, Conglomerat, Breccie, Tuffe, Krume etc.

Pseudobasalt — scheint Humboldt einen stark glasigen Trachyt genannt zu haben.

Pseudoclivage — möchte Margerie die Ausweichungsclivage nennen, weil sie an bestimmte Flächen gebunden ist, zwischen welchen die Struktur des Gesteins nicht modificirt ist. *Heim* und *Margerie.* Die Dislocationen der Erdrinde, 1888, p. 120.

Pseudochrysolit = Bouteillenstein.

Pseudoeruptiv — nennt Lehmann (Untersuch. üb. die Entstehung der altkryst. Schiefergest., 1884, p. 237) das intrusive Empordringen fester, wie er annimmt, unter hohem Druck plastisch gewordener, Gesteinsmassen, die an die eruptive Intrusion flüssiger Massen erinnern, z. B. bei den sächsischen Granuliten beobachtet.

Pseudofelsitische Schiefer — nennt Fedorow (siehe Pseudoschiefer) die durch vollständige Zertrümmerung der Gemengtheile, Auftreten einer quasi felsitischen Grundmasse und deutliche Schieferung gekennzeichneten dynamometamorphen Grünschiefer.

Pseudoglimmerschiefer und **Pseudogneiss** — nennt Dathe (Abhandl. preuss. geol. Landesanst., 1892, XIII, p. 39) aus Gneissdetritus entstandene Grauwacken mit Gneiss- oder Glimmerschiefer-Habitus; er zählt sie zu den Feldspathsandsteinen.

Pseudoklastisch — nennt Senft (Felsarten, 67) die geschichteten oder ungeschichteten Gesteine, welche in einem klastischen oder schlackigen Bindemittel scharfkantige, seltener abgerundete Felstrümmer enthalten, die im Allgemeinen dieselbe mineralogische Beschaffenheit haben wie das Bindemittel. Es ist eine mangelhaft definirte Gruppe, welche die Taxite, vulk. Reibungsbreccien, Kieselconglomerate, Kalkbreccien etc. enthält.

Pseudokrystalle — heissen die durch Auslaugung von Krystallen (meistens Kochsalz) entstandenen und später durch Ausfüllung mit Mineralsubstanz ausgefüllten Hohlräume in Thonen und anderen Gesteinen. — Syn. Krystalloide.

Pseudomandeln — sind Secretionen, die sich nicht in primären Mandeln abgesetzt haben, sondern in Poren die sich durch Zersetzung eines Gesteinsgemengtheils gebildet haben.

Pseudometeorite — nennt man verschiedene Gebilde (Concretionen, Lava, Schlacken. tellurisches Eisen etc.) die irrthümlich als Meteorite beschrieben oder betrachtet worden sind.

Pseudomorph — sind die Minerale. welche ein anderes Mineral verdrängt haben oder aus ihm durch Umwandlung entstanden sind, oder den von ihm verlassenen Raum eingenommen haben. mit Beibehaltung seiner Form.

Pseudomorphismus — ist die Erscheinung wenn ein Mineral in einer fremden, einem andern Mineral entlehnten Form auftritt.

Pseudoolithe — so fasst Zirkel (Lehrb. d. Petr. 1893, I. p. 486) verschiedene, z. Th. von Loretz (siehe Oolithoide) beschriebene kuglige Gebilde in Kalksteinen und Dolomiten, die nicht die echte Oolithstruktur besitzen. Sie entstehen dadurch, dass feinkörnige Knöllchen in grobkörniger Masse liegen oder umgekehrt; oder die Kügelchen unterscheiden sich von der Zwischenmasse nur durch ihr Pigment, oder es sind abgerundete Fossilreste u. dsgl. Bornemann (Jahrb. preuss. geol. Landesanst. 1885, p. 277) hatte diese Bezeichnung auf Kalksteine die abgerundete und durch Wasser geschliffene Fragmente eines krystallinischkörnigen Kalksteins in einem Kalkbindemittel enthielten angewandt.

Pseudoporphyr (Freiesleben) = Melaphyr.

Pseudoporphyrischer Gneiss — nennt Lasaulx (p. 342) den schieferigen oder flaserigen Gneiss mit porphyrartig ausgeschiedenen gut ausgebildeten Orthoklaskrystallen. — Syn. Leistengneiss.

Pseudoporphyrischer Granit — ist bei Lasaulx (p. 329) eine Uebergangsform vom Granit zum Granitporphyr.

Pseudoporphyroide — nennt Fedorow (siehe Pseudoschiefer) diejenigen dynamometamorphen Gesteine, die bei deutlicher Schieferung eine starke Zertrümmerung der Gemengtheile aufweisen, wodurch quasi eine Grundmasse entsteht in der die grösseren Krystalle oder Bruchstücke pseudoporphyrisch eingebettet sind.

Pseudoschichtung — ist eine scheinbare Schichtung, bedingt durch Ablagerung von Mineralien an irgendwelchen natürlichen Ablösungsflächen, wodurch die Gesteine scheinbar geschichtet sind. — Syn. Pseudostratification, z. Th. Pseudostromatismus.

Pseudoschiefer — nennt Fedorow (Bull. du Comité géolog. 1887, VI, p. 434) die durch Dynamometamorphose aus Eruptivgesteinen hervorgegangenen Grünschiefer mit mehr oder weniger undeutlicher Transversalschieferung, Biegung und Knickung der Gemengtheile, aber mit unbedeutender Zertrümmerung derselben. Loewinson-Lessing (T. M. P. M. p. 534) gebrauchte die Bezeichnung für schieferähnliche und schieferige Tuffe (auch Conglomerate und Breccien) die von Neubildungen (oft Hornblendenadeln) in ihrer ganzen Masse überfüllt sind, und wo die Grenze zwischen Cement und Bruchstücken mehr oder weniger völlig verwischt ist.

Pseudoschieferung — nennt Roth (Allg. u. chem. geol., II, 23) die doppelte Spaltbarkeit von krystallinischen Schiefern nach zwei verschiedenen Richtungen; da diesen Gesteinen die Schichtung abgeht, will Roth diese secundären, durch Druck entstandenen Klüfte, die eine schon früher entstandene Schieferung schneiden, transversale Schief. nicht nennen.

Pseudosphärolithe — nennt Rosenbusch (Z. d. g. G. 1876, p. 369) die aus mehr als einem Mineral gebildeten, heterogenen Sphärolithgebilde.

Pseudostratification = Pseudoschichtung.

Pseudostromatismus — falsche Schichtung. So nennt Bonney die in einigen Gesteinen durch Druck entstehende scheinbare Schichtung parallel der Schieferung.

Bonney. Proc. Geol. Soc. 1886, p. 65.

Pseudotuffe — gebraucht Loewinson - Lessing in demselben Sinne wie Tuffoide.

Puddinggranite — werden einige (besonders amerikanische) Kugelgranite genannt, deren 0,5—2 Cntm. grossen Kugeln vorwiegend aus dunklen basischen Gesteinsgemengtheilen (Glimmer) bestehen und nicht radialstrahlig beschaffen sind.

Frosterus. T. M. P. M. 1893, XIII, p. 203.

Puddingstein (Puddingstone) — hat man Conglomerat mit sehr vorwaltendem und krystallinischem Bindemittel genannt.

Pulaskit — nennt Williams (Ann. Rep. geol. Survey of Arkansas for 1890. Vol. II, XV, 457. 1891) hypidiomorphkörnige oder granitporphyrische Ganggesteine, deren wesentliche Gemengtheile natronreicher Orthoklas, Barkevikit, Augit, Biotit u. Eläolith sind; es sind also gangartig auftretende Eläolithsyenite oder Eläolithsyenit-Porphyre (vielleicht Laurvikite?).

Pulverite — sind bei Gümbel (p. 11) staubartige Mikromorphite, also als feinstes Pulver auftretende Englasungskörnchen oder Globulite.

Pumit — siehe Bimstein.

Punktlava — wurde manchmal die Vesuvlava mit kleinen eingesprengten Leucitkrystallen genannt.

Puntuiglasgranit — ist nach Schmidt (N. J.-Beil.-Bnd. IV, 1886, 440) ein titanitführender Amphibol-Biotitgneiss.

Puys-Andesit — nennt Lang einen Typus der Gesteine der
Alkalimetall-Vormacht mit gleichen Mengen von Ca und
Na und weniger K.

Puzzolane — werden sehr locker cementirte Ablagerungen von
vulkanischem Sand genannt, wie z. B. bei Neapel. Es sind
helle, lockere, zu hydraulischem Mörtel verwerthete Tuffe.

Pyramidenbasalt — wird der säulenförmig abgesonderte Basalt
genannt, wenn die Dicke der Säulen nach einem Ende ab-
nimmt.

Pyrallolithfels = Rensselaerit.

Pyritdiorite — sind nach Daintree an Eisenkies reiche, von
Gold begleitete Diorite von Queensland.

Pyritgestein — nennt Kalkowsky (p. 293) die feinkörnigen oder
dichten, massigen oder geschichteten Gemenge von Pyrit
allein oder mit anderen Kiesen, die in mächtigen Lagen den
archäischen und paläozoischen Gesteinen eingeschaltet sind.

Pyroklastisch — nennt man manchmal die vulkanischen
Trümmergesteine.

Pyrogen — auf feuerflüssigem Wege gebildet; es werden oft
die Eruptivgesteine so genannt.

Pyrokaustisch (pyrok. Metam.) — ist Bunsen's Bezeichnung
(Ann. d. Chem. u. Pharm., Bnd. 62, p. 16) für die durch
Einwirkung der hohen Temperatur hervorgebrachten Veränderungen der Gesteine. Es sind diejenigen Umwandlungsprocesse, die später als Pyromorphismus zusammengefasst
wurden.

Pyromerid (Pyroméride) = Kugelporphyr; es sind Quarzpor-
phyre mit kugelförmiger Structur. Ursprünglich auf den
Kugeldiorit von Corsica (Pyroméride globaire) angewandt.
Monteiro. Journ. d. Mines, XXXV, p. 347 u. p. 407.

Pyromorphose (Pyromorphismus) — wird manchmal gebraucht
zur Bezeichnung aller metamorphischen Erscheinungen,
aller Umwandlungen, die durch die Einwirkung hoher
Temperatur bedingt sind. — Syn. pyrokaustischer Metamorphismus.

Pyrophyllitgestein von Nord-Carolina — besteht aus Pyrophyl-
lit; gehört zum Topfstein?

Pyropissit = Wachskohle.

Pyroschists (Pyroschiefer) — nannte Sterry Hunt (Am. J.
XXXV, p. 157) alle mit bituminösen Kohlenwasserstoff-
verbindungen imprägnirten Thone, Schieferthone etc., also
Brandschiefer, Oelschiefer u. dsgl.

Pyroxenandesite — sind Andesite mit einem oder mehreren Pyroxenen als einzigem oder neben dem Amphibol vorwiegendem gefärbten Gemengtheii.

Pyroxenfelsitporphyr oder Pyroxenquarzporphyr — sind Felsitporphyre mit Augit oder rhombischen Pyroxenen unter den Einsprenglingen.

Pyroxengesteine — bei Cotta allgemeine Bezeichnung für Gesteine mit wesentlichem Pyroxengehalt (ungeachtet der Structur und Entstehungsart.

Pyroxen-Granitporphyr — sind Granitporphyre mit porphyrartigen Einsprenglingen von Orthoklas, Quarz, Pyroxen, Biotit etc.

Pyroxengranulite = Trappgranulite.

Pyroxenit — dieser Benennung ist sehr verschiedene Bedeutung zugeschrieben worden. Am zweckmässigsten ist es mit Williams darunter krystallinischkörnige den Peridotiten entsprechende aus einem oder mehreren Pyroxenen bestehende Tiefengesteine zusammenzufassen. Zum ersten Mal wurde der Name von Sterry Hunt in der oben angeführten Bedeutung und auch für Pyroxennester in archäischen Kalksteinen gebraucht. Französische Forscher verstehen unter P. Augit (Pyroxen)-gneisse und Augitsyenitgneiss. Endlich hatten Zujovics und Dölter die Benennung P. für später von ihnen Augitit genannte glasige Peridotite ohne Olivin.

Die Bezeichnung Pyroxenit ist auch schon von Senft (Felsarten, 42), für körnige und dichte Pyroxengesteine in Anwendung gebracht worden; gehört zu seiner Gruppe der Magnesite.

T. Sterry Hunt. Geology of Canada, 1863, p. 667.

G. H. Williams. The non feldspathic intrusive rocks of Maryland and the course of their alteration. Amer. Geolog., July 1890, p. 47.

Pyroxenitserpentine — sind, im Gegensatz zu den Peridotitserpentinen, die aus Pyroxeniten hervorgegangenen Serpentine.

Pyroxenporphyrit — gebraucht Teall (British Petrography, 1888, p. 280) zur Bezeichnung aller Porphyrite mit monoklinem oder rhombischen Pyroxen. Siehe Augitporphyrit, Enstatitporphyrit.

Pyroxen-Quarzporphyre — sind von den sächsischen Geologen beschriebene Quarzporphyre, die verschiedene Pyroxene (Augit, Diallag, Bronzit) mehr oder weniger reichlich enthalten.

Q.

Quacker = Dolomit.

Quaderförmig — ist die Absonderung der Sandsteine und and. Gesteine, wenn sie in Quadern (siehe dies. Wort) zerfallen.

Quadern — werden diejenigen flach-parallelipipedischen oder würfelähnlichen Absonderungsformen der Gesteine genannt, die dadurch entstehen, dass die Schichtungsfugen von zwei sich kreuzenden vertikalen Kluftsystemen geschnitten werden.

Quartzophyllades — französische Bezeichnung für Quarzphyllite.

Quarzamphibolite — sind mittel- bis feinkörnige oder dichte Gesteine, die wesentlich aus Quarz und Amphibol bestehen und oft schiefrig sind.

Quarzandesit = Dacit.

Quarz-Augengneiss — sind seltenere Abänderungen der Augengneisse, in denen der Quarz als Augen erscheint.

Quarz-Augitandesite — sind Augitandesite mit wesentlichem Quarzgehalt.

Quarz-Augitdiorit — sind nach Streng und Kloos (N. J. 1877, p. 231) krystallinischkörnige Dioritgesteine, die wesentlich aus Quarz, Plagioklas und einem, oft uralisirtem oder von Hornblende begleitetem Pyroxen: Malakolith, Diallag oder Hypersthen bestehen. Streng nannte die Gesteine eigentl. Augit-Quarz-Diorit.

Quarz-Augitpropylit — sind Augitpropylite mit wesentlichem Quarzgehalt.

Quarzbasalt — sind die zuerst von Diller (Am. J. 1887, XXXIII, Nr. 193, p. 45) beschriebenen Basalte vom Lassen's Peak in Kalifornien, die zahlreiche Einsprenglinge von Quarz enthalten; Diller und Iddings betrachten denselben als primär, andere Autoren sehen darin Reste von eingeschmolzenen Gesteinen.

Quarz-Biotitgabbro — sind schwedische Gabbrogesteine, die Plagioklas, Diallag (und Hornblende), Quarz und Biotit führen. *Svedmark.* Sveriges Geol. Undersökning. 1885, Nr. 78.

Quarzbreccie — siehe Quarz-brockenfels.

Quarzbrockenfels — wird ein oft als Spaltenausfüllung auftretendes klastisches Gestein genannt, welches aus durch Quarz oder Eisenkiesel cementirten Quarzstücken besteht.

Quarzgabbro — sind Gabbrogesteine mit wesentlichem Quarz-Gehalt.

Quarzbronzit-Diorit — möchte Lechleitner (T. M. P. M. 1893, XIII, p. 16) quarzführende Varietäten der von Cathrein als Hornblendenorite bezeichneten Gesteine nennen.

Quarzconglomerat — werden solche, meist deutlich geschichtete, Conglomerate genannt, die vorwiegend aus Quarzgeröllen (mit seltenen Bruchstücken anderer Gesteine) und einem kieseligen Cement bestehen.

Quarzdiabase — sind die spärlich verbreiteten Diabase, welche primären Quarz (als Mesostasis, Krystallisationsrückstand) führen.

Quarzdiorit — werden die alten, wesentlich aus saurem Plagioklas, Amphibol, Quarz und meist auch Biotit, bestehenden krystallinischkörnigen Intrusivgesteine genannt.

Quarzdioritporphyrit = Quarzporphyrit, Quarzkersantit. Es sind holokrystalline porphyrische Ganggesteine von der Zusammensetzung der Quarzdiorite. Meist sind es Quarzglimmerdioritporphyrite.

Quarz-Enstatitdiorit — nennt Kalkowsky (p. 99) Gesteine, die sonst als Quarznorite bezeichnet würden. Vielleicht auch Quarzdiorite mit Diallag, Biotit und rhombischen Pyroxenen?

Quarzfels = Quarzit, Quarzgestein.

Quarzfelsophyr = Quarzporphyr.

Quarzfreier Orthoklasporphyr — siehe Orthoklasporphyr, Syenitporphyr, Orthophyr.

Quarzgabbro — sind mehr oder weniger veränderte Gabbro, die einen merklichen Gehalt an Quarz aufweisen; ausser Plagioklas (zu Saussurit umgewandelt) und Diallag enthalten sie auch Hornblende, Biotit.

Svedmark. Sverig. geolog. undersökning, 1881, Nr. 78.

Quarzgestein — wurden früher die als Gesteine auftretenden krystallinischen körnigen oder dichten Quarzmassen genannt.

Quarzgesteine — sind Quarzschiefer, Kieselschiefer, Quarzite und andere wesentlich aus Quarz bestehende Gesteine.

Quarzgeröll — ist eine lose oder locker verbundene Geröllmasse von Quarz mit beigemengten anderen Geröllen und Sand.

Quarzglimmerdiorit — sind alte intrusive körnige Gesteine oder Ganggesteine die wesentlich aus Plagioklas (z. Th. Orthoklas) Biotit, Quarz und etwas Hornblende bestehen.

Teller und *John.* J. g. R., 1882, XXXII, p. 655.

Quarzglimmerdioritporphyrit = Quarzglimmerporphyrit.

Quarzglimmerfels — ist nach Hibsch (J. g. R., 1892 XLI, p. 270) ein im Granitcontact auftretender, aus Quarz, Biotit und Sericit mit untergeordnetem Cordierit bestehender Hornfels. Feldspathführender Quarzglimmerfels — nennen die sächsischen Geologen die gneissähnlichen contactmetamorphen Bildungen (metam. Schiefer) im Lausitzer Granitgebiet; früher als Gneiss beschrieben.

Quarz-Glimmerporphyrit — sind porphyrische Gesteine von der Zusammensetzung der Quarz-Glimmerdiorite.

Quarzglimmervitrophyrit — nennt Rosenbusch (p. 468) die glasigen Ausbildungsformen der Quarzglimmerporphyrite; in einer pechsteinartigen Grundmasse enthalten sie einsprenglinge von Quarz und Feldspath.

Quarzglimmerschiefer — werden die quarzreichen, den Uebergang zu den Quarzschiefern bildenden, Glimmerschiefer genannt.

Quarzgneiss — werden solche quarzreiche Gneisse genannt, in denen der Quarz, ausser der üblichen Erscheinungsart, auch noch in dünnen Lagen auftritt.

Quarzgrus — nennt man grobe Varietäten von Quarzsand.

Quarzhornblendeporphyrit — entspricht unter den paläovulkanischen Laven dem Hornblende-Dacit. Altvulkanisches, wesentlich aus Hornblende, Plagioklas und Quarz bestehendes porphyrisches Gestein.

Quarzit — nennt man solche Sandsteine, die aus Quarzkörnern und einem kieseligen Cement bestehen so innig vermengt, dass die einzelnen Körner nicht mehr unterschieden werden können und das Gestein im Bruch glänzend ist.

Quarzite — ist bei Senft (p. 57) die Bezeichnung für die Gruppe der körnigen oder schieferigen, manchmal breccienartig aussehenden, weissgrauen bis grauschwarzen Gesteine, welche wesentlich aus vorherrschendem Quarz mit Glimmer oder Talk, oder Turmalin bestehen (Itakolumit, Greisen, Turmalinfels etc.).

Quarzitglimmerschiefer — werden quarzreiche Muscovitschiefer mit ebenschiefriger Parallelstruktur und gleichmässig vertheiltem Quarz genannt; bilden den Uebergang zu den Quarzschiefern.

Quarzitischer Phyllit — sind nach Kalkowsky (p. 252) Quarzphyllite mit fein und regelmässig vertheiltem Quarz; die feinkörnigen sind Wetzschiefer, Novaculite.

Quarzitische Thonschiefer — sind Thonschiefer mit gleichmässig und fein vertheiltem Quarzgehalt oder mit Lagen und Schmitzen von Quarz.

Quarzitschiefer — sind schiefrige Quarzite.

Quarzkeratophyr — sind Quarzporphyre mit Natronfeldspath.

Quarzmelaphyr — nennt Andreae (Z. d. g. G. 1892, XLIV, p. 825) paläovulkanische Gesteine die als Aequivalente der jüngeren Quarzbasalte erscheinen; ihre Struktur gehört zu Rosenbusch's Navittypus.

Quarznorit — nannten Teller und John (J. g. R., 1882, XXXII, p. 650) Enstatit- oder Hypersthennorite mit wesentlichem Quarzgehalt.

Quarzorthophyr = Quarzporphyr.

Quarzpechstein — nennt Lasaulx (229) diejenigen Pechsteine die ausgeschiedene Quarzkrystalle enthalten.

Quarzphyllite — sind quarzreiche Phyllite, in denen der Quarz in Knauern, dünnen Lagen und Lamellen auftritt; ist der Quarzgehalt regelmässig und fein vertheilt, so entstehen quarzitische Phyllite (Kalkowsky, 452).

Quarzporphyr — werden die sauren paläovulkanischen porphyrischen Effusivgesteine genannt, die bei verschiedener Beschaffenheit ihrer Grundmasse (siehe Felsophyr, Granophyr, Mikrogranit, Vitrophyr), ausgeschiedene Quarz-, Orthoklas-, Hornblende-, Pyroxen-, Glimmerkrystalle (eins, zwei oder mehrere der genannten Mineralien) enthalten und wesentlich aus Quarz, Orthoklas und einem oder mehreren Vertretern der Mineralien: Biotit, Hornblende, Augit bestehen und nach dem Kieselsäuregehalt den Graniten entsprechen, als deren Effusivformen sie aufzufassen sind. — Syn. quarzführender (Orthoklas)-Porphyr, Feldsteinp., Euritporph., Felsitp., Hornsteinp., Thonsteinp. etc.

Quarzporphyrite — sind nach Rosenbusch's Bezeichnungsweise Hornblendeporphyrite mit wesentlichem Quarzgehalte.

Quarzporphyroide — nennt Kalkowsky (190) solche Porphyroide, wo die Einsprenglinge ausschliesslich oder stark vorwiegend Quarz sind.

Quarzpropylit — sind nach Richthofen und Zirkel quarzführende Andesite mit dem Habitus älterer Grünsteine.
F. v. Rihthofen. Memoirs California Acad., I, II, 1868, p. 12.

Quarzpsammit = Quarzsandstein.

Quarzrhombenporphyre — den Nordmarkiten entsprechende an Natron und Kali reiche Effusivgesteine.
W. Brögger. p. 65.

Quarzrhyolithe — ist Lasaulx's Bezeichnung (p. 273) für die Quarztrachyte.

Quarzsand — ist Sand der wesentlich aus kleinen eckigen und abgerundeten Quarzkörnern besteht; gewöhnlich einfach als Sand bezeichnet.

Quarzsandstein — ist der gewöhnliche, beinahe ausschliesslich oder stark vorwiegend aus Quarzkorn mit verschiedenem Bindemittel bestehende Sandstein. — Syn. Kieselsandstein.

Quarzschiefer — sind schieferige Quarzite.

Quarzsyenit — nannte Scheerer (N. J. 1864, p. 403). Bei *Brögger* gehören hierher die Nordmarkite.

Quarztrachyt — ist Zirkel's (II, 146) Bezeichnung für Liparit.

Quarztrachytsand — besteht aus zersetztem Liparit, Bimsteinbruchstücken, Obsidianscherben und dsgl. *Zirkel* in Hochstetter, Geol. v. Neuseeland 1864, p. 128.

Quarzturmalinfels = Hyalotourmalite.

Quarz-Uralitdiorit — sind nach Bergt (T. M. P. M. 1889, X, p. 314) Dioritgesteine, die aus Plagioklas, Quarz, primärer Hornblende und aus Augit harvorgegangenem faserigem Uralit bestehen.

Quellerz — siehe Raseneisenstein.

Quellsand — ist feiner aus abgerundeten, kaum $^1/_4$ Linie grossen Körnern, bestehender Sand (Quarzsand).

Quernstone = Ironsand.

Quetschflächen — nennt Naumann (I, 494) die gekrümmten, gebogenen Begrenzungsflächen weicher Gesteine, die gewaltsam gepresst und in einander gequetscht wurden; oft geglättet und mit Streifung versehen, entsprechend den Rutschflächen.

Quetschlossen — sind in druckschieferigen Gesteinen ebene parallele, von Glimmer oder der Graphit bekleidete, Ablosungen.

Quicksand — ist feiner Sand.

Quincite — nennt Stan. Meunier die Meteorite (Oligosiderite) vom Typus des Met. von Quincay.

R.

Radialsphärolithe — nennt Lasaulx (p. 111) die Sphärolithe mit radialer Anordnung der Körner oder stengeligen Individuen die sie zusammensetzen.

Radiolarienmergel — ist eine hauptsächlich aus Radiolarienresten, auch Foraminiferen, Diotomeen und dsgl., bestehende Ablagerung.

Radiolarienschlamm — ist der hauptsächlich aus Radiolarienresten bestehende Tiefseeschlamm.

Radiolithische Struktur oder **Entglasung** — nennt Loewinson-Lessing (T. M. P. M. 1887, IX, p. 70) eine radialstrahlige

Beschaffenheit der glasigen Gesteinsmasse (beim Sordawalit), wobei die strahligen Büschel nicht echte Sphärolithe, sondern nur verschieden orientirte Sectoren bilden.

Randanit — von Solvétat als neues Mineral betrachtet, ist Kieselguhr.

Randfacies — heissen diejenigen Gebilde oder Abänderungen der Gesteine, die an den Rändern, an den äusseren Theilen eines Gesteinsmassivs, an seinen Grenzen gegen andere Gesteine etc. auftreten. — Syn. Grenzfacies, Randbildungen, Randzone.

Ranocchiaja — nennt man in Italien grünlichgelbe gefleckte Serpentine oder solche die durch Verwitterung netzartig gelb nnd grün geadert erscheinen. — Syn. Froschstein.

Rappakiwi („fauler Stein") — finnländischer oft sehr verwitterter Granitit; besteht aus Orthoklas, Oligoklas, dunklem Glimmer, Quarz und oft reichlich Hornblende. Porphyrartig durch grosse rundliche Knollen von rothem Orthoklas mit einer grünen Oligoklasrinde. Manche Varietäten sind stark zerklüftet und werden daher leicht incoherent, bröckelig und zerfallen zu Gruss, woher auch der Name stammt. *Böthlingk.* N. J. 1840, p. 613.

Rapilli = Lapilli.

Raseneisenerz (Raseneisenstein) = Wiesenerz.

Rasenkohle = Blätterkohle.

Rasentorf — lockerer, brauner, aus deutlich erkennbaren Pflanzenresten bestehender Torf.

Rauchkalk = Rauchwacke.

Rauchwacke — wird der feinkörnige von verschiedenartigen Zellen und Höhlungen durchsetzte Dolomit, der dadurch ein rauhes, zerfressenes und durchlöchertes Aussehen erlangt. — Syn. Rauchkalk, Rauhkalk, Raustein, cavernöser Dolomit.

Rauhkalk = Rauchwacke.

Rauhstein = Rauchwacke.

„Red-fog" — Sirocco-Staub, Meeresstaub.

Regenerirte Gesteine — werden manchmal die klastischen Gesteine, als Gegensatz zu den primären krystallinischen Gesteinen genannt. Loewinson-Lessing (siehe Amphogen) nennt so die halbklastischen Gesteine: Thonschiefer, Quarzite, Contactgesteine etc.

Regenerirte Gneisse — sind gneissähnliche Arkosen oder Feldspathsandsteine.

Regenerirter Granit — wurde früher durch ein Bindemittel verkitteter Granitgruss genannt. — Syn. Feldspathpsammit, Arkose z. Th.

Regenerirte Tuffe — nannte Richthofen (geogn. Beschr. von Süd-Tyrol 1861) eine Gruppe von umgewandelten Tuffen der Augitporphyrite etc.

Regionalmetamorphose (Regionaler Metamorphismus) — Daubrée bezeichnete damit diejenigen metamorphen Veränderungen der Gesteine, die nicht zum Contactmetamorphismus gehören. Bei verschiedenen Autoren hat der Begriff einen verschiedenen Umfang: bald sind es alle Gesteinsveränderungen, mit Ausschluss der Contactmetamorphose; bald ist es die Reihe der Umwandlungen durch welche die krystallinischen Schiefer sich herausgebildet haben, bald die nachweisbaren Umänderungen der Sedimentärgesteine und Herausbildung neuer. — Syn. allgemeiner, normaler Metamorphismus.

Regur — wird in Indien die Schwarzerde genannt. — Syn. Cotton-Soil.

Reibungsbreccien — ist der übliche Ausdruck für die contusiven und eruptiven Frictionsgesteine (siehe dieses Wort).

Reibungsconglomerate — siehe Frictionsgesteine.

Reibungsflächen — sind durch Verschiebungen und Verwerfungen entstandene polirte, geschliffene und oft in einer Richtung gekritzte oder gefurchte Flächen. — Syn. Rutschfläche, Spiegelfläche.

Reinerz = Nierenerz.

Renazzite — ist Stan. Meunier's Bezeichnung für die Meteorite (Oligosiderite) vom Typus des Met. von Renazzo.

Renslaerit (Rensselaerit) — nannte Emmons (American Geology 1855, auch Amer. Journ. 1843, XLV, 122) serpentinähnliche Gesteine mit etwas krystallinisch scheinender Beschaffenheit. Vielleicht auch Topfstein? Es sind unter dieser Bezeichnung wohl auch talkig umgewandelte Diabasgesteine beschrieben worden. — Syn. Pyrallolithfels.

Résinite (feldspath rés.) Hauy — siehe Pechstein.

Reticularsphärolithe — nennt Lasaulx (p. 111) die Sphärolithe mit concentrisch-schaliger und zugleich radialer Struktur, was ihnen im Durchschnitt ein netzartiges Aussehen verleiht.

Retinit = Pechstein.

Rhodonitfels — ist ein Pyroxenit der ausschliesslich oder vorwiegend aus Rhodonit besteht.

Rhönbasalt — ist bei Lang ein Typus seiner Gesteine der Kalk-Vormacht, wo die Menge des Natrons grösser als die des Kalis ist und der Kieselsäuregehalt 40 % beträgt.

Rhombenporphyr — norwegische quarzfreie Orthoklasporphyre, wegen der rhombenförmigen Durchschnitte ihrer Feldspatheinsprenglinge so benannt; der Feldspath ist natronreich. *L. v. Buch.* Gesamm. Schriften.

Rhyolith = Quarztrachyt, Liparit. *F. v. Richthofen.* Studien aus den ungarisch-siebenbürgischen Trachytgebirgen. (Jahrb. k. k. geol. Reichsanst. 1861, p. 153).
    Naumann wollte den Ausdruck auf die glasigen Ausbildungen einschränken (Geogn. III, 299).

Rhyolith-Granit — nennt Lang einen Typus der Gesteine der Alkali-Vormacht mit mehr K als Na.

Rhyolithporphyr — wurden manchmal porphyrische Liparite genannt. Lasaulx (p. 272) gebraucht es im Sinne von Quarztrachyt.

Rhyotaxis (Lossen) = Fluidalstruktur.

Rhyotaxitisch — nennt Lossen die Gesteine mit Fluidalstruktur.

Richmondite — ist Stan. Meunier's Bezeichnung für die Meteorite (Oligosiderite) vom Typus des Met. von Richmond.

Richtungslos — ist die typische körnige Struktur der massigen Gesteine, wenn sie nach allen Richtungen dieselbe ist.

Riders — werden in England grössere Bruchstücke des Nebengesteins in breccienartigen Gangausfüllungen genannt.

Riesenconglomerate — sind die im Flysch vorkommenden sandigen Breccien mit grossen Gesteinsblöcken.

Riesenflaserstruktur — nennt Kalkowsky die grobflaserige Verknüpfung von verschiedenen Gesteinsarten, z. B. Gabbro mit Amphibolit, wodurch eine polymikte Zusammensetzung entsteht, z. B. polym. Gabbro, polym. Amphibolit.

Riesengneiss = Gigantgneiss.

Riesengranit — heissen die besonders grobkörnigen Granite mit oft kopfgrossen Gemengtheilen, meist Muscovitgranite.

Riesenoollthe — sind alpine oolithische Kalksteine mit oft faustgrossen, dabei aber meist unregelmässigen, Oolithkörnern.

Rill-marks — sind die manchmal auf den Schichtungsflächen von Sandsteinen und dsgl. auftretenden linearen Furchen und Wülstchen, die vereinzelt oder zu mehreren aus einen gemeinschaftlichen Punkt sich hinziehen und durch Wasserfluctuation auf dem noch weichen Gestein hervorgebracht sind.

Ripple-marks — sind Reihen von etwas gekrümmten Furchen und Wülsten, die auf den Schichtungsflächen von Sandsteinen, Grauwacken, Thonschiefern erscheinen und als durch Wellenschlag, Windwehen und Wasserspülen in dem noch nicht verfestigten Material des Gesteins hervorgebracht betrachtet werden. — Syn. Wellenfurchen.

Rinde der Meteorite — ist die schwarze, durch oberflächliche Schmelzung entstandene, Umrindung der Meteorite, die für dieselben höchst bezeichnend ist.

Rindenstein — als Rinde niedergesetzte Niederschläge von Kalk oder Kieseltuff.

Ripidolithschiefer = Chloritschiefer.

Rodite — nennt Stan. Meunier die Steinmeteorite vom Typus des Met. von Roda.

Roestone = Rogenstein.

Röthelschiefer (Gümbel) = Schieferletten.

Röthung der Gesteine — ist die bei deren Verwitterung auftretende, durch Oxydation des Eisens in seinen Verbindungen und Ausscheidung von Eisenoxyd bedingte rothe oder rothbraune Färbung. — Syn. Rubefaction.

Rogenstein — sind oolithische Kalksteine, wo die kalkigen, gewöhnlich dich aussehenden, Körner durch ein thonig-mergeliges Bindemittel verbunden sind.

Rohwand — ist körniger mit Ankerit oder Kalkspath gemengter Spatheisenstein.

Rollsteine = Gerölle.

Rotheisenstein — ist das rothe oder dunkelgraue (als Eisenglanz) dichte, körnige, manchmal mit Thonerde der Kieselsäure vermengte wasserfreie als Gestein auftretende Eisenoxyd.

Rottenstone — ist ein verwitterter kieseliger Kalkstein, der nach der Auslaugung des Kalkes als kieseliges Cement erscheint.

Rotulite — nach F. Rutley (siehe Bacillite) biconcav-scheibenförmige Krystallite.

Rubefaction — siehe Röthung.

Ruderale Gebilde — nennt Gümbel (p. 238) die als Schlammströme zur Ablagerung gelangten Gesteine.

Ruinenmarmor — ist ein bunter Kalkstein (Mergel?), dessen Oberfläche ruinenartige Zeichnungen aufweist.

Rundkörnig — ist manchmal die Textur der Gesteine, wenn sie bei der Verwitterung in ziemlich runde Körner zerfallen.

Runzelung der Schichten = Gefältelte Struktur.

Russkohle — staubartige, lockere Abart der Steinkohle.

Rutlamite — ist Stan. Meunier's Bezeichnung für die Meteorite (Oligosiderite) vom Typus des Met. von Rutlam.

Rutschflächen (Rutschspiegel) = Reibungsflächen, Schliffflächen.

S.

Saccharoide Struktur = zuckerkörnige Str.

Särnadiabas — ist nach Törnebohm (Siehe Salitdiabas) feinkörniger Olivindiabas oft mit etwas accessorischem Glimmer, Quarz und einer aus grünen Körnern und farblosen Nadeln bestehenden mikrokrystallinen Grundmasse. Wohl eher zu den Diabasporphyriten zu rechnen.

Säulen — siehe säulenförmig.

Säulenbasalt — werden manchmal Basalte mit scharf ausgeprägter säulenförmiger Absonderung genannt.

Säulenförmig — ist die Absonderung der vulkanischen (und auch mancher anderer) Gesteine, wenn sie durch mehrere Spaltensysteme in mehr oder weniger schlanke 3- bis 9-seitige, meist 5—6-seitige S ä u l e n, getheilt sind. Syn. basaltische Absonderung.

Säulige Absonderung = säulenförmige Abs.

Sagvandit — so benannte Rosenbusch einen aus Pyroxen und Calcit bestehenden krystallinischen Schiefer.

H. Rosenbusch. Ueber den Sagvandit, ein neues Gestein. — Tromsoe Museums Aarshefter, VI, 1883, p. 81.

Salbänder — sind die Grenzflächen eines Ganges.

Salino — ist entweder der grobkörnige Pentelische Marmor oder der feinkörnige Parische.

Salitamphibolit — besteht aus Hornblende und Salit, manchmal mit etwas Quarz und Feldspath.

Becke. T. M. P. M. 1882, 296.

Salitdiabas — Diabasgesteine mit reichlicher Beimengung eines farblosen nach oP spaltenden idiomorphen monoklinen Pyroxens. (Siehe Hunne-Diabas). — Syn. Malakolithdiabas (Lossen).

A. Törnebohm. Om Sveriges vigtigare Diabas-och-Gabbro-Arter. (Kongl. Svenska Vetensk. Akad. Förhandl. 1877, XIV, Nr. 13.

H. Rosenbusch. Die Gesteinsarten von Ekersund. Nyt. Mag. f. Naturw. XVII, 4. 1882. Christiania.

Salit-Glimmerschiefer — sind dichte, aus alternirenden blassgrünen und dunkelbraunen Lagen bestehenden Schiefer, die aus Salit, Quarz, Biotit und Chlorit zusammengesetzt sind. *E. Kalkowsky.* T. M. P. M. 1876, p. 95.

Salitschiefer — nennt Kalkowsky (p. 234) feinkörnige und dichte Gesteine, die aus Salit oder einem ihm nahestehenden Pyroxen, Quarz und Feldspath bestehen.

Salzgyps — von faserigem Steinsalz durchzogener Gyps.

Salzlette = Halda.

Salzthon — ist dunkler, manchmal schwarzer, mit Kochsalz imprägnirter und manchmal auch von Gyps und Anhydrit durchzogener Thon. Zum ersten Mal von Humboldt (?) beschrieben. Siehe auch Schafhäutl., Münch. Gel. Anz. 1849, Nr. 183, p. 128.

Salztrümmergestein — nach Charpentier eine Spaltenausfüllung bei Bex, die aus durch Salz cementirten Bruchstücken und Sand von Anhydrit, Kieselkalk etc. besteht.

Sand — werden alle losen klastischen Ablagerungen genannt, die aus losen Körnern bestehen. Vorwaltend sind die Körner Quarz; es kommen aber mitunter auch andere Mineralien in mehr oder weniger beträchtlicher Menge darin vor. Vulkanischer Sand ist zu kleinen Körnern oder winzigen Stückchen zerstäubte Lava die in losen Massen ausgeschleudert wird und um den vulkanischen Schlot sich anhäuft.

Sanderz — wird im Zechstein Thüringens ein kupfererzführender conglomeratartiger Sandstein genannt.

Sandkalk (Kalkstein) — ist mit Sand, manchmal auch Thon, untermengter Kalkstein. — Syn. Grobkalk.

Sandkohle — Abart der Steinkohle.

Sandmergel — werden die sandreichen lockeren Mergel genannt.

Sandschiefer (elastischer) = Itakolumit.

Sandstein — ist die allgemeine Bezeichnung für klastische mehr oder weniger feste Sedimentärgesteine, die aus kleinen eckigen oder abgerundeten Mineralkörnern (auch Gesteinsbruchstücken) und einem Bindemittel bestehen. Meist versteht man unter Sandstein ohne Prädicat den gewöhnlichen Quarzsandstein, der fast ausschliesslich Quarzkörner enthält. Das Cement der Sandsteine kann sehr verschieden sein (thonig, kalkig, eisenschüssig etc. etc.). — Syn. Psammit.

Sandsteinartig — siehe psammitisch.

Sandsteinconglomerat — werden manchmal Conglomerate genannt die aus Sandsteinbruchstücken und zurücktretendem braunem eisenhaltigem Cement bestehen. Meist thonige, glimmerreiche, schieferige oder dünn geschichtete Sandsteine.

Sandsteinschiefer — ist ein schwach veränderter schieferähnlicher Sandstein (in den älteren Schieferformationen); auch Itakolumit.

Sanidinbimsteine — nennt Lasaulx (p. 228) diejenigen Bimsteine, die durch Sanidin und manchmal auch einige andere Gemengtheile (Hauyn, Hornblende, Magnetit) porphyrartig sind.

Sanidinconglomerate — nennt Senft (p. 72) diejenige Gruppe seiner hemiklastischen Gesteine, die in einer mehr oder weniger erdigen, porösen Zwischenmasse Bruchstücke von Trachyt, Phonolith, Bimstein etc. enthalten, also Trachyt-, Phonolith-, Bimsteinconglomerate und Breccien, Trass etc.

Sanidin-Felsitporphyr — siehe Sanidin-Quarzporphyr.

Sanidingesteine — sind diejenigen Eruptivgesteine, wo der Feldspathgemengtheil Sanidin ist.

Sanidinit — miarolithisch-körnige, an Drusenmineralien reiche, trachytische Auswürflinge.

Sanidinite — bilden bei Senft eine Gruppe der sanidinhaltigen Eruptivgesteine (Trachyte, Phonolithe, merkwürdigerweise auch Andesite).

Sanidin-Leucitgestein — siehe Leucitophyr, Leucitlava.

Sanidin-Leucitophyr — siehe Leucitophyr.

Sanidin-Noseanphonolith — ist bei Boricky (siehe Leuc.-Neph. Phon.) eine Abart der Noseanphonolithe.

Sanidinobsidian — nennt Lasaulx (p. 227) Obsidiane mit porphyrartig ausgeschiedenem Sanidin.

Sanidin-Oligoklastrachyt — wurden früher, und werden es manchmal auch noch jetzt, solche Trachyte genannt, die Sanidin und Oligoklas (Plagioklas) nebeneinander enthalten.

Sanidinpechsteine — nennt Lasaulx (p. 228) solche Trachytpechsteine, wo porphyrartig nur Sanidin ausgeschieden ist.

Sanidin-Plagioklastrachyt — galt früher als eine Unterabtheilung der Trachyte gekennzeichnet durch einen beständigen Plagioklasgehalt. — Syn. San.-Oligoklastrach.

Sanidin-Quarzporphyr — nannte Jenzsch (Z. d. g. G. X, 1858, p. 49) einen Felsitporphyr von Zwickau wegen des farblosen glänzenden sanidinähnlichen Habitus des Feldspaths.

Sanidinrhyolith — nennt Lasaulx (p. 276) diejenigen Liparite, die in einer aphanitischen Grundmasse porphyrartige Einsprenglinge von Sanidin allein oder manchmal in Begleitung spärlicher Krystalle von Biotit, Plagioklas, Hornblende enthalten.

Sanidintrachyt — wurden früher die plagioklasfreien Trachyte genannt.

Sanidophyr — siebenbürgische Liparite mit grauer felsitischer homogener Grundmasse und grossen porphyrischen Einsprenglingen von Sanidin und wenig Plagioklas. Es sind also Liparite ohne intratellurische Quarzausscheidungen. *v. Dechen.* Siebengebirge. 1861, p. 108.

Sansino — gelber, manchmal mergeliger, Sand mit Eisenoxydconcretionen, im Arnothale; auch in ein Conglomerat übergehend. — *Stöhr.* Annuario d. Soc. d. Natur. di Modena, V.

Sasso morto = Nekrolith, Peperino. ?

Sauerstoffquotient — ist der von Bischoff (Lehrb. d. chem. u. phys. Geol. II, I, p. 631; 1851) für die Charakteristik der chemischen Zusammensetzung der Gesteine eingeführte Quotient, den man erhält, wenn man die der Kieselsäure entsprechende procentische Menge des Sauerstoffs in die der mit den Oxyden verbundenen Menge dividirt. Tschermak (Porphyrgesteine Oesterreichs, 1869, p. 27) hat einen andern, complicirteren Sauerstoffquotienten vorgeschlagen; als Grundlage dienen die Sauerstoffquotienten der einzelnen Gesteinsgementheile; (siehe das Original). — Cf. S i l i - c i r u n g s s t u f e.

Saugschiefer = Polierschiefer.

Saure Gesteine — nennt man die an Kieselsäure reichen Eruptivgesteine; bei verschiedenen Autoren ist die Grenze gegen die neutralen oder basischen Gesteine mehr oder weniger willkürlich gewählt, meist um 65 % — 60 % Kieselsäure; es werden also als sauer diejenigen Gesteine bezeichnet deren Kieselsäuregehalt unter den eben angeführten nicht heruntergeht. Siehe Cotta, Fouqué und Michel - Lévy (Minéral. micrograph. 1879). Loewinson-Lessing (Bull. d. l. Soc. Belge de Géol.) sieht das Charakteristische der sauren Gesteine in dem Vorhandensein eines Ueberschusses von Kieselsäure in freiem Zustande, wobei als Minimum des Kieselsäuregehalts sich 60 % ergiebt. — Syn..Acidite.

Saurierbreccie = Bonebed.

Saussuritdiabas — sind Diabase, deren Feldspath mehr oder weniger vollständig zu Saussurit umgewandelt ist.

Saussuritgabbro — sind Gabbrogesteine, deren Feldspath mehr oder weniger vollständig zu Saussurit umgewandelt ist.

Saustein = Stinkkalk.

Saxonit — von M. Wadsworth, Lithological Studies (Mem. of the Museum of Comparative Zoology at Harvard College. Cambridge, 1884, p. 86) wurde dieser Name eingeführt für körnige Enstatit- oder Bronzit-Olivin Gesteine (Peridotite) ebenso meteorischen als terrestrischen Ursprungs. Rosenbusch nennt diese Gesteinsgruppe H a r z b u r g i t e (siehe dies. Wort).

Scariös = schlackig.

Schaalenaufbau der Krystalle — ist eine vielen Mineralen eigenthümliche Struktur, die darin besteht, dass der Krystall aus concentrischen in einander gelagerten Schichten, oder Zonen, aufgebaut ist, die sich durch Farbe, Zusammensetzung, Einschlüsse oder optisches Verhalten von einander unterscheiden. Oft schön ausgebildet bei den porphyrartigen Einsprenglingen der porphyrischen Gesteine. — Syn. zonarer Bau, Zonenbau.

Schäckschiefer — werden die durch dunklere und hellere Flecken bunten Thonschiefer genannt.

Schalenförmig — ist die Absonderung mancher Gesteine, z. B. Granite, Mandelsteine, (gewöhnlich verbunden mit der kugeligen) wenn sie eine Anordnung in mehr oder weniger scharf von einander abgesonderte Schalen aufweist, die sich um den kugeligen Kern schmiegen.

Schalenporphyr — werden manche Bandporphyre, die nach den, oft gebogenen, Lagen leichter spalten als quer darüber, genannt. Syn. schieferiger Porphyr.

Schalige Absonderung — unterscheidet sich von der plattenförmigen, dass die einzelnen dünnen Platten gekrümmt, gewölbt sind; oft mit der kugligen Absonderung verbunden durch eine Anordnung von concentrischen Schalen um den Kern der Kugeln.

Shalkit — nannte G. Rose (Siehe Pallosit) Metonite die ein körniges Gemenge von vorwaltendem Olivin mit „Shepardit" und Chromeisenerz sind.

Schalstein — unterseeische Diabastoffe, gewöhnlich sehr stark metamorphosirt. Ursprünglich sehr unbestimmte Benennung für metamorphosirte Diabase, Tuffe u. dsgl.
  Stifft. Leon. Z. f. Min. 1825, I, p. 147 und 236.

Schalsteinporphyr — nannte Dechen (Nöggerath, Rheinland-Westphalen, 1822, II, 21) Schalsteine von Brilon mit eingesprengten Feldspathkrystallen.

Schalsteinschiefer — sind schiefrige Schalsteine.

Schaumgesteine — nennt Zirkel (p. 232) die stark blasigen und bimsteinartigen Glasgesteine.

Schaumig — ist die Structur blasiger Gesteine, wenn die Gesteinsmasse als dünne Häutchen zwischen zahlreichen Lufträumen erscheint, wie z. B. bei den Bimsteinen.

Schaumkalk — werden fein poröse, beinahe schwammige, weiche Kalksteine genannt (auch Pseudomorphosen von Aragonit nach Gyps sog. Schaumspath). Syn. Mehlbatzen.

Scheindiorite — nennt Bergt (T. M. P. M. 1889, X, p. 349) alle secundären Dioritgesteine, d. h. alle Gesteine, die durch Epigenisirung eines Pyroxens (in Diabasen, Gabbros, Hyperiten etc.) durch Hornblende zu Dioriten werden. — Syn. Metadiorit, Deuterodiorit, Hyperit-Diorit, Gabbro-Diorit, Epidiorit, Diabas-Diorit etc.

Scherbenschiefer — nennt Lehmann (Unters. über die Entstehung der altkrystall. Schiefergest. 1884, p. 156) solche durch Druckmetamorphose aus ursprünglich krystallinen Gesteinen entstandene Schiefer, die eine Art Reibungsbreccien sind, aber dadurch sich von diesen letzteren unterscheiden, dass die in der Schiefermasse liegenden Fragmente flache scherbenartige Form haben.

Schichten — siehe Schichtung.

Schichtgesteine = Sedimentärgesteine.

Schichtung — ist die Zusammensetzung der Sedimentärgesteine aus einzelnen, wie Blätter eines Buches aufeinander gelagerten, durch parallele Flächen begrenzten ausgedehnten und wenig dicken Lagen, die S c h i c h t e n genannt werden. — Syn. Stratification, z. Th. Bankung, Plattung. Naumann nannte die Plattung der vulkanischen Gesteine effusive Schichten, Effusionsschichten.

Schichtungsfuge — ist Naumanns Ausdruck (I, p. 499) für Schichtungskluft.

Schichtungskluft — ist die Trennungsfläche zwei unmittelbar auf einander folgender Schichten eines geschichteten Gesteins. Syn. Schichtungsfuge.

Schiefer — nennt man ohne Rücksicht auf ihre Bildungsweise oder ihre Zusammensetzung, die Gesteine mit schieferiger Struktur. Bei Senft decken sich die Schiefergesteine mit den Argiloiden. Einige Autoren (Bonney, Geikie u. a.)

beschränken die Bezeichnung auf die krystallinischen Schiefer. Unter der Bezeichnung krystallinische Schiefer versteht man die Gruppe der schieferigen krystallinischen Gesteine, wie Gneiss, Glimmerschiefer, Granulite etc., die bald als metamorphosirte Sedimente, bald als veränderte Eruptivgesteine betrachtet werden. Von den meisten Autoren wurde bisher der Ausdruck als gleichbedeutend mit archäischen Schiefern, Urschiefern gebraucht, da die krystallinischen Schiefer in der That zum grössten Theil in den archäischen Ablagerungen auftreten. Es sind aber auch jüngere krystallinische Schiefer bekannt. Ueber die verschiedenen Hypothesen betreffend den Ursprung der krystallinischen Schiefer siehe z. B. den Compte-Rendu du V Congrès Géologique. Londres, 1888.

Schiefergneiss — werden die Abarten des Gneisses mit scharf ausgeprägter Schieferung genannt. Letztere ist durch ausgedehnte, die körnigen Feldspath-Quarzlagen von einander trennen den Glimmerlagen bedingt, die allein auf der Schieferfläche zu sehen sind und dem Gestein ein glimmerschieferähnliches Aussehen verleihen.

Schieferhornfels — sind zu Hornfels im Contact umgewandelte Schiefer, manchmal z. Th. mit Beibehaltung einer Schieferung.

Schieferkalkstein — siehe Calcschiste, Kalkschiefer.

Schieferkohle = Blätterkohle.

Schieferletten — siehe Letten.

Schieferporphyroid — nannte Lossen (Z. d. g. G. 1869, p. 330) eine Gruppe von orthoklasführenden Schiefern, die zu seinen Porphyroiden gehören. Vielleicht sind verschiedene Dinge später unter dieser Bezeichnung beschrieben worden, auch wohl Quarzite u. dsgl. Vergl. Gümbel, Paläolith. Eruptivgest. des Fichtelgeb. 1874, p. 45 und Roth, Allgem. u. Chem. Geol. III, 1893, p. 521.

Schiefertextur — siehe Schieferung.

Schieferthon — ist durch Schieferung gekennzeichneter Thon, so zu sagen ein weicher Thonschiefer.

Schieferung — ist die bei manchen Sedimentärgesteinen gut entwickelte Spaltbarkeit in dünne eben- und parallelflächig begrenzte Schichten. Die echte primäre Schieferung ist durch lagenweise angeordnete lamellare Gemengtheile, durch platte organische Ueberreste etc. bedingt. Im Gegensatz dazu ist die secundäre oder falsche (siehe dies.

Wort) Schieferung ein Resultat der Druckmetamorphose
und tritt auch bei krystallinischen Gesteinen auf.

Schiefrig — sind die Gesteine, wenn sie nach einer bestimmten Ebene leichter spalten, als nach den übrigen und dabei
oft sich beinahe bis ins Unendliche in dünne Blätter theilen lassen, wie die Mineralien nach ihren Spaltungsflächen.
Die Schieferung kann p r i m ä r sein, hervorgerufen durch
parallele Lagerung blättriger Gemengtheile, oder s e c u n -
d ä r, als Folge mechanischer Einwirkung — die sog.
Druckschieferung, Clivage. — Syn. z. Th. blättrig.

Schilfsandstein — werden an Calamiten und Equiseten reiche
Keuper-Sandsteine genannt.

Schillerfels — Enstatit- oder Bronzit-Peridotite mit z. Th.
zu Bastit umgewandeltem rhombischem Pyroxen, sog. Schillerspath. Es sind feldspathfreie Olivin-Norite. (Streng.
N. J. 1862 p 521). Von Raumer (Das Gebirge Nieder-
schlesiens, 1819, 40) für Gabbro vorgeschlagen. — Siehe
Harzburgit.

Schillerfels-Anorthitgestein — nach Streng (N. J. 1862 p. 513) eine
Gruppe der zum Schillerfels gehörigen Gesteine, die wesentlich aus Anorthit, Protobastit und Schillerspath bestehen.

Schillerisation — nannte Judd (Q. J. 1885, XLI, p. 383) den
einigen Mineralien eigenen Schiller, der durch nach bestimmten Flächen geordnete Einschlüsse (manchmal auch
Cavitäten) hervorgebracht wird.

Schiste alumifère — siehe Alaunschiefer.

Schiste alumineux — siehe Alaunschiefer.

Schistes satinés — werden die gefältelten Schiefer mit sei-
denartigem Glanz auf den Spaltflächen genannt.

Schistit — nannte Gümbel die ebenflächigen, dichten, thon-
schieferähnlichen Abarten der Phyllite, meist hellfarbig,
mit zurücktretendem Chloritgehalt.

Schlacke (vulkan.) — werden manchmal die sehr porösen blasigen äusseren Theile der Laven und losen Auswürflinge
genannt.

Schlackenkuchen — heissen die runden scheibenförmigen La-
vamassen, die dadurch entstanden sind, dass Bomben noch
im weichen Zustande niederfielen und dabei plattge-
drückt wurden. — Syn. Fladen, Lavakuchen.

Schlackig — ist die an die künstlichen Schlacken erinnerte
Beschaffenheit der rasch und unter mehr oder weniger
stürmischer Dampfentbindung erstarrten blasigen äusseren
Theile der Laven.

Schlammfluthen = Lava d'acqua.

Schlammströme z. Th. = Lava d'acqua.

Schlammtorf — breiartig, aber ziemlich compact.

Schlangenwülste — sind die verschiedenartigen langgestreckten cylindrischen, plattgedrückten, wurmartig gewundenen Wülste auf der Oberfläche von Schichten; organischen Ursprungs?

Schlick — ist der humusreiche sandige Thon, der in einigen Küstengebieten Europas (z. B. Holland) mit Torf wechsellagert und ihn bedeckt.

Schlier — ist der österreichische miocäne Mergel, eine an Aturia und Pteropoden reiche Tiefseebildung.

Schlieren (schlierige Beschaffenheit) — nennt man nach Reyer's Vorschlag (Die Euganeen, 1877, p. 69) die Erscheinung, dass grössere Gesteinsmassen von der Hauptmasse strukturell, oder mineralogisch, oder chemisch abweichende aber durch Uebergänge mit ihnen verbundene Partieen enthalten. „Das Magma besteht aus mineralogisch und texturell abweichenden Partieen, die miteinander durch Uebergänge verbunden sind" sagt Reyer (Theoret. Geol. 1888, p. 82). Diese Ungleichartigkeit kann durch ursprüngliche schlierige Mischung des Magmas, durch intrusive Nachschübe, durch Spaltungen bei der Verfestigung und auch durch spätere Veränderungen bedingt sein. Man unterscheidet Constitutionsschlieren, Injectionsschlieren, concretionäre und hysterogenetische Schlieren (Zirkel, Petr. 1893, I, p. 787). Hierher gehören die Taxite, Tuflaven, Grenzfacies etc.

Schliffflächen = Rutschflächen. Uebrigens werden damit auch durch Gletscherwirkung geschliffene Felswände und Flächen bezeichnet.

Schlottengyps — ist bei Werner körniger Gyps.

Schluff — werden manchmal die winzigen Mineralpartikelchen, aus denen die Thone zusammengesetzt sind, genannt.

Schneidestein — nannte man in der alten Literatur die weichen Talkschiefer, Topfsteine und drgl. Gesteine.

Schörlfels = Turmalinfels.

Schörlglimmerschiefer = Turmalinglimmerschiefer.

Schörlgranit = Turmalingranit.

Schörlquarzit = Turmalinfels.

Schörlschiefer = Turmalinschiefer.

Schollenlava = Blocklava.

Schollenerde = Torferde, Torfkrume.

Schotter — sind diluviale Geröllablagerungen.

Schotterconglomerat — werden zu einer zusammenhängenden Masse cementirte Schotterablagerungen genannt.
E. Tietze. J. g. R.-A. 1881. p. 68.

Schreibkreide — siehe Kreide.

Schriftgranit — werden gewöhnlich die nicht in grossen Massen, meist in Gängen oder kleineren Stöcken, auftretenden Granite, deren grosse Feldspathkrystalle von zahlreichen stengeligen regelmässig geordneten Quarzindividuen durchwachsen sind genannt; auf den Bruchflächen des Feldspaths erscheinen diese Quarze wie hebräische Schriftzüge. — Syn. Hebräischer Stein, Pegmatit (im Sinne von Hauy).

Schungit — nannte Inostranzeff eine amorphe Kohlenstoffvarietät in huronischen Schiefern mit mehr Kohlenstoff als Anthracit (bis über 98 %). — Syn. Graphitoid, Anthracitoid.
Inostranzeff. N. J. 1880, I, p. 97.

Schuppenglimmerschiefer — ist der gewöhnlich glimmerreiche uneben oder schuppig schiefrige Glimmerschiefer.

Schuppengneiss — ist flaserigstreifig oder schuppigschiefrig; der Glimmer umgiebt schuppenartig die übrigen Gemengtheile.

Schuppig — ist die Struktur der Gesteine mit Parallelstruktur, wenn dieselbe durch Glimmer oder ähnliche blätterige Mineralien bedingt wird, die nicht zu Partieen vereinigt, sondern einzeln im Gestein liegen und wie Schuppen sich loslösen lassen. — Siehe Schuppengneiss.

Schutt — sind Anhäufungen von Gesteinsbruchstücken.

Schwärmer — werden wenig mächtige Gänge, die sich nach allen Richtungen wenden, genannt.

Schwärzschiefer — ist durch kohlige Substanz stark gefärbter schwarz abfärbender und dadurch zur Herstellung von schwarzer Farbe oder Kreide geeigneter Thonschiefer.

Schwarzeisenstein — ist manganreicher Brauneisenstein.

Schwarze Kreide — siehe Zeichnenschiefer.

Schwarzkohle = Steinkohle.

Schwetzite — nennt Stan. Meunier die Eisenmeteorite vom Typus des Met. von Schwetz.

Schwieben — sind linsenförmige Concretionen.

Schwimmkiesel — ist eine leichte poröse amorphe Kieselmasse (Opal); siehe Diatomeenpelit.

Sciarre — wird in Sicilien die zackige, zerrissene und zerborstene Oberfläche einiger Lavaströme genannt. — Syn. Cheires in der Auvergne.

Scopulite — Bündel- und Bürsten-artige Krystallitenaggregate (immer zu zweien mit den Stielen verwachsen). *J. Rutley.* (Siehe Bacillite).

Scorien = Schlacke.

Scorios — siehe Schlackig.

Scyelit — Amphibolpikrit mit eigenthümliche Spannungserscheinungen zeigendem Glimmer. Porphyrisches feldspathfreies Gestein, bestehend aus Basis, Olivin, Aktinolith, Glimmer (Chromit und Magnetit). *J. Judd.* On the tertiary and older Peridotites of Scotland. — Q. J. G. S. 1885, XLI, Nr. 163, p. 354.

Secretionen — sind Ausfüllungen von Hohlräumen in den Gesteinen auf hydrochemischen Wege und durch Mineralsubstanz die sich von derjenigen der umhüllenden Gesteinsmasse unterscheidet und oft aus deren Zersetzung entstanden ist. Im Gegensatz zu den Concretionen haben sich hier die äussersten Theile zuerst abgesetzt. Die S e c r e t i o n s f o r m e n sind zuerst von Naumann von den C o n c r e t i o n s f o r m e n getrennt und unterschieden worden.

Sedimentärdiagenetisch — will Lehmann (Unters. über die Entstehung d. altkryst. Schiefergest. 1884, p. 70) die Vorstellungen von Gümbel über die Bildung der Phyllitgneisse aus im warmen und noch plastischem Zustande metamorphosirten Sedimenten bezeichnen.

Secundäre Gesteine = klastische Gesteine.

Secundäre Gesteinsgemengtheile — sind diejenigen Bestandtheile der Gesteine die sich nach seiner Bildung, durch Veränderungen des fertigen Gesteins, gebildet haben.

Secundäre Schieferung = falsche, transversale Schieferung.

Sedimentärgesteine — sind alle irgendwie durch Ablagerung aus dem Wasser, einerlei ob chemisch oder mechanisch, oder durch Hülfe von Organismen, entstandenen und darum geschichteten Gesteine. — Syn. neptunische, geschichtete, katogene, hydatogene G. etc.

Sedimentärtuffe — nannte Richthofen (Geogn. Beschr. von Süd-Tyrol, 1861) einen Theil der Augitporphyrit- und Melaphyr-Tuffe.

Sedimente — sind die Absätze aus Wasser, sei es die mechanisch suspendirten, oder gelösten, oder die gemischen, sei es organogen oder anorganogen.

Sediment-Gesteine — sind die durch Absatz aus dem Wasser, sei es auf mechanischem oder chemischem Wege, gebildeten,

durch Schichtung gekennzeichneten Gesteine. — Syn. Schichtgesteine, neptunische, katogene G. etc.

Seeerz — ist der am Boden von Seeen sich absetzende Brauneisenstein.

Seelöss — ist eine geschichtete, nicht poröse, als fester Mergel
erscheinende Masse, welche die Zusammensetzung und den
äolischen Ursprungs des Lösses, aber nicht dessen Struktur,
besitzt.

Segregationstrümer, oder Exudationstrümer — siehe Constitutionsschlieren.

Seifen — heissen diejenigen alluvialen Sand- oder Kies- und
Geröllablagerungen die Edelmetalle und Edelsteine ent-
halten und zu ihrer Gewinnung verwerthet werden, z. B.
Goldseifen, Platinseifen, Diamantseifen etc.

Seifenlager = Seifengebirge = Seifen.

Seillava — ist die tauförmig gewundene Oberfläche einiger
zähflüssiger Lavaströme. — Pahoehoe?

Selagit (Sélagite) — nach Hauy „amphibole et feldspath intime-
ment mêlés et mica disséminé." Oft wurde der Selagit als
Hypersthenit gedeutet. Der von Savi beschriebene S. von
Montecatini ist nach Rosenbusch (N. J. 1880, II, p. 206)
ein Glimmertrachyt.

Selce romano — ist ein Leucit-Nephelinit von Cape di Bove.
Fleurian de Bellevue, Journ. de Phys. LI, 459.

Sellagneiss — ist ein zweiglimmeriger alpiner Gneiss, der durch
Orthoklas Augenstruktur besitzt.

Semikrystallin = halbkrystallinisch (bei Eruptivgesteinen);
bei Naumann auch an krystallinischem Cement reiche klastische Gesteine.

Sericitaugitschiefer und **Sericitkalkschiefer** — sind nach Lossen
(Z. d. g. G. 1889, 41, p. 408) durch Dynamometamor-
phose veränderte Dabasgesteine, die schiefrig geworden sind
und in denen auch in bedeutenden Mengen Sericit sich
gebildet hat. — Syn. Augitschiefer, Augitsericitschiefer,
Diabasschiefer etc.

Septarien — sind Concretionen, meist thonigkalkig oder aus
Sphärosiderit bestehend, die im Inneren zerklüftet sind
(Austrocknungsrisse).

Septarienthon — sind mitteloligocäne an Septarien reiche
marine Thone.

Sericitglimmerschiefer — sind gebänderte grobflaserige oder
grobkörnig schieferige Gesteine die aus talkähnlichem grünem

Sericit, Muscovit, Chlorit und lagenweise vertheilten derben Quarzlinsen bestehen.

Sericitgneiss — ist im Taunus verbreitet; besteht wesentlich aus Quarz, Orthoklas, Albit und Sericit mit verschiedenen Beimengungen.

Sericitkalkphyllite — sind nach Lossen die im Soonwalde und Taunus auftretenden grünen, mit blätterigem Kalkspath untermengten Seritcitschiefer. Ursprünglich (Z. d. g. G. 1867, XIX) hält er sie für Sedimente, die durch heisse Quellen metamorphosirt sind, später (ibid. 1877, XXIX, p. 359) erkannte er darin richtig dynamometamorphe Diabasgesteine. — Syn. Augitschiefer.

Sericitphyllite — sind dichte sericithaltige Phyllite oder auch dichte Sericitschiefern. Lasaulx (p. 352) versteht darunter die dichten grünen und rothen Sericitschiefer, in denen die einzelnen Gemengtheile mit blossem Auge nicht zu unterscheiden sind.

Sericitporphyroide — sind nach Lossen (Z. d. g. G. 1869, p. 330) an Sericit reiche im Harze sehr verbreitete Porphyroide.

Sericitquarzitschiefer — sind schieferige und schieferflaserige Qarzite mit dünnen Häuten und Flasern von Sericit. Vergl. *Loretz*, Jahrb. preuss. geol. Landesanst. f. 1881, p. 203.

Sericitschiefer — sind diejenigen hellen Glimmerschiefer, deren Glimmer Sericit ist.

Sericittuffe — nennt Mügge (N. J., Beil.-Bnd., VIII, p. 643) stark veränderte dichte oder schieferige Tuffe, die mit Sericit überfüllt sind und Feldspathneubildungen, Anatas, eine eigenthümliche fleckig doppelbrechende Substanz etc. enthalten.

Sernifit — wird im Glarus ein zum Verrucano gehörendes gneissähnliches Gestein mit einem Quarz und Glimmer enthaltendem Cement genannt; auch Conglomerate, Arkose, rothe quarzitische Sandsteine (?).

Serpentin — ist ein secundäres, aus Peridotiten, Pyroxeniten und anderen Gesteinen entstandenes Gestein, das wesentlich aus dem Mineral Serpentin, oft mit Magneteisen, Chromeisenstein mit Ueberresten der ursprünglichen Mineralien besteht. Dichte, weiche, grüne Gesteine, manchmal porphyrisch durch noch unzersetzte ursprüngliche Mineralien. Oft zeigt das Gestein ein Wechseln von verschiedenen grünen Tönen, auch schwarze, weisse, gelbe Partieen. Die der

Schlangenhaut ähnliche Zeichnung einiger Varietäten gab zu der Benennung Veranlassung.

Serpentin-Anorthitgestein — schlug Zirkel vor (II, 137) für die von Streng als Serpentinfels bezeichnete Abart des Schillerfelses, die aus Anorthit, Schillerspath oder Serpentin und Chromeisenstein bestehen soll. — Siehe N. J. 1864, 257.

Serpentinfels = Serpentin als Gestein; siehe auch das vorhergehende Wort.

Serpentinit = Gabbro.

Serpentinschiefer — werden die, meist an der Grenze mit anderen Gesteinen auftretenden, schiefrigen oder mit Parallelstruktur versehenen Serpentinvarietäten genannt.

Serpentinstein — siehe Gabbro und Serpentin.

Serpulit (Serpulitenkalk) — werden die von Serpula überfüllten Kalksteine der Wealdenformation genannt. *Servino = Serriyit*

Shalkit — nannte G. Rose (Abh. Berl. Akad. für 1863—1864, p. 29 und 122) körnige Steinmeteorite die aus Olivin, Shepardit (Bronzit) und Chromeisen bestehen.

Shergottit — nannte Tschermak Steinmeteorite die wesentlich aus Augit und Maskelynit bestehen?

Shingle = Schotter.

Siderit — grob- oder feinkörniges bis dichtes Aggregat von Eisenspath, oft thonhaltig; gelblichweiss, grau oder gelbbraun, an der Oberfläche gewöhnlich durch Oxydation dunkel gefärbt. — Syn. Eisenspath, Spatheisenstein, Stahlstein, Sphärosiderit.

Siderite — ist Daubrée's Bezeichnung (C.-R. 1867, 65, p. 60) für die ganz oder z. Th. aus Eisen bestehenden Meteorite. — Syn. Siderolithe, Eisenmeteorite. Fletscher beschränkt die Bezeichnung auf die holosideren Eisenmeteorite.
Shepard. Am. J. 1867, (2), XLIII, p. 22.

Sidérochriste — siehe Eisenglimmerschiefer.
Coquand. Bull. Soc. Géol. de France 1849, 291.

Siderolith (Aero-Siderolite) — ursprünglich von N. Story Maskelyne für die als Pallasite bekannten Meteorite vorgeschlagen; später von ihm auf die Pallasite und Mesosiderite übertragen. Jetzt gebrauchen die Meteoriten-Petrographen den Ausdruck entweder wie Fletscher (An introduction to the study of meteorites) für die aus Eisen und steinigen Partieen (Silicaten) bestehenden Meteorite oder wie Brezina (Die Meteoritensammlung d. k. k. miner. Hofkabin. 1885) für Siderophyr und Pallasit. — Syn. Syssiderite, Lithosiderite, Mesosiderite, Pallasite, Tuczonite etc.
N. Maskelyne. Phil. Mag. 1863 (4) XXV, p. 49.

Sideromelan — Basaltgläser aus den Isländischen Palagonit-tuffen.

    Sartorius v. Waltershausen. Vulk. Gest. v. Sicil. u. Island. 1853, p. 202.

Siderometeorite = Siderolithe.

Siderophyr — nannte Tschermak (Sitz. - Ber. Wien. Akad., d. Wiss. I, 88, p. 347, 1883) diejenigen silicatführenden Eisenmeteorite vom Typus der Pallasite, die in einer zusammenhängenden netzförmigen Eisenmasse zahlreiche eingestreute Bronzitkrystalle enthalten.

Silbersandstein — werden in Würtemberg einige rhätische feinkörnige, meist helle dickbankige Sandsteine genannt.

Silicatgesteine — sind alle ganz aus krystallisirten Silicaten oder z. Th. aus Silicaten undamorpher Silicatsubstanz bestehenden Gesteine, also alle Eruptivgesteine im weit. Sinne und die krystallinischen Schiefer.

Siliceo-feldspathic (igneous) rocks — sind bei **Haughton.** Journ. of the geol. Soc. (Dublin, 1857, VII, 283) wohl Hälleflinten, oder Petrosilex-artige harte hellgrüne Gesteine.

Silicification oder Verkieselung — ist die Anreicherung von verschiedenen Gesteinen, bei ihrer Umwandlund auf hydro-chemischem Wege, an Kieselsäure, Uebergang in Kiesel-schiefer, Hornfelse, Hornschiefer etc.

Silicirungsstufe — ist der von Scheerer (1862) zur chemischen Charakteristik der Eruptivgesteine eingeführte Begriff, analog Bischoff's Sauerstoffquotienten. (Der durch 3 dividirte Sauerstoffgehalt der Kieselsäure wird durch den Gesammt-sauerstoffgehalt der Basen dividirt).

Sillimanit-Glimmerquarzit — ist nach Barrois (Ann. Soc. Géol. du Nord, 1884) eine der Contactzonen bei der Umwandlung von Sandsteinen durch Granite.

Sillimanit-Glimmerschiefer.

Sillimanitgranulit — ist rötblich gefärbt, reich an Granat und Oligoklas und enthält Büschel von Sillimanit.

Sillit — Gabbro (nach Rosenbusch Glimmersyenit oder Glimmer-diorit) vom Sillberge bei Berchtesgaden.

    Gümbel. Geogn. Beschr. d. bayr. Alpengeb. 1861, p. 184.

Sinait — von Rozières für Syenit vorgeschlagen, da am Sinai echter Syenit auftritt, während das Gestein von Syena Granit ist.

Sinterkohle — schwach zusammenbackende Abart der Stein-kohle.

Sinteropal = Kieselsinter.

Sintersteine — werden manchmal verschiedene Quellenabsätze, insbesondere Stalaktite, Travertino und dsgl. genannt.

Sirocco-Staub — sind feine sandige Ablagerungen die, wie der Löss, vom Winde transportirt und abgesetzt werden.

Skapolithamphibolit — besteht aus Hornblende und Skapolith; siehe Skapolithfels.

Skapolithdiorite oder Dipyr-Diorite — sind nach Sjögren aus Gabbro entstandene Gesteine, deren Diallag zu Hornblende und der Feldspath zu Dipyr umgewandelt worden ist. —
Sjögren. Geol. Fören. i Stockh. Förhandl. 1883, VI, p. 447.

Skapolithgestein (Skapolithfels) — ist ein zwischen Glimmerschiefern und Kalkstein im Azoischen von Connecticut eingelagertes, undeutlich geschichtetes, aus grauem Skapolith bestehendes Gestein; nach Dana (Mineral. 1868) ist es kein Skapolith, sondern weisser thonerdefreier Augit. Siehe Wererittels.
Hitchcock. Rep. on the Geol. of Massachusetts, p. 315. 1853.

Skarn = Bräcka.

Skarnsteine — werden in Schweden die von Erzen begleiteten Gemenge von Malakolith und Granat, oder Hornblende und Chlorit genannt.
Törnebohm. N. J. 1882, I, p. 399.

Skölar — heissen im schwedischen die grossen, aus Chlorit, Talk, Serpentin, überhaupt Magnesia-Silicaten bestehenden, gebogenen Schalen, von denen Magneteisenerzstöcke oft durchzogen sind.

Slickensides — siehe Rutschflächen.

Smaragditfels = Eklogit.

Smaragditgabbro — ist, entsprechend dem Uralitgabbro, ein Gabbro, dessen Diallag z. Th. oder ganz zu Smaragdit umgewandelt ist.
Becke, T. M. P. M. 1882, IV, p. 352.

Smirgel — sind fein- bis kleinkörnige Korundaggregate, die als Lager und Einlagerungen in Talkschiefer, körnigen Kalksteinen, Glimmerschiefern auftreten.

Snake-stone — werden manchmal die im Contact mit Intrusivdiabasen in gefleckte porzellanartige Produkte umgewandelten s l a t e s (Schiefer) genannt.

Sodagranit — nannte Haughton (Q. J. 1856, XIV, p. 177) diejenigen Granite die mehr Natron als Kali enthalten. — Syn. Natrongranit.

Sodalithorthophonit — ist Lasaulx's Bezeichnung (pag. 319) für Ditroit.

Sodalith-Syenit — sind syenitische Gesteine die Sodalith führen; bestehen z. B. aus Orthoklas, Albit, Hornblende, Sodalith und Analcim. Entsprechen den Nephelinsyeniten. *W. Lindgren.* Am. Journ 1893, 286. *J. Lorenzen.* Mineral. Mag. 1882. p. 49.

Sodalithtrachyt — sind Trachyte von Ischia mit Sodalith, Laavenit und Rinkit.

Sohlgestein = Liegendes.

Sombrerit — ist der auf der Insel Sombrero unter den Guano-lagern auftretende Phosphorit, gemengt mit Palagonit, Kalkspath etc.

Sondalit — nannten Stache und John (J. g. k. A. 1877, XXVII, p. 194) diejenige Abart ihrer Granatite, die ein bläulich- bis grünlichgraues Gemenge von Cordierit, Quarz, Granat, etwas Turmalin u. Cyanit darstellt.

Sordawalit — gangförmiger Augitvitrophyrit ("glasiger Trapp"). Dunkélbraunes, theils mikrofelsitisches, theils reines, theils mit Krystalliten überfülltes oder Mikrolithe führendes, unter dem Mikroskop manchmal auch schlieriges Diabasglas. Ursprünglich als Mineral betrachtet. — Syn. Wichtigit, glasiger Trapp, Diabasglas.
N. Nordenskjöld. Bidrag till närmare kännedom af Finlands mineralier. — 1820.
F. Loewinson-Lessing. Die mikroskopische Beschaffen-heit des Sordawalits. — T. M. P. M. 1887, p. 61.

Spaltungsbreccien — nennt Loewinson-Lessing (T. M. P. M. 1887, V, p. 535) diejenigen breccienartig oder eutaxitisch gebändert aussehenden vulkanische Gesteine, welche diese Beschaffenheit einer Spaltung des Magmas beim Krystal-lisiren verdanken. Syn. Taxite (siehe dies. Wort).

Spaltungsgesteine — sind die ihrer mineralogischen und che-mischen Zusammensetzung nach verschiedenen Gesteinsarten. die zu einer vulkanischen oder plutonischen Forma-tion zu einem Complex gehören und als Folge von Spal-tungen, oder auch Schlieren, im ursprünglichen Magma zu betrachten sind.

Spathgesteine = Phlebogene Gest. (Renevier.)

Sparagmit — werden in Scandinavien die verschiedenen, bald als Conglomerate, bald als Breccien, Sandsteine, Quarzite ausgebildeten grauwackenähnlichen Trümmergesteine ge-nannt. die aus scharfkantigen Bruchstücken von Feldspath

Quarz, Thonschiefer und desgl. bestehen und jünger sind als das krystallinische Grundgebirge.

Specialmetamorphose (Mét. spécial) — ist Delesse's Ausdruck für Contactmetamorphose.

Specktorf — ist eine an humösen Bestandtheilen reiche, speckartige, gleichförmige, im trocken Zustande harte dunkelbraune Abart des Torfes.

Sperone (oder lava sperone) — poröse schlackenähnliche Leucitophyre vom Albaner Gebirge (Monte Tusculo, Frascati). Es kommen auch granatreiche Varietäten vor.
 Strüver. Mem. dell' Acad. dei Lincei. (3) I, 1877.

Sphäroidale Absonderung — kommt bei vulkanischen Gesteinen (Augitporphyritmandelstein, Basalt, Dacit etc.), bei granitischen Gesteinen und auch bei Sandsteinen vor. Die Gesteinsmasse ist durch krumme Absonderungsspalten in kleine oder grosse kugelförmige Partieen getheilt, die oft aus einem Kern und mehreren concentrischen Schalen bestehen. Tritt bei der Verwitterung besonders gut hervor und ist oft mit der säuligen Absonderung verbunden. Oft ist mit der sphäroidischen A b s o n d e r u n g auch kugelige S t r u k t u r verbunden. — Syn. kugelige, kugelförmige Ausonderung.

Sphäroidische (sphärische) Structur — ist dadurch bedingt, dass innerhalb gewisser Partieen im Gestein die Gemengtheile eine regelmässige, bald concentrisch - schalige, bald radial - strahlige, Anordnung um einen Puukt zeigen und dadurch das Gestein z. Th. oder ganz aus Sphäroiden zusammengesetzt erscheint. Hierher gehören die oolithische, pisolithische, sphärolithische, variolithische, makrovariolithische centrische Structuren. — Syn. kugelige Str.

Sphärokrystalle — homogene radialfaserige Sphärolithe, aus Nadeln die einer Mineralspecies gehören, bestehend.
 Rosenbusch. Mikrosk. Physiogn. d. retr. wicht. Mineral. 1885, p. 32.

Spärolithe — sind die kleinen kugligen Gebilde von radialstrahliger, concentrisch-schaliger oder anderer Beschaffenheit, die in der glasigen, krystallinen oder überhaupt anders beschaffenen Masse eines Gesteins auftreten bei sog. Spärolithtextur. Zuerst sind die Spärolithe genau studirt worden und in die Cumulite, Globosphärite, Belonosphorite und Felsosphärithe eingetheilt worden von Vogelsang (Arch. néerland., VII, 1872). Man unterscheidet auch Radial-, Reticular-, Cumular- und Zonarsphärolithe. Cf. Variolen, Oolithe.

Sphärolithfels — solche sphärolithische Liparite, die zum grössten Theil oder ganz aus Sphärolithen bestehen.

Sphärolithfelsit — nennt Lasaulx (p. 259) die sphärolithische Grundmasse von Felsitporphyren, auch wohl die sphärolithischen Porphyre selbst.

Sphärolithische Structur — ist dadurch gekennzeichnet, dass im Gestein zahlreiche kleine radialstrahlige oder anders struirte (Felsosphärite, Globosphärite etc.) Kügelchen, sog. Sphärolithe auftreten. Hierher gehört auch die variolithische und die oolithische Struktur.

Sphärolithpechstein — nannte Lasaulx (p. 229) Pechsteine mit sphärolithischen Kugeln eingesprengt in die Grundmasse. ᵗ ᵗ Z. Th. syn. mit Sphärolithfels.

Sphärolithporphyre — sind Felsitporphyre die mehr oder weniger reich sind an sphärolithischen Gebilden.

Sphärolith-Tachylyt — nannte Wenjukoff (Bull. Soc. Belge de Géol. 1887, I, p. 165) ein basisches Glas aus dem Ussuri-Gebiet mit schönen Spärolithen.

Sphärotaxit — nennt Loewinson-Lessing eine Gruppe seiner Taxite (siehe dies. Wort), die durch eine spharoidale Structur, oder richtiger Absonderung eines Theils der Gesteinsmasse, gekennzeichnet ist.

Sphärulith — nannte Werner den Perlit.

Spiculite — longulitische (lanzettenförmige) Krystallite mit spitzen Enden.

F. Ruttey. (Siehe Bacillite).

Spiegel = Rutschflächen.

Spiegelflächen = Rutschflächen.

Splegelklüfte — siehe Rutschflächen.

Spilit (Spilite) — französische Benennung für dichte mandelsteinartige Gesteine aus der Diabasgruppe. In der neueren Auffassung von Rosenbusch — einsprenglingsfreie (oder arme) Mandelsteinstructur aufweisende und leicht verwitternde Augitporphyrite. Siehe Kalkaphanit.

Gueymard. Ann. d. Mines, 1850 (4), t. 18, p. 54.

Delesse. Ibid. 1857 (5) t. 12, p. 457.

Rosenbusch. Mass. Gest. 1887, p. 493.

Spilosit — metamorphische, hauptsächlich im Contact mit Diabas auftretende, mit zahllosen dunklen Körnern und fleckenartigen Körnergruppen erfüllte Schiefer.

Zincken. Karst. u. v. Dech. Arch., XV, 1841, p. 395.

Spodite — ist Cordier's Bezeichnung für helle vulkanische Aschen und besonders Bimsteinaschen.

Sporadosiderite (Met. sporadosidères) — ist Daubrée's (C.-R. 1867, 65, p. 60) Benennung für diejenigen, den Mesosideriten und Chondriten von G. Rose entsprechenden Meteorite, die in einer steinigen Grundmasse mehr oder weniger zahlreiche Körner von Eisen und dessen Legirungen zerstreut eingesprengt enthalten.

Sporite — aus accumulirten Sporen von Farnkräutern gebildete Ablagerung in den Grotten der Insel Réunion. *Poisson et Bureau.* Assoc. Scient. de France, 1876, p. 300.

Sprudelstein — ist der braune Erbsenstein, der sich aus dem Carlsbader Sprudel und aus andern heissen Kalkquellen absetzt.

Sprünge — siehe Klüfte.

Ssolomensker Stein oder **Breccie** — ist ein von vielen Autoren beschriebenes Gestein aus der Umgegend von Petrosavodsk an Onega-See. Es sind verschiedenartige Gesteine; sie treten auf bald als Breccien, die aus Schieferfragmenten, Quarz und einem dolomitischen Bindemittel bestehen, bald als zum Augitporphyrit gehörige Spaltungsbreccien und Reibungsbreccien; diese zweite Gruppe ist gerade die charakteristische auf welche die Benennung beschränkt werden müsste. — Siehe Inostranzeff (p. 163, da auch die ältere Literatur) und Loewinson-Lessing (siehe katalytisch), der die mikroskopische Beschreibung der echten Ssolomensker Breccie giebt.

Stalagmiten — sind stehende Tropfsteine (gewöhnlich Kalkstein) die aus herabfallenden Tropfen von Mineralwässern sich auf dem Boden von Höhlen bilden und von unten nach oben anwachsen.

Stalaktiten — heissen die herabhängenden cylindrischen Tropfsteine (Kalkstein) die wie Eiszapfen aus an der Decke von Höhlen oder in Gesteinscavitäten sickernden Mineralquellen entstanden sind.

Stangenkohle — ist durch stengelige Absonderung gekennzeichnet; meist durch Contactwirkung von Eruptivgesteinen in Coaks verwandelt.

Stauungsmetamorphose (Gümbel, p. 379) = Dynamometamorphismus.

Staubtorf — ist erdig; siehe Baggertorf, Torferde.

Staurolithglimmerschiefer — sind an Staurolith, und oft auch Granat, reiche Glimmerschiefer.

Stawropolite — nennt Stan. Meunier die Meteorite (Oligo-siderite) vom Typus des Met. von Stawropol.

Stéaschiste feldspathique — Talkschiefer mit wesentlicher Beimengung von Feldspath und Chlorit. — Siehe Dolerine. *Omalius d'Halloy.* Des roches considérées minéralogi-quement, p. 70.

Steatittopfstein = Talktopfstein.

Steinmergel — ist dichter, harter nicht schieferiger oft kiese-liger oder thoniger, scharfkantig brechender Mergel. — Syn. Mergelstein.

Steinöl — (siehe Naphtha) — ist gelbes nicht sehr leicht-flüssiges Petroleum.

Steinschutt — ist bei Senft (p. 353) die allgemeine Bezeich-nung für alle losen Schuttanhäufungen, entstanden durch Verwitterung und Zerfall fester Masse oder durch vulka-nische Thätigkeit.

Stengelgneiss = Holzgneiss.

Stengelig — ist die Absonderung besonders einiger Schiefer, die in kleine und feine Säulchen zertheilt erscheinen.

Steppensalz — als rindenartige Ablagerung auf der Oberfläche von Steppen vorkommendes Steinsalz.

Stigmite — ist Brongniart's Bezeichnung für Pechstein, Ob-sidian u. dsgl. (J. d. M. XXXIV, 31).

Stilpnolithe — nennt Senft die schiefrigen gemengten Gesteine, welche wesentlich aus Glimmer und Quarz bestehen, also die verschiedenen Glimmerschiefergesteine.

Stinkkalk — ist brauner, grauer bis schwarzer bituminöser Kalkstein.

Stinkschiefer — nennt man manchmal dünnschieferige bitu-minöse Kalksteine.

Stinksteinbreccie — scharfkantige Bruchstücke von Stinkstein in einer dolomitischen Bindemasse.

Stipite — werden manchmal nach Brongniart's Vorgange die mesozoischen Lignite wegen ihres Reichthumes an Cyca-deenresten genannt.

Stockscheider — ist die bergmännische Bezeichnung in Geier für das grobkörnige glimmerarme Feldspath-Quarzgemenge, welches als Schale die Granitstöcke umhüllt und vom Glim-merschiefer trennt, oder überhaupt für die Schalen von gross- oder feinkörnigem Granit, die den gewöhnlichen mittelkörnigen Granit gegen den Glimmerschiefer absondern.

Stockwerksporphyr — siehe Zwittergestein.

Stöchiolithe — nannte Ehrenberg, zum Unterschied von den

Biolithen, die aus Mineralien gebildeten Gesteine. — Syn. anorganogene G., Anorganolithe, minerogene G.

Strahlsteindiorit — nannte Lapparent (A. d. M. 1864, VI, p. 251) Diorite von Klausen, deren Hornblende für Strahlstein gehalten wurde; Gümbel nannte das Gestein Aktinolithdiorit. — Siehe Teller und John. J. g. R. 1882, XXXII, p. 590.

Strahlsteinfels — ist eine hauptsächlich aus Strahlstein bestehende Abart des Amphibolits.

Strahlsteinporphyroid — sind nach Lossen (Z. d. g. G. 1869, XIX, p. 330) an Strahlstein reiche, schieferige oder massige Porphyroide.

Strahlsteinschiefer — siehe Aktinolitschiefer.

Strain-slip-cleavage (Bonney. Q. J. 1886, Vol. 42, p. 95) = Ausweichungsclivage.

Strandgrus — nannte Stache (Uebersicht d. geol. Verh. der Küstenländer von Oesterr.-Ung. 1889, p. 33) eine von Kalk cementirte Trümmer- und Detritusmasse mit Hippuriten.

Stratificationsformen der Gesteine — nennt Naumann (1, 495) die verschiedenen Formen der geschichteten Gesteine.

Stratoide Structur (Omalius d'Halloy) = lagenförmige Structur.

Streckung — ist die Anordnung der Gesteinsgemengtheile mehr oder weniger parallel in Bezug auf eine Linie oder Fläche und eine Deformirung dieser Gemengtheile in der Richtung des Fliessens bei Laven, senkrecht zur Druckrichtung bei gestreckten, dynamometamorphen Gesteinen.

Streichkohle = Abart der Braunkohle, erdig, filzig.

Streifenkohle = Stipit.

Streifkohle — ist eine Abart der Steinkohle, bestehend aus Mattkohle mit feinen Schnüren von Glanzkohle.

Stries = Rutschflächen.

Strom — ist eine für die Laven charakteristische Erscheinungsform; eine in die Länge gezogene und verhältnissmässig schmale Gesteinsmasse, s. z. s. ein erstarrter Lavafluss.

Stromschlick — ist thoniger, aus Strömen sich absetzender Schlamm.

Struktur (oder Textur) — ist das Gefüge des Gesteins, das bedingt ist durch die Grösse, die Form, die Verbindungsart der Gesteinsgemengtheile und sehr verschieden sein kann. Manche Autoren unterscheiden zwischen T e x t u r — das durch die ersten Gemengtheile bedingte Gefüge und S r u k t u r — die Verknüpfungsart von Aggregaten im Gestein (Cotta, Omalius d'Halloy, Teall); andere, und zwar die meisten, machen keinen Unterschied zwischen beiden Bezeichnungen. Der Makrostruktur oder Struktur schlechtweg (auch äussere Struktur, Massenstruktur) wird die Mikrostruktur entgegengestellt.

Strukturfläche — ist diejenige Fläche, parallel welcher die Plattung bei planer Parallelstruktur läuft.

Stückkohle — dichte Braunkohle.

Stylolith — die Benennung rührt von Klöden her, der sie für Versteinerungen von Beroe-artigen Thieren hielt. Geradegestreckte, im Umriss cylinderförmige, stengelartige Gestalten, mit einer zarten Längsstreifung oder auch mit einer leichten Querrunzelung versehen; bestehen aus derselben Masse wie das Gestein, welches sie enthält. Zum ersten Mal von Freiesleben beschrieben. In Kalkstein und Mergeln, (bes. Muschelkalk).

Freiesleben. Geognostische Arbeiten I, 1807, p. 69.

Klöden. Versteinerungen der Mark Brandenburg. 1834, pag. 288.

Gümbel. Z. d. g. G. 1882, 34, p. 642.

Stylolithenkalk — ist an Stylolithen reicher Kalkstein.

Subaërale Ablagerungen oder Umwandlungsprocesse — solche die auf der Erdoberfläche an der Luft und mit deren Mithilfe, nicht unter Wasser, und vor sich gehen.

Subaërische Gesteine — sind die durch Vermittlung der Luft abgesetzten Gesteine, wie einige Arten des Löss, vulkanische Tuffe. — Syn. äolisch.

Submetamorphisch — sind nach Medlicott und Blandfort (A Manual of Geol. of India 1879) die jüngeren von Graniten durchschnittenen sog. Uebergangsgneisse.

Subsequent = Plutonisch.

Subtrusion — nennt Reyer (Geol. u. Geogr. Experim., 1894) eine Art intrusives Eindringen von Eruptivmassen unter Sedimente.

Succin — siehe Bernstein.

Süsswassergyps — sind Gypsablagerungen, die in Quellen oder Seen durch Einwirkung von Schwefelwasserstoff auf Kalk sich gebildet haben.

Süsswasserhornstein = Limnoquarzit.

Süsswasserkalk — heissen alle Kalkabsätze aus süssen Gewässern, also alle nicht marinen Kalksteine, Kalktuffe etc. — Syn. Limnocalcit.

Süsswassermergel und **Süsswasserthon** (Süsswasserschieferthon)

— enthalten Süsswasserconchylien und kommen in Begleitung von Süsswasserkalk vor.

Süsswasserquarz = Limnocalcit.

Süsswassersand und **Süsswassersandstein** — werden manchmal
in den älteren Systemen auftretende lose oder zu Sandstein
cementirte sandige Alluvialablagerungen genannt.

Suldenit — nannten Stache und John (J. g. R.-A. 1879, XXIX,
p. 382) die saureren grauen andesitartigen Porphyrite der
Ostalpen, die in einer verschieden gearteten Grundmasse
Hornblende, Plagioklas, Orthoklas und Augit führen, oft
auch Quarz und manchmal Biotit.

Sumpferz — ist eine dem Seeerz ähnliche Brauneisenstein-
bildung die in Sümpfen sich niedersetzt als lose concretionäre Massen oder als feste Krusten und Schichten, sog.
Raseneisenstein. — Syn. Morasterz.

Sun-cracks — sind Austrocknungsspalten, die man in verfestigten schlammigen und thonigen Sedimenten antrifft und
die sich beim Austrocknen derselben gebildet haben sollen.

Surturbrand — werden auf Island mesozoische Lignite genannt.

Swinestone — siehe Stinkkalk.

Syenit — quarzfreie Granitgesteine; alte körnige intrusive Gesteine die wesentlich aus Orthoklas mit Hornblende, oder
mit Augit, oder mit Biotit bestehen. Danach unterscheidet
man Glimmer-, Augit und Hornblende-Syenit (eigentl. Syen.).
Im engeren Sinne ist es nur der Hornblendesyenit. Damit
bezeichnete ursprünglich Plinius den grobkörnigen rothen
Hornblende-Biotit Granit von Syene bei Assuan in Aegypten. 1787 brachte Werner diese Bezeichnung in Anwendung
für körnige Hornblende-Feldspath-Gesteine und allmählich
wurde der Name auf den jetzigen Sinn reducirt. (Rozière
wollte ihn für Quarz-führende Gesteine (also Granite) beibehalten; der eigentliche Syenit sollte Sinait heissen.
Werner. Bergmänn. Journ. 1788, II, 824.

Syenitaplit — sind nach Chelius (siehe Orbit) die feinkörnigen
Gangsyenite.

Syenit-Dacit — nennt Lang (Bull. Soc. Belge de Géol. 1891,
V, p. 138) einen Typus seiner Gesteine der Alkalimetall-
Vormacht, wo Calcium und Kalium in gleichen Mengen,
und zwar mehr als Natrium, vorhanden sind.

Syenitdiabas = Syenitdiorit.

Syenitdiorit — will Brögger ein mittelkörniges aus Plagioklas,
etwas Orthoklas, diopsidischem Pyroxen, etwas Olivin (als
Einschluss) etwas Quarz als Zwischenklemmungsmasse,

(Erzkörnchen, Apatit) und viel secundärem Glimmer bestehendes Gestein nennen. — Syn. Syenitdiabas.

W. Brögger. Die Miner. d. südnorw. Nephelinsyen.
Allg. Th., p. 49. Z. f. K., 1890, XVI.

Syenitfelsit — nennt Vogelsang (Z. d. g. G. 1872, p. 538)
die an Einsprenglingen armen oder gar davon freien Orthoklasporphyre.

Syenitgneiss — werden die aus Quarz, Orthoklas und Hornblende bestehenden Gneisse genannt. Es sind also den
Hornblendegraniten entsprechende Gneisse. Manche Autoren
haben damit auch Dioritschiefer, Dioritgneisse, Zobtenite
und dsgl. bezeichnet.

Syenitgranit — wird manchmal Hornblende- oder hornblendeführender Granit (z. B. der von Syene in Aegypten) genannt.

Syenitgranitporphyr — sind nach Zirkel (I, p. 528) hornblendehaltige Granitporphyre. Lossen (1880) nannte so Harzer
Granitporphyre die zwischen quarzarmen Felsitporphyren
und Granitporphyren stehen und von Streng (N. J. 1860,
p. 257) als graue Porphyre des Harzes beschrieben wurden.

Syenitobsidian — ist Trachytobsidian (Vogelsang, Z. d. g. G.
1872, 538), oder zum quarzfreien Porphyr gehöriger Obsidian.

Syenitpegmatit — sind grobkörnige gangartig auftretende Syenite, die zum Augitsyenit und Nephelinsyenit gehören und
reich sind an verschiedenen, oft seltenen, Mineralien. —
Siehe Brögger.

Syenitporphyr — ist G. Rose's Bezeichnung (Z. d. g. G. 1849,
I, p. 377) für die quarzfreien Felsitporphyre. Rosenbusch
(1887, p. 295) will die Bezeichnung auf gangförmige holokrystallin-porphyrische ältere quarzfreie Porphyre beschränken und die effusiven Gesteine als q u a r z f r e i e P o r-
p h y r e davon abtrennen.

Syenitschiefer — ist eine wenig präcise Bezeichnung und
hat bei verschiedenen Autoren verschiedene Bedeutung.
Am zweckmässigsten ist es die Bezeichnung auf schieferige
Syenite (z. B. B r o n n. Schiefer-S. des Odenwalds. —
Gaea Heidelbergensis, 32) zu beschränken. Bei den neueren
Autoren wird die Bezeichnung in diesem Sinne auf durch
Gebirgsdruck gequetschte, stengelig gestreckte und schiefe-
rige Syenite angewandt (z. B. Sauer. — Mittheil. d. badisch.
Geol. Landesanst. II, 233). Ursprünglich mit Hornblende-
schiefer und Dioritschiefer vielfach verwechselt.

Syenittrachyt = Sanidin-Oligoklastrachyt. (Vogelsang, Z. d. g. G. 1872, p. 538).

Symplektische Struktur — ist bei Naumann gleichbedeutend mit inniger durchflochtener Verwebung zwei verschiedener Mineralmassen, wie z. B. im Ophicalcit, im Kalkschiefer etc.

Syngenetisch — nennt Gümbel (p. 370) diejenigen Umwandlungspresse, durch welche lose Gesteinsmassen infeste Gesteine umgewandelt werden, z. B. Sand in Sandstein, Kalkschlamm in festen Kalkstein, aber auch die Umwandlung der glasigen Lava in krystallinische.

Synklasen — nennt Daubrée (B. S. G., X, p. 136) die durch Contraction (beim Festwerden oder Eintrocknen) gebildeten Absonderungsklüfte der Gesteine.

Synsomatisch — bei Loewinson-Lessing (siehe amphogen) syn. mit protosomatisch in Bezug auf Strukturen.

Syssiderite (Mét. syssidères) — nennt man seit Daubrée (C.-R. 65, p. 60, 1867) diejenigen Stein- (Silicat)-führenden Eisenmeteorite, wo das Eisen eine zusammenhängende Masse bildet, wie z. B. bei den Pallasiten.

Systyl (Basaltjaspis) — durch Basalt umgewandelter Schieferthon oder mergeliger Sandstein; undurchsichtig, hart, von muscheligem oder splitterigem Bruch, unregelmässiger scharfkantiger Zerklüftung und grauer, blauer, schwärzlicher oder gelber Farbe. Zimmermann's (?) Benennung.
Nöggerath. Gebirge in Rheinl.-Westphal. I, 109.

T.

Tabona — nach Fritsch und Reiss (Geol. Beschr. d. Ins. Tenerife, 1868, p. 408) eine Bezeichnung der Ureinwohner von Tenerife, der Guanchen, für ganz glasige Obsidianströme ohne eingesprengte Krystalle; sie behalten die Benennung als Gegensatz zum Obsidianporphyr.

Tachylyt — Breithaupt's Bezeichnung für Basaltgläser, besonders die in Salzsäure leicht löslichen. Ursprünglich für ein Mineral gehalten.

Tachylytbasalt — ist bei Boricky (siehe Trachybasalt) eine Abart der Basalte, die sich durch ihr junges Alter, ihre Tachylyt-Salbänder und eine Grundmasse aus graulich trübem Magma und einem Mikrolithengewirr auszeichnen. Nach Rosenbusch sind es Tephrite.

Tadjérite — nennt Stan. Meunier die Meteorite (Oligosiderite) vom Typus des Met. von Tadjera.

Taenit — nannte Reichenbach (siehe Bandeisen) die schmalen Streifen nickelreichen Eisens, von denen der Kamazit in den Eisenmeteoriten umsäumt wird. — Syn. Bandeisen.

Tafelbasalt — ist eine alte Bezeichnung für Basalte mit deutlicher tafelartiger Absonderung.

Tafelschiefer — werden die schwarzen, durch Kohlenstoff gefärbten Thonschiefer genannt.

Tafelung = Plattung.

Taimyrit — nennt Chroustchoff (Bull. Acad. d. Sciences, St. Pétersb. 1892, XXXV, Nr. 3, p. 427) eine eigenthümliche Gruppe von vermuthlich paläozoischen Gesteinen aus dem Taimyr-Lande (Sibirien), die bei hypidiomorphkörniger Struktur wesentlich aus Nosean und Anorthoklas bestehen und dabei accessorisch Sanidin, Plagioklas, Amphibol, Biotit, Melanit, Magnetit, Titanit, Zirkon und Glasresiduum führen.

Talc ollaire (Hauy) — siehe Topfstein.

Talcite = Talkschiefer.

Talk-Chloritschiefer — ist nach v. Rath (Z. d g. G. 1862, XIV, p. 385) ein schieferiger Lavezstein der Alpen, der aus abwechselnden dünnen Lagen von silberweissem Talk und grünem Chlorit besteht.

Talkdiorit — nennt Inostranzeff (p. 112) einen an secundär aus Hornblende gebildetem Talk reichen Diorit.

Talkflysch = Kalktalkschiefer.

Talkgestein — nennt Inostranzeff (p. 118) ein metamorphisches aus Diorit entstandenes Gestein, das aus Oligoklas, Talk, Quarz, Magnetit, Leukoxen und Eisenglanz besteht.

Talkglimmerschiefer — ist ein Schiefer der aus Talk, Quarz und Glimmer besteht.

Talkgneiss (Studer) — siehe Arollagneiss, Portogingneiss.

Talkquarzit — sind schweizerische, manchmal feldspathführende, an Talk reiche Quarzite.

Talkschiefer (Talcschiste) — sind helle schieferige Gesteine die aus vorwaltendem Talk und Quarz, Chlorit, Glimmer, Strahlstein und andern zufälligen Gemengtheilen bestehen. Die Bezeichnung stammt von Werner.

Talktopfstein — nannte Delesse (A. d. M. 1856, X, p. 333) den nur aus Talk, ohne Chlorit bestehenden Topfstein; — Syn. Steatittopfstein.

Talourine — ist ein aus hellen Bruchstücken und dunklem Cement bestehender vulkanischer Tuff mit Pflanzenabdrücken.
Grüner. Bassin houiller de la Loire, 1882.

Tapanhoacanga — ist nach Eschwege (Beitr. z. Gebirgskunde Brasiliens, 1832, p. 141) ein brasilianisches Eisenerzgestein, welches aus stark überwiegenden zoll- bis fussgrossen meist eckigen, selten etwas abgerundeten Bruchstücken von verschiedenen Eisenerzen(Magneteisen, Eisenglanz, Brauneisen, Eisenglimmerschiefer) und einem stark zurücktretendem, ebenfalls aus Eisenerzen (Rotheisenstein, Brauneisenstein etc.) bestehendem Cement conglomeratartig zusammengesetzt ist. — Syn. Canga, Mohrenkopffels.

Taphrolith — Tiefengesteine welche die bei radialen Verwerfungen entstandenen Graben gefüllt haben.
J. Sederholm. Ueber die finnländischen Rappakiwigesteine. T. M. P. M., XII, 1 Heft.

Tasmanit — ist nach Church (N. J. 1865, p. 480) ein röthlichbraunes fossiles Harz von Tasmanien.

Taspinit (Heim) — krystallines Trümmergestein? gepresster Granit oder Gneiss?

Tauchstein = Kalktuff.

Taxite — will Loewinson-Lessing (Bull. d. l. Soc. Belge d. Géol., 1891, V, p. 104) diejenigen vulkanischen Gesteine nennen, die primären Ursprungs und klastischer Struktur sind, also Laven die bei der Krystallisation in zwei verschieden struirte, oder gefärbte, oder zusammengesetzte Partieen zerfallen, die gleichzeitig erstarren und dem Gestein ein klastisches Aussehen verleihen. Alterniren diese verschiedenen Partieen bandartig — so hat man E u t a x i t e; ist die eine Partie in unregelmässigen Stücken in der andern zerstreut, wodurch das Gestein ein breccienartiges Aussehen erlangt — so sind es A t a x i t e. Es ist ein Fall von schlieriger Zusammensetzung. — Syn. Spaltungsbreccien, Tuflava, Piperno, Trümmerporphyre etc.

Tazewellite — ist Stan. Meunier's Bezeichnung für die Eisenmeteorite vom Typus des Met. von Tazewell.

Tektonik der Gesteine — nennen viele Geologen, z. B. Naumann, Lasaulx (p. 116), die äusseren Formverhältnisse, Beziehungen zu den Nebengesteinen etc.

Tephrine — veraltete Bezeichnung von Cordier für Trachyte, Phonolithe, Thonporphyr.

Tephrinporphyr — nannte Cordier zersetzte Trachytgesteine.

Tephrit — neovulkanische Ergussgesteine, wesentlich aus Kalknatronfeldspath, Augit und Nephelin oder Leucit (auch beide zusammen) und Basis bestehen. Benennung von D e l a m é t h é r i e und C o r d i e r für nephelinführende olivinfreie Basaltgesteine. In dem neuen Sinne von Fritsch und Reiss, (Geol. Beschreib. d. Ins. Tenerife, 1868) und Rosenbusch (Mass. Gest. 1877, p. 487) gebraucht. Man unterscheidet Leucittephrite, (oder Leucotephrite) Nephelintephrite und Leucit-Nephelin-Tephrite.

Tephritoïd — solche Abarten der Tephrite, in denen der Nephelin durch eine natronreiche mit Säuren gelatinirende Basis vertreten ist.

H. Bücking – siehe Basanitoïd.

Térénite (d'Aubussion) = Thonschiefer.

Terra rossa — ist eine rothbraune eisenreiche, durch subaërische Verwitterung entstandene Ablagerung, sehr verbreitet in Istrien und Dalmatien, auch in andern Gegenden; entspricht dem Laterit der tropischen Gogenden.

Neumayr. Verh. geol. Reichsanst. 1875, p. 50.

Terrigene Sedimente — haben Murray und Renard diejenigen Meeresablagerungen genannt, deren Material vom Festlande stammt.

Teschenit — z. Th. sind es echte Diabase, z. Th. körnige alte Gesteine, die aus Nephelin, Plagioklas, Augit und auch Hornblende bestehen. Rosenbusch sieht das Charakteristische im Idiomorphismus des Pyroxens gegenüber dem Feldspath. Nachdem es ermittelt wurde, dass die Gesteine von Teschen keinen oder sehr wenig Nephelin führen, schlug Rosenbusch vor die echten Nephelindiabase — Theralithe zu nennen.

Hohenegger. Ueber den Teschenit. (Die geognostischen Verhältnisse der Nordkarpathen, 1861, p. 43.)

Textur — wird meist als Synonym von Struktur gebraucht. Einige Autoren beschränken jedoch den Ausdruck, indem sie ihn für das innere Gefüge der Gesteine (Grösse, Charakter und Anordnung der Gemengtheile) anwenden und für die äusseren strukturellen Eigenthümlichkeiten, bedindt durch die Vergnüpfungsart von Aggregaten der Gemengtheile, die Bezeichnung Struktur gebrauchen.

Thalassische Ablagerungen — sind die am Meeresboden sich ablagernden Sedimentärgebilde. — Syn. abyssisch.

Theralit — hypidiomorph-körnige intrusive Gesteine, die wesentlich aus Plagioklas, Nephelin und Augit bestehen; benannt von H. Rosenbusch, Mass. Gest. 1887, p. 247 nach den Angaben von J. Wolff: Notes on the petrography of the Crazy Mountains and other localities in Montana Territory. — Northern Transconti nental Survey. R. Pumpelly, Director, 1885. Früher wurde irrthümlich der Name **Teschenit** in diesem Sinne gebraucht.

Thermantides — nannte Hauy die vermeintlich durch nicht vulkanisches Feuer veränderten Gesteine, wie Porzellanjaspis, Tripel.

Thermometamorphismus — siehe Pyromorphose.

Tholeiit — basisarme Augitporphyrite mit Intersertalstruktur, (Rosenbusch, Mass. Gest., 504). Steininger (Geogn. Beschr. d. Landes zwischen d. Saar u. d. Rhein. 1840), welcher den Namen einführte, hielt das Gestein für ein Gemenge von Albit und Titaneisen. Bergmann (Karst. Archiv, 1847, B. 21, p. 4 u. 12) gab zuerst genauere Data über die mineralogische Zusammensetzung dieser Gesteine.

Tholerit — findet Leonhard (p. 118) wegen seines schmutzigtrüben Aeusseren passend für Dolerit.

Thone — sind verschieden gefärbte, meist mit mehr oder weniger Sand vermengte, sedimentäre Gesteine, die aus einem wasserhaltigen Thonerdesilicat, oder mehreren Silicaten bestehen. Zersetzungsprodukte von feldspathreichen und auch anderen Gesteinen, oft noch Ueberreste des ursprünglichen Materials enthaltend. Nach dem Grad der Plasticität, den Beimengungen, Farbe etc. unterscheidet man viele Abarten.

Thoneisenstein — ist grauer, gelber oder brauner thonhaltiger Brauneisenstein, manchmal auch Siderit.

Thongallen — werden rundliche ellipsoidische Thonconcretionen in Sandsteinen, Rogensteinen u. dsgl. genannt.

Thongesteine = Thone.

Thonglimmerschiefer = Phyllit.

Thongyps — ist ein mürbes Gemenge von Thon und Gyps; überwiegt ersterer, so nennt das Gemenge ihn Gypsthon.

Thonkieselstein — nach Brandes Thonquarz.

Thonmergel — ist ein Mergel mit hohem, vorwaltendem Thongehalt, bis zu 80 %, so dass Mergelthone entstehen.

Thonporphyr — sind Porphyre mit zersetzter weicher oder lockerer Grundmasse. — Syn. Thonsteinporphyr, Argilophyr.

Thonquarz — ist nach Hausmann ein verschieden gefärbtes, splitterig brechendes, hartes, thonhaltiges hornsteinartiges Gestein.

Thonsandstein — gewöhnlicher Sandstein mit thonigem Bindemittel.

Thonschiefer — sind graue bis schwarze dichte Schiefer, die aus veränderten Schieferthonen entstanden sind und bei

halbklastischer Beschaffenheit wesentlich aus wechselnden
Mengen von klastischen Quarzkörnern und krystallinischen
Neubildungen, wie zahlreiche Rutilnädelchen (sog. T h o n -
s c h i e f e r n ä d e l c h e n), Sericit, Muscovit, Chlorit, bestehen. Kohlige und thonige Substanz, verschiedene Beimengungen sind oft vorhanden.

Thonschiefer-Mandelstein = Thonschiefer-Schaalstein.

Thonschiefer-Schalstein — nennt Senft (p. 153) die von
Kalkspathadern, Mandeln und Körner bespickten oder von
Kalkstein imprägnirten Thonschiefer von Dillenburg und dsgl.
Also wohl syn. mit Blatterstein z. Th., Schalsteinschiefer.

Thonstein — werden weiche thonige, aus zersetzten feinen
Porphyrtuffen hervorgegangene Gesteine genannt. — Syn.
(z. Th.) Felsittuff.

Thonsteinporphyr = Thonporphyr.

Thüringitgestein — ist ein oolithischer Spatheisenstein ziemlich
reich an einem grünen eisenoxydulhaltigen Silicat (Thüringit); auch schieferige Einlagerungen von Thüringit in
Thonschiefer (siehe z. B. Liebe. Uebers. üb. d. Schichten-
aufbau Ostthüringens, 1884).

Tiefengesteine — wandte zuerst Reyer (Phys. d. Erupt., 1877,
140) für die plutonischen Gesteine an. Rosenbusch gebraucht
den Ausdruck als synonym mit Intrusivgesteinen.

Tiefseeablagerungen (Tiefseeschlamm) — sind die durch Anhäufungen von Pteropoden, Radiolarien, Diatomeen etc. oder
durch Anhäufung loser submariner vulkanischer Auswürflinge
und deren Zersetzung gebildeten verschiedenen Schlamme,
die roth, grün, blau gefärbt sind und bald thonig, bald
kieselig oder kalkig sind und in grossen Tiefen des Oceans
sich bilden in solcher Entfernung vom Lande, wohin die
terrigenen Ablagerungen nicht mehr gelangen. — Syn.
bathygene Sed., abyssale, abysische, z. Th. thalasische Ablagerungen.

Tieschiete — nennt Stan. Meunier die Meteorite (Oligosiderite)
vom Typus des Met. von Tieschitz.

Tigersandstein — werden eisenschüssige, durch ungleichmässige
Vertheilung des Eisenoxyds gefleckte Sandsteine genannt.

Tilestones — nannte Muschison (Siluria, p. 130) die plattenförmig abgesonderten Sandsteine („flagg") der Ludlow etage.

Till — ist die englische Bezeichnung für die sandig-thonigen
verschieden gefärbten Gletscherablagerungen mit erratischen
Blöcken. — Syn. Blocklehm, Boulder-clay u. dsgl.

Timazit — mit diesem Namen belegte Breithaupt (Ueber den Timazit; Berg- und Hüttenm. Zeit. 1861, p. 51) gewisse siebenbürgische Dioritgesteine, deren Hornblende eine Strahlsteinart („Gamsigradit" Breithaupt) ist. Faserige Hornblende und niedriger Kieselsäuregehalt sprechen wohl für umgewandelte Diabasgesteine (secundäre Diorite). Nach Rosenbusch sind als Timazit auch Dacite beschrieben worden. Nach Richthofen gehört ein Theil derselben wohl zum Propylit.

Tinguait — gangförmige Eläolithsyenite (Phonolithe?) mit allotriomorph- bis panidiomorph-körniger Grundmasse, gekennzeichnet durch das Fehlen von fluidaler Struktur, der Minerale aus der Hauyn-Gruppe, den hohen Aegiringehalt und die Häufigkeit von Rinkit und Laavenit.
H. Rosenbusch, Mass. Gest., 1887, p. 628.

Titaneisensand — siehe Magneteisensand.

Toadstone — alte locale Bezeichnung für dem Kohlenkalk eingelagerte, oft amygdaloïdische Melaphyre in Derbyshire. — Syn. Krötenstein.

Töllit — andesitische Quarzhornblende-Porphyrite mit granophyrischen Quarz-Feldspath-Verwachsungen in der Grundmasse, von der Töll bei Meran.
Pichler (N. J. 1873, p. 940 und 1875, p. 926.)

Töpferthon = Töpfererde; ist weicher zäher Thon, der zu Töpfen geformt und roth gebrannt wird.

Tolfa (pietra die Tolfa) — siehe Alaunstein. Benannt nach der italienischen Localität.

Tonalit — biotitreiche Quarzdiorite nach v. Rath: Beiträge zur Kenntniss der eruptiven Gesteine der Alpen. (Z. d. g. G. 1864, p. 249).

Tonalithgneiss — siehe Dioritgneiss.

Tonalitporphyrit — nennt Becke (T. M. P. M. 1893, XIII, p. 433) die gangförmig im Tonalit auftretenden Porphyrite, um ihre Zugehörigkeit zum Tonalit zu betonen. — Syn. Quarzglimmerporphyrit (Teller und John). Es kommen auch schiefrige Varietäten vor.

Topfstein — ist eine weiche hell- bis dunkelgrüne filzigschuppige Masse, die aus Chlorit oder einen Gemenge desselben mit Talk besteht. Serpentin, Dolomit, Kalkstein sind manchmal beigemengt. Steht nahe dem Talkschiefer. — Syn. Lavezstein, Giltstein, Pierre ollaire etc.

Topasbrockenfels — sind eigenthümliche metamorphische klastische Gesteine, die im Contact mit Granit, oft in Vergesellschaftung mit Turmalingesteinen, auftreten. Diese Breccie besteht aus Fragmenten eines aus wechselnden Lagen von Quarz und Turmalin zusammengesetzten Turmalinhornfelses und einem aus Quarz und Topas, nebst accessorischen Gemengtheilen (Turmalin, Zinnstein etc.) bestehendem Cement. — Syn. Topasfels.

Topasfels — ist ein klastisches Gestein, das aus Bruchstücken von Turmalinfels und einem Quarz-Topas-Cement besteht. — Syn. Topashornfels.

Topashornfels — werden solche im Contact mit Granit zu Hornfels verwandelte Schiefer genannt, die bei dichter Beschaffenheit, ihrer schieferigen Struktur verlustig geworden sind und wesentlich aus Quarz und Topas bestehen. Es scheinen auch metamorphosirte Porphyrgesteine, deren Feldspath in der Grundmasse durch Topas verdrängt ist, hierher gerechnet zu werden.

Topazogène (Hauy) — siehe Topazfels.

Topazosème (Hauy) = Topasfels.

Torbanit — ist eine australische Bogheadkohle.
Liversidge. Journ. chem. Soc. 1881, XXXIX, 980. — Syn. Wollongongit.

Torf (Tourbe, Peat) — ist eine braune bis schwarze Masse, die als ein lockeres oder compactes Aggregat von unter Luftabschluss (unter Wasser) verwesenden, zu Kohle werdenden und noch deutlich erkennbaren Pflanzentheilen erscheint, manchmal mit einer Beimengung von Sand oder Thon, mit Baumstämmen etc.; der Kohlenstoffgehalt ist zwischen 45 % — 66 %. Man unterscheidet verschiedene Torfarten nach der Struktur (z. B. Papiertorf, Fasertorf) und nach dem Bildungsort (wie z. B. Wiesentorf, Waldtorf), oder auch nach den Pflanzen (Moostorf, Conferventorf etc.)

Torferde — ist eine pulverähnliche, in kleine Stücke zerblöckelte Torfmasse.

Torfkohle — ist nach Senft eine aus verkohlter Pflanzenfasermasse und Humin oder Ulmin bestehende, von Bitumen und Harz durchdrungene Substanz.

Torfkrume — siehe Torf.

Tosca — Benennung der Bewohner von Tenerife für helle z. Th. verwitterte Bimsteintuffe.
K. v. Fritsch und *W. Reiss*. Geologische Beschreibung der Insel Tenerife. Winterthur, 1868, 50—51.

Touch-Stone = Probirstein, Kieselschiefer, Lydit.

Trachy-Andesit — könnten nach Michel-Lévy (Etude s. l. détermin. d. Feldspaths, 1894, p. 8) vulkanische Ergussgesteine genannt werden, die in der Grundmasse Mikrolithe von Sanidin und Plagioklas enthalten und also ein Bindeglied zwischen Trachyt und Andesit bilden.

Trachy-Andesit — könnten nach Michel-Lévy (Etude s. l. détermin. d. Feldspaths, 1894, p. 8) vulkanische Ergussgesteine genannt werden, die in der Grundmasse Mikrolithe von Sanidin und Plagioklas enthalten und also ein Bindeglied zwischen Trachyt und Andesit bilden.

Trachybasalt — sind nach Boricky junge gangförmige feinkörnige, dunkelgraue oder lichtschwärzlichgraue Basaltgesteine, oft mit Calcit und Zeolithen. Nach Rosenbusch sind es Tephrite.

Boricky. Petrographische Studien an den Basaltgesteinen Böhmens. (Arb. d. geol. Abth. d. Landesdurchforschung Böhmens II). 1873.

Trachydiorit = Grünsteintrachyt = Amphibolandesit.

Trachydolerit — Benennung von Abich für trachytartige Gesteine die in mineralogischer und chemischer Beziehung in der Mitte zwischen Trachyt und Dolerit stehen sollen, Gesteine „in denen neben neutralen Feldspäthen (Orthoklas, Albit)und Hornblende kieselsäureärmere Feldspäthe (Oligoklas und Andesin) und Augit zu erwarten sind".

Abich. Ueber die Natur und Zusammensetzung der vulkan. Bildungen, 1841, p. 100.

Trachyte — den Syeniten entsprechende neovulkanische Effusirgesteine mit herrschendem Sanidin als Feldspathgemengtheil, einem oder mehreren Mineralien aus der Gruppe der Amphibole und Pyroxene oder Glimmer, ohne Quarz u. mit porphyrischer Structur. Benennung von Hauy wegen der rauhen Oberfläche, für Gesteine aus der Auvergne. Durch Hauy's Schüler (L. v. Buch, Daubuisson, Beudant) wurde der Name verbreitet ehe er in seinem Werke erschien. Schon früh wurde die hervorragende Rolle des Sanidins in diesen Gesteinen erkannt u. allmählig dem Trachyt die Bedeutung yt eingeräumt die er jetzt besitzt.

Hauy. Traité de Minéralogie, 2. Aufl., Bnd. IV, p. 579. 1822.

L. v. Buch. Abh. d. Berl. Akad. d. Wissensch. 1812—1813. — p. 133.

Trachytbimstein — sind schaumige Gläser, die chemisch und geologisch zum Trachyt gehören.

Trachytgläser — sind die glasigen Ausbildungsformen der Trachyte. — Syn. Hyalotrachyt.

Trachytgrünstein — siehe Timazit.

Trachytische Structur — ist diejenige, besonders für die Trachyte bezeichnende Structur, wenn die Grundmasse durch lang leistenförmige in fluidale Züge geordnete Feldspathmikrolithe und durch völliges Fehlen oder starkes Zurücktreten einer Bisis und der spärlichen Bisilicate gekennzeichnet ist. — Syn. mikrolithisch, z. Th. pilotaxitisch; siehe auch trachytoide Str.

Trachytismus — hat Ch. Deville (C.-R. XLVIII, 1859, p. 1) die eigenthümliche glasige und rissige Beschaffenheit des Feldspaths der Trachyte (und auch and. vulkan. Gest.) und das dadurch charakterisirte eigenthümliche Aussehen der Trachytgesteine genannt.

Trachytoide — nennt Gümbel (p. 86) die Gesammtheil der Trachyte, Liparite, Amphibolandesite, Propylite u. Dacite.

Trachytoïde Struktur — nennt man mit Fouqué und Michel-Lévy (Minér. micrograph. 1879) die porphyrischen Strukturen der Ergussgesteine, wo im Gegensatz zu den granitoiden Gesteinen eine mikrolithische oder glasige Basis und porphyrartige Einsprenglinge zwei unter verschiedenen Bedingungen vollzogenen Krystallisationsphasen angehören. — Syn. porphyrisch im weiten Sinne, trachytisch, pilotaxitisch, hyalopilitisch z. Th., rhyotaxitisch, trachytoporphyrisch etc.

Trachytoporphyrisch — nennt Lapparent (Traité de Géol, 1885, p. 591) diejenigen porphyrischen Structuren, wenn die Grundmasse trachytisch, also mikrolithisch ist.

Trachytpechstein — siehe Pechstein.

Trachyt-Phonolith — bei Boricky gleichbedeutend mit Oligoklas-Sanidintrachyt. Kalkowsky (p. 145) nennt so Phonolithe die sehr reich an Sanidin, arm an Nephelin, an Augit aber oder Hornblende etwas reicher als gewöhnlich sind und als Uebergang zu den Trachyten betrachtet werden.

Trachytporphyr — nannte Abich (Ueber die Natur u. den Zusammenhang d. vulkan. Bildungen 1841), nachdem Beudant diesen Ausdruck bereits gebraucht hatte, diejenigen Trachytgesteine, deren Kieselsäuregehalt den für die gewöhnlichen Trachyte charakteristischen übersteigt, also Liparite. — Syn. Quarztrachyt, Liparit, Rhyolith. Im „Geol. d. Armen. Hochl. I, 1882, p. 31" fasst Abich die Bezeichnung als Collectivbegriff auf für Quarztrachyte mit granitoporphyrischer Struktur, Liparite und schiefrige Quarztrachyte.

Traëz — werden in der Bretagne die aus zerstückelten und zerriebenen Muschelanhäufungen zusammengesetzten sandigen Strandablagerungen genannt.

Transversale Schieferung — siehe Clivage, Druckschieferung.

Trapp — alte schwedische Benennung für dichte dunkelgefärbte Gesteine weil sie manchmal in treppenartigen Massen auftreten. Schwedisch — „Trappar" = Treppe. Wegen der Unbestimmtheit des Begriffes nicht mehr gebräuchlich, nachdem die Gruppe in Basalte, Melaphyre, Porphyrite, Diabase etc. zerfallen. Hin u. wieder doch noch für dichte glasige Diabasgesteine (Augitvitrophyrite, glas. Tr. Törnebohm) oder als Sammelnamen (amerik. Petrographen, Geikie in Q. J. 1871, 280 u. ein. and.) gebraucht. In die Wissenschaft eingeführt von Bergmann u. Faujas de Saint Fond.

Siehe für die Geschichte: *Haidinger*, Entwurf einer systemat. Einth. d. Gebürgs-Arten, 1785, p. 42, *Naumann*, (Geogn.), Richthofen (siehe Propylit), u. and. — Die Bezeichnung scheint sehr alt zu sein; bei Wallerius kommt schon der „Corneus trapezius" vor.

Trapp, glasiger oder amorpher — ist Törnebohm's Bezeichnung (Geol. Fören i Stockholm Förhandl. 1875, II, № 24, p. 393) für die als schmale Gänge oder Gangsalbänder auftretenden glasigen Ausbildungsformen der Augitporphyrite und wohl auch der Diabase. — Syn. Sordawalit, Wichtisit, z. Th. Augitvitrophyrit.

Trappasche (Trappean ash) — nannte De la Bèche Diabas- und überhaupt Grünsteintuffe.

Trappgranulite — werden die dunklen Granulite genannnt, die oft viel (oder gar ausschliesslich) Plagioklas enthalten, wenig Granat uud, statt des Glimmers, Pyroxen und Hornblende führen. — Stelzner, der diese Gesteine zuerst genau beschrieb, hielt den Pyroxen für ein glimmerartiges Mineral. — Syn. Pyroxengranulit, Plagioklasgranulit.
A. Stelzner. N. J. 1871, p. 244.

Trappite — ist Brongniart's Bezeichnung für trappartige Gesteine („Dyke de Whinstone?").

Trappmandelstein — siehe Melaphyr, Diabasmandelstein.

Trapp-Porphyr — ist eine alte Bezeichnung von Werner für Melaphyre.

Trappquarz u. **Trappsandstein** — wurden früher einige Sandsteinblöcke wegen ihres vermeintlichen Zusammenhanges mit Basalten genannt. — Syn. Knollenstein.

Trapptuff — wurden früher Tuffe der basaltischen Gesteine genannt.

Trass — ist mehr oder weniger metamorphosirter und zersetzter feiner vulkanischer Tuff. Eine helle gelbe, graue oder braune, erdige, dichte oder poröse Masse, sehr ähnlich dem Bimmsteintuff. — „Trass" oder „Tarrass" ist eigentlich angewandt auf das fein gemahlene Gestein, wegen dessen technischer Verwendung zur Bereitung von Cement. — Syn. „Duckstein", Tuffstein.

Trassoite — nannte Cordier die trassähnlichen grauen vulkanischen Tuffe.

Traumate — ist Daubuisson's veraltete Bezeichnung für die Grauwacke und ähnliche Gesteine.

Travertino — wird nach den Ablagerungen der römischen Campagna gelber oder grauer, von vielen kleinen Hohlräumen durchspickter, Kalkstein genannt; ein Absatz aus Kalkquellen.

Tremolit-Serpentin — ist Serpentin mit merklichem Gehalt an Tremolit, der oft zu Talk umgewandelt ist.

Triebsand — ist feiner, aus kaum $1/_4$ Linie grossen Körnchen bestehender Sand.

Trichite — hat Zirkel die schwarzen haarförmigen, verschieden gewundenen und undurchsichtigen Krystallite benannt.
F. Zirkel. Z. d. g. G. 1867, XIX, p. 744.

Trichitische Entglasung — ist diejenige Devitrification der glasigen Basis vulkanischer Gesteine, wenn die Englasungsprodukte hauptsächlich zu den Trichiten gehören.

Tridymit-Trachyt — hat man solche Trachyte genannt, wo der Kieselsäuregehalt durch secundären Tridymit merklich gesteigert ist.
Kolenko. N. J. 1885, I, p. 9.

Tripel = Polierschiefer.

Tripelschiefer = Polierschiefer.

Trockentuffe — nennt man manchmal, im Gegensatz zu den submarinen, die durch das Niederfallen von losen vulkanischen Auswürflingen auf dem Lande subaërisch, ohne Mitwirkung des Wassers, gebildeten Tuffe.

Troctolit — nennt Bonney zu der Gabbrofamilie gehörende Gesteine, die ein ziemlich grosskörniges Aggregat von grauem oder weissem frischem Feldspath, aus Olivin entstandenem Serpentin und etwas Diallag darstellen. Es wären also z. Th. serpentinisirte Olivingabbro, auch Forellensteine.
Bonney. On bastite-serpentine and troctolite in Aberdeenshire. Geol. Mag. 1885, p. 439.

Tropfsteine — sind grosskörnige als Stalaktite und Stalagmite auftretende Kalksinter.

Trowlesworthite — Benennung von Worth für ein metamorphisches, aus Orthoklas, Turmalin, Flusspath und etwas Quarz bestehendes Gestein (der Flusspath soll den Quarz der gewöhnlichen Granite vertreten). Durch Bor- und Fluorexhalationen veränderter Granit.

Bonney. Trans. Roy. Geol. Soc., Cornwall, 1884, X, part. 6, p. 180.

Trümer — siehe Adern.

Trümmermarmor — werden breccienartige Marmorarten genannt, die aus eckigen Bruchstücken verschieden gefärbter krystallinischer Kalksteine bestehen. — Syn. Marmo brecciato.

Trümmergesteine — siehe klastische Gesteine.

Trümmergneiss — wurden früher manchmal Breccien genannt, die aus Gneissbruchstücken und kieseligem Cement bestehen.

Trümmerporphyr — sind solche Gesteine, die aus scharfkantigen oder wenig abgerundeten Trümmern von Felsitporphyr, eingebettet in eine krystallinische harte Felsitzwischenmasse bestehen; oft ist letztere ganz untergeordnet. Wohl meist echt klastische Gesteine und dann syn. mit Porphyrbreccie, oder auch Ataxite der Felsitporphyre.

Tubulos — sind diejenigen porösen Gesteine (oder deren Structur), wenn die Cavitäten röhrenförmig, gerade oder gewunden, sind.

Tuczonite — nennt Stan. Meunier die Eisenmeteorite vom Typ. des Met. von Tuczon.

Tufaïte — Cordier's veraltete Bezeichnung für gewöhnliche vulkanische Tuffe, Peperino, Duckstein etc.

Tuffbildungen — siehe Tuffe.

Tuffbreccien — sind nach Loewinson-Lessing (siehe Tuffoide) Uebergangsgebilde zwischen Tuff und Breccien, also viele Schlammströme, an Bomben und grösseren Bruchstücken reiche Tuffe u. desgl.

Tuffe — sind die nachträglich mehr oder weniger hydrochemisch cementirten losen vulkanischen Auswürflinge: Asche, Sand mit Bomben, auch Schlammströme. Das sind die v u l k a - n i s c h e n oder eigentlichen Tuffe, die man nach den Gesteinen, zu denen sie gehören, als Porphyrtuff, Diabastuff, Trachyttuff etc. unterscheidet. Manchmal werden auch die porösen Quellabsätze Tuffe genannt, wie z. B, Kalktuff.

Tuffeau (craie tuffeau) — ist die gelbliche, sehr feine, etwas glimmerhaltige Kreide des obersten Senon oder Maëstrichtien.

Tuffite — will Mügge (N. J. VIII Beil. Bnd., p. 708, 1893) Gesteine nennen, die aus Tuffmassen mit gewöhnlichen Sedimeaten vermischt bestehen.

Tuffkreide — siehe Tuffeau.

Tuffoide — nennt Loewinson-Lessing (T. M. P. M. 1887, V, p. 534) diejenigen Gesteine, die durch Vermittelung der Dynamometamorphose derartig zerstört sind, dass sie eine tuffartige Beschaffenheit erlangen. Es sind also tuffartige Gesteine, die aber nicht wie die echten Tuffe aus losen vulkanischen Auswürflingen gebildet sind. Tuffoide will auch Mügge (N. J. VIII Beil.-Bnd., pag. 708, 1893) stark metamorphosirte Gesteine nennen, die ursprünglich ein Gemisch von Tuff mit Sedimenten waren. — Syn. Pseudotuffe.

Tuffogene Sedimente — nennt Reyer (J. g. R.-A., 1881, XXXI, p. 57) die unterseeischen vulkanischen Tuffe.

Tuffschiefer — nennt Beck (T. M. P. M. 1893, XIII, IV, pag. 328) zu Schiefern metamorphosirte Diabastuffe und Schalsteine.

Tuffstein — ist eine veraltete Bezeichnung, unter welcher man sehr Verschiedenes verstand: Kalktuff, Duckstein, Nagelfluhe.

Tuflava — nannte Abich (Geol. d. Armen. Hochlandes, II, 1882, p. 33) ein schlieriges, ziemlich weiches Trachytgestein aus Armenien (Alagez), das in einer groben Masse rothbraune oder gelbe Flammen führt; es ist ein, durch das Sichdurchdringen der rothen und schwarzen Masse, klastisch aussehendes Gestein, welches die Mitte zwischen Tuf und Lava einnimmt und zu den Spaltungsbreccien gehört. — Syn. Taxit.

Tufo giallo = Pausilipptuff.

Tuf-Porphyrit — nannte Loewinson-Lessing (siehe katalytisch, pag. 206) einen zu den Taxiten oder Tuflaven gehörigen eigenthümlichen Augitporphyrit, der aus einer innigen Verwebung von violettgrauen flecken- und flammenartigen Partien und einer grauen Grundmasse, mit der sie unmerklich verfliessen, zusammengesetzt ist. Die Flecken und die „Grundmasse" sind Augitporphyrite und sind durch einen Spaltungsprocess während der Krystallisation entstanden. — Syn. Taxit, Tuflava.

Tulit (Toulit) — nennt Stan. Meunier die Meteorite (Sporadosiderite) vom Typus des Met. von Tula.

Tuphstein = Tuffstein im Sinne von Kalktuff.

Turban hill mineral = Boghead.

Turbanit = Boghead.

Turmalinfels — werden die meist im Contact mit Granit auftretenden grob- bis feinkörnigen Gemenge von Quarz und Turmalin genannt. Manchmal versteht man darunter alle Quarz - Turmalingesteine, also auch den Turmalinschiefer.

Turmalingneiss — ist ein Muscovitgneiss mit Turmalinnadeln; oft breccienartig.

Turmalingranit — werden solche, meist an der Grenze der Granitmassive oder nahe zum Contact auftretende, feinkörnige oder porphyrische Varietäten des Granits genannt, die Turmalin führen.

Turmalingranulit — werden Abarten der Granulite mit feinen Nadeln oder Krystallbüscheln von Turmalin genannt.

Turmalinhornfels — sind die im Contact mit Granit auftretenden zu Hornfels metamorphosirten Schiefer, die wesentlich aus Turmalin, Quarz und hellen Glimmer bestehen; oft verknüpft mit Topashornfels.

Turmalinit = Turmalinfels, Hyalotourmalit.

Turmalinquarzit.

Turmalinschiefer — sind an Turmalin reiche Abarten des Glimmerschiefers, aber auch im Contact oder auch sonst auftretende, wesentlich aus Quarz und Turmalin bestehende, Schiefer.

Turmalinsonnen — sind die Turmalinaggregate der Turmalingranite, die meist auch Feldspath und Quarz enthalten und in Inneren radialstrahlige, rosettenartige Anordnung der Turmalinnadeln in der Quarzmasse zeigen.

Tuten — sind die in Mergeln und Kalksteinen auftretenden concentrisch gerunzelten kegelförmigen Concretionen.

Tutenkalk — besteht aus zahlreichen spitzen Kegeln, die eine quer gerunzelte Oberfläche besitzen und aus vielen ineinander gesteckten faserigen Schaalen zusammengesetzt sind. — Syn. Nagelkalk.

Tutenmergel — siehe Tutenkalk, Nagelkalk.

Tuttenstein = Nagelkalk.

Typhonisch — nennt Brongniart die aus der Tiefe entstammenden (vulkanischen und plutonischen) Gesteine.

Typhonische Stöcke — sind die den krystallinischen Schiefern auf- oder eingelagerte Massive granitischer Gesteine.

Typhons = Stöcke.

U.

Uebergänge der Gesteine (Uebergangsformen) — sind solche Gesteine, die eine Zwischenstellung zwischen zwei Typen oder Familien einnehmen, ohne genau weder in die eine, noch in die andere zu passen.

Uebergangsgrünschiefer — ist eine veraltete Bezeichnung für die paläozoischen Diorite und wohl auch Diabase.

Uebergangskalk — wurden früher die zum Silur und Devon (Uebergangsformation) gehörigen Kalksteine genannt. — Syn. Grauwackenkalk, Mittelkalkstein.

Uebergangsmandelstein = mandelsteinartiger Porphyr?

Uebergemengtheile = accessorische Gem., Nebengemengtheile.

Ueberkrustungsstruktur — beobachtet man in Kalksteinen und Dolomiten, wo um Reste von Muscheln, Korallen etc. sich in concentrischen Lagen oder Schaalen die dichte, krystallinische oder schieferige Kalksteinmasse anlegt.

Ultimate-structure-Cleavage — ist nach Sorby die echte Schieferung.

Umbra von Köln — ist erdige Braunkohle.

Umläufer — nennen die Steinbrecher im Siebengebirge die cylindrischen Säulen der Basalte, die durch gleichzeitiges Auftreten von säuliger und kugliger Absonderung entstehen.

Unabhängige (oder freie) **Metamorphose** — nennt Gümbel (p. 371) den regionalen Metamorphismus, als nicht an die Gegenwart eines Contacts gebunden.

Ungleichartige Gesteine — nannte Leonhard (Charakter. d. Felsarten, 1823, 41) die gemengten Gesteine.

Unkrystallinische Ausbildung der Gesteine — nennt Zirkel (Mikr. Beschaff. d. Miner. u. Gest. 1873, p. 266) die Textur der glasigen Gesteine.

Uralitdiabas — sind verschiedenartige Diabase, deren Augit zum Theil oder ganz in Uralit umgewandelt ist; hieher gehören also wohl Epidiorite, z. Th. Proterobase und dsgl. Cf. *Kloos*. Samml. d. geol. Reichsmus. zu Leiden, 1887, I.

Uralitdiorit — werden Grünsteine mit uralitisirtem Pyroxen oder auch alle Dioritgesteine mit faseriger Hornblende genannt; siehe Uralitdiabas, Deuterodiorit, Scheindiorit, Epidiorit.

Uralitgranit — nennt Bergt (T. M. P. M. 1889, X, 290) einen hornblendehaltigen Granit, dessen faserige Hornblende er für secundär aus Augit entstandenen Uralit hält.

Uralitgrünschiefer — werden manchmal Strahlsteinschiefer und ähnliche, fasrige Hornblende führende, Grünschiefer genannt.

Uralitisirung — ist die, meist als Folge der Dynamometamorphose, zu Stande kommende, Umwandlung des Augits oder Diallaqs von Grünsteinen in fasrige Hornblende.

Uralitit — schlägt Kloos vor (N. J. 1885, II, p. 87) alle durch faserige Hornblende und Plagioklas charakterisirten metamorphischen Eruptivgesteine zu nennen, bei denen der genetische Zusammenhang nicht oder noch nicht nachgewiesen werden kann, also alle Epidiorite, Strahlsteinfelse, Amphibolite, Metadiorite, Uralitdiabase u. dsgl. — Siehe auch Bergt (T. M. P. M., X, 1889, p. 335).

Uralitporphyr — Augitporphyrite mit uralitisirten Augiteinsprenglingen (paramorphe Umlagerung von Augit in fasrige Hornblende). — *G. Rose.* Reise nach dem Ural, II, p. 370.

Uralitporphyrit — ist die richtige Bezeichnung für Uralitporphyr.

Uralitschiefer = Uralitgrünschiefer.

Uralitsyenit — nannte Jeremejeff (N. J. 1872, p. 404) einen uralischen Syenit (Augitsyenit) mit Uralit als Vertreter der gewöhnlichen Hornblende.

Uranolith — siehe Meteorit.

Ureilit — nannten Jerofejeff und Latschinoff (Verh. Russ. Miner. Ges. 1888, XXIV) den Steinmeteorit von Nowo-Urei, der aus Olivin und Augit besteht, viel Nickeleisen enthält, keine Chondren hat und besonders merkwürdig ist durch seinen Gehalt an Diamant.

Urfelsconglomerat (Urfelstrümmergestein) — sind in der älteren Literatur verschiedene alte Arkose, Puddingsteine u. dsgl. genannt worden.

Urglimmerschiefer — ist die alte Bezeichnung für die in dem archäischen System auftretenden Glimmerschiefer.

Urgneiss — wurde früher der Gneiss des archäischen Systems genannt.

Urgranit — werden manchmal die archäischen, dem Gneiss eingelagerten Granite genannt.

Urgrünstein — ist eine alte Bezeichnung für archäische Gabbro, Diorite und wohl auch Diabase.

Urgyps — wurde früher manchmal der körnige Gyps genannt.

Urkalkstein — wurde früher der krystallinische Kalkstein der archäischen Bildungen („Urformation") genannt.

Urkugelfels = Corsit.

Urquarzfels = Quarzgestein.

Urtrapp — ist eine veraltete Bezeichnung für dichte u. mandelsteinartige Grünsteine, die zur Urformation gehören.

Urthonschiefer = Phyllit.

Uur = Ortstein, Alios.

V.

Vakite — ist Brongniart's Benennung für nicht näher bestimm-
bare Gesteine, die er bezeichnet als „base de vake, empâtant
du mica, du pyroxène etc. (J. d. M., XXXIV, 31).

Valrheinit (Rolle) — Abart des Chlorogrisonits (Chloritschiefers).

Variolen — werden die pockennarbenähnlich bei der Verwitterung hervortretenden Kügelchen (Sphärolithe) in den Vario-
liten genannt.

Variolit — hat man feinkörnige oder dichte grau-grüne Gesteine genannt, die hirsekorn- bis nussgrosse grünlich-
weisse oder violett-graue Kugeln enthalten; auf der verwitterten Oberfläche des Gesteins treten diese härteren
Kugeln pockenartig hervor, woher auch ber Name stammt.
Nach ihrer Zusammensetzung und ihrem geologischen Verbande gehören die Variolite zu den aphanitischen Grünsteinen und wurde ein grosser Theil derselben von jeher
als endogene Contactbildung, als Randbildung der Diabase
und z. Th. des Gabbro betrachtet. Doch giebt es auch
Variolite, die wie jene von Jalguba (und auch M. Genèvre
nach Gregory u. Cole), echte sphärolithische Augitporphyrite
sind; siehe Loewinson-Lessing, T. M. P. M. 1884, VI,
pag. 281). Die Kügelchen, sog. Variolen, sind meist
radialstrahlig struirt. — Syn. Perldiabas, Pockenstein.

Variolitaphanit — hat Loewinson-Lessing (T. M. P. M. 1884,
VI, p. 286) ein mit Variolit eng verknüpftes aphanitisches
Gestein genannt, das ebenfalls zu den sphärolithischen
Augitporphyriten mit glasiger Basis und radialstrahligen
Feldspathbüscheln gehört, wo es aber zu keiner Differencirung
in Grundmasse und Variolen gekommen ist.

Variolite du Drac — wurden früher die in den französischen
Alpen verbreiteten Diabasmandelsteine, sog. Kalkaphanite
oder Spilite genannt.

Variolitischer Adinol — sind nach Dathe (Jahrb. preuss. geol.
Landesanst., 1882) Gesteine mit einer grünlichen dichten
Grundmasse und violettgrauen oder röthlichen kugligen
Concretionen aus Quarz, Albit, Muscovit, Chlorit.

Variolitischer Aphanit — siehe Variolit.

Variolitischer Gabbro, Granit, Diorit etc. werden manchmal
Kugelgranit etc. genannt.

Variolitischer Hornblendeschiefer — nach Stache siebenbürgische porphyrartige Hornblendeschiefer, bei welchen
zwischen den schuppigen oder strahligen Hornblendelagen

regelmässig kleine stark gerundete weisse oder röthliche Feldspathkörner vertheilt sind.

Stache. Geologie von Siebenbürgen. 1863, p. 207.

Variolittextur — ist die Beschaffenheit der Variolite.

Vases marines = Tiefseeschlamm.

Vaugnérite — nannte Fournet ein bei Vaugnéray in der Umgegend von Lyon auftretendes schieferiges gneissartiges Gemenge von Plagioklas und Biotit, eingelagert in der Gneissformation. Nach einigen Autoren ist es ein schieferiger Kersantit; nach Michel - Lévy und Lacroix (Bull. Soc. Miner. 1887, X, 27) — ein an Apatit reicher Hornblendegranitit.

Veilchenstein — werden einige Felsitporphyre genannt wegen des Veilchengeruchs, den sie beim Reiben oder Befeuchten von sich geben.

Veltlinit — nannten Stache und John (J. g. R. 1877, XXVII, p. 194) einen Typus ihrer Granatite mit regelmässig und reichlich durch das ganze Gemenge vertheilten kleinen Granaten.

Venjan-Porphyrit — lagerhafte Dioritporphyrite.

Törnebohm. Beskrifning till geol. Öfversigtskarta öfver Mellersta Sveriges Berslag. Blatt 1.

Verde antico — ist von Serpentinadern und Flecken durchzogener Kalkstein. — Syn. Ophicalcit. — Siehe auch Porsido verde antico.

Verde di Corsica — ist smaragditführender Gabbro.

Verde d'Orezza = Verde di Corsica.

Verkieselung — ist derjenige Umwandlungsprocess der Gesteine, der sich in einer Imprägnation, Anreicherung und Substitution durch Kieselerde, meist in der Form von Hornstein, oder auch Quarz, kundgiebt. — Syn. Silicification.

Verkokung — ist die durch Kohlenbrände oder kaustische Contactwirkung der Eruptivgesteine verursachte Verwandlung von Steinkohle zu natürlichem Coaks.

Vermiculare Desaggregation oder Zerstörung — ist die bei der Verwitterung mancher Kalksteine und and. Gesteine auftretende oberflächliche, in concentrisch - undulirten oder wurmartig gekrümmten Linien hervortretende Structur.

Verrucano — werden in den Alpen und in Italien triadische und carbonische rothe Sandsteine und eigenthümliche Conglomerate genannt, die in einem Talk- und Kalkcement gerundete oder eckige Bruchstücke von Quarz enthalten. — Siehe *Milch.* Beitr. z. Kenntn. d. Verrucano, 1892.

Verwitterung — werden die Zersetzungserscheinungen der Mineralien und Gesteine unter dem Einfluss der Atmosphärilien genannt; die auf solchem Wege veränderten, oft leicht zu Gruss zerfallenden oder bereits zerfallenen, Massen werden als v e r w i t t e r t bezeichnet. — Syn. z. Th. Desaggregation.

Verwitterungsschutt — nennt Senft (p. 353) den durch Verwitterung und Desagregation entstandenen Steinschutt.

Verwitterungstuffe — nennt Loewinson-Lessing (siehe Tuffoide), die durch Verwitterung von krystallinischen Gesteinen entstandenen tuffartigen Gesteine.

Vesiculos — siehe blasig.

Vesuvianquarzit.

Vintlit — nannte *Pichler* (N. J. 1875, p. 927) Quarz-Hornblendeporphyrite von Vintl; nach Rosenbusch sind es augitführende Hornblendedioritporphyrite.

Viridite — nennt man nach Vogelsang's Vorgang die nicht genauer definirbaren grünen Umwandlungsproducte oder Neubildungen die als Schuppen, fasrige Aggregate und dsgl. in der Gesteinsgrundmasse auftreten. V i r i d i t ist auch ein Sammelname für alle nicht näher definirbaren chloritischen oder chloritartigen Umwandlungsprodukte der Pyroxene, Amphibole etc.; in diesem letzteren Sinne syn. mit c h l o r i t i s c h e Substanz. — *H. Vogelsang.* Arch. Néerland. 1872, VII, u. Z. d. g. G. XXIV, 1872, p. 529.

Vitrit — ist böhmischer Pyrop-führender Opal.

Vitriolletten = Alaunletten, Alaunerde.

Vitriolschiefer — ist Alaunschiefer mit Vitriolefflorescenzen.

Vitriolthon = Alaunthon.

Vitrioltorf — ist an Eisenvitriol reicher Torf, z. B. in Oberschlesien.

Vitroandesit, Vitrobasalt etc. — nennt Lagorio (T. M. P. M. 1887, VIII, p. 466) die glasigen Andesite, Basalte etc.— Syn. Hyaloandesit, Hyalobasalt, Magmabasalt und Limburgit z. Th.

Vitrofelsophyr — sind nach Rosenbusch (pag. 379) Felsitporphyre, die nach ihrer Beschaffenheit als Zwischenformen zwischen Vitrophyr und Felsophyr erscheinen.

Vitrophyr — structurelle Bezeichnung für Quarzporphyre und Orthoklasporphyre mit glasiger (oder mikrofelsischer) Grundmasse.

Vogelsang. Philosophie der Geologie und mikroskopische Gesteinsstudien. 1867.

Vitrophyrisch — ist gleichbedeutend mit glasig oder vitro-porphyrisch (siehe dies. Wort).

Vitrophyrische Tuffe — sind nach Loewinson-Lessing (T. M. P. M. 1887, V, 535) die an Glaspartikeln und Glaskörnern reichen Tuffe. — Syn. Palagonittuff z. Th.

Vitrophyrit — structurelle Bezeichnung für Porphyrite mit glasiger (oder mikrofelsitischer) Grundmasse. Ursprünglich von Vogelsang (Z. d. g. G. 1872, XXIV, p. 534) für die glasigen Porphyrite in seinem Sinne, d. h. glasige Porphyre ohne Einsprenglinge, vorgeschlagen.

Vitroporphyrisch — nennt man (Rosenbusch, p. 244, Lapparent, Traité de Géol. 1885, p. 591) diejenige Ausbildungsweise der porphyrischen Gesteine, wenn die Grundmasse glasig ist und fast keine oder spärliche Gemengtheile der effusiven Krystallisationsphase enthält, dagegen die intratellurischen porphyrischen Einsprenglinge mehr oder weniger zahlreich vorhanden sind. — Siehe Vitrophyr, Vitrophyrit.

Vogesite — nach Rosenbusch syenitische Lamprophyre, deren herrschender farbiger Gemengtheil Hornblende oder Augit ist; es sind also dichte (grünlichgraue bis schwarze) syenit-porphyrische Ganggesteine.

Rosenbusch. Mass. Gest., p. 319, 1887.

Volhynit — hat Ossovsky einen Porphyrit aus dem Kreise Ovrutsch in Volhynien qenannt; nach den Untersuchungen von Muschketov und Chrnstschoff zu urtheilen, scheinen quarzfreie und quarzhaltige Varietäten vorzukommen. Die Grundmasse ist holokrystallin und besteht aus Plagioklas, Chlorit, Quarz; unter den Einsprenglingen findet man Plagioklas, Hornblende, Biotit u. ein. and. Nach Rosenbusch gehört er zum Glimmerdioritporphyrit und Quarz-glimmerdioritporph.

Ossovsky. III Congr. russisch. Naturforscher zu Kiew, 1871.

Muschketov. Verh. Miner. Ges. St. Petersburg, 1872, VII, p. 320.

Chrustschoff. Bull. Soc. Min. de France, 1885, VIII, pag. 441.

Vollkrystallin — siehe holokrystallin.

Vollkrystallinisch = holokrystallin.

Vulcanenschlamm — siehe Lava d'acqua.

Vulcanenschutt — ist der Inbegriff aller losen vulhanischen Auswürflinge, wie Sand, Asche, Lapilli, Bomben.

Vulkanische Gesteine — werden die auf der Oberfläche als Ergussgesteine erstarrten Eruptivmassen genannt.

Vulkanisches Glas — siehe Gläser und Basis. Manchmal werden damit auch alle aus Schmelzfluss gebildeten Gesteine bezeichnet, — dann syn. mit p y r o g e n. Synonyme: Vulkanite, Eruptivgest. (sen. str.), Effusivgest., Ergussgest., Laven, exogene extrusive Gest. etc.

Vulcanite — nannte Scheerer die niedrigsilicirten Eruptivgesteine (Augitporphyr, Basalt etc.) im Gegensatz zu den Plutoniten.

Scheerer. Gneisse Sachsens. N. J. 1864, p. 385.

W.

Wachskohle — mürbe, hellbraune, an bituminöser Substanz reiche Kohle. — Syn. Pyropissit.

Wacke — dichte oder erdige, unreine grünlichgraue, braune bis schwarze, weiche matte Thonmasse — Zersetzungsprodukt von Basalten mit Ueberresten unzersetzter Gemengtheile und gar Basaltpartieen.

Wackenmandelstein — Wacke, deren Hohlräume mit Zeolithen, Grünerde, Chalcedon, Kalkspath und dsgl. ausgefüllt sind.

Wackenthon — aus Basalten, als letztes Stadium der Zersetzung, entstehende eisenreiche Thone.

Waldplatten — nennt man im Thüringerwalde den klein- bis feinkörnigen in dünne Platten spaltbaren Sandstein (und Conglomerat?). — Syn. Leubenplatten.

Waldtorf — ist aus Baumblättern, Holzstämmen und Stücken entstandener Torf.

Walkerde (Walkthon) — grünliche, weissliche, gelbliche, sehr weiche, fette, nicht plastische Thonmasse, zum Walken geeignet.

Werner.

Walkthon = Walkerde.

Wallsteine — nannte Meyn (Z. d. g. G. 1874, XXVI, p. 51) die losen Flintgerölle im Diluvium Norddeutschlands.

Wanderblöcke — siehe Blöcke (erratische).

Waterstone — Keupermergel in England.

Wehrlit — körnige Peridotite, die aus Olivin und Diallag bestehen und also den Olivingabbros entsprechen. Ursprünglich (Kobell 1838?) wurde das Gestein von Szarvaskö in Ungarn, nach welchem Rosenbusch die Benennung verallgemeinert hat, für ein Mineral gehalten.

Weiselbergit — so bezeichnet Rosenbusch die typischen, den Augitandesiten entsprechenden, Augitporphyrite mit hyalopilitischer (andesitischer) Struktur der Grundmasse. — Syn. Palaeandesit.

> *Rosenbusch.* Mass. Gest., 501, 1887.

Weisstein — siehe Granulit.

Weisssteindiorit — sind feldspathreiche nnd hornblendearme Lagen der Hornblendeschiefer.

> *Gümbel.* Ostbayer. Grenzgeb. 1868, p. 605.

Weisssteingneiss — ist eine Gneissvarietät mit viel Quarz, Muscovit, Albit als vorherrschenden Feldspath u. acessorisch Granat. — *Gümbel.* Fichtelgebirge, 1879, p. 118 u. 313.

Wellendolomit — nach Quenstedt wellenförmig gerunzeltes gelblich-graues Gestein aus dem oberen bunten Sandstein.

Wellenfurchen — siehe ripple-marks.

Wellenkalk — siehe Wellenmergel.

Wellenmergel — dünnschichtige Mergel (aus dem unteren Muschelkalk) mit stark undulirter Schichtung.

Wernerit-Amphibolfels — eine Grenzfacies der skandinavischen Gabbros; zuerst von Brögger und Reusch (Z. d. g. G. 1875, XXVII, p. 646) beschrieben und „gefleckter Gabbro" benannt. Seine mineralogische Zusammensetzung von Michel - Lévy (Bull. Soc. minér. 1878, I, p. 43 u. 75) richtig gedeutet.

Werneritfels — gangförmiges Gemenge von Orthoklas mit Wernerit (Skapolith) und accessorischem Graphit, Magnetkies, Eisenkies.

> *Jasche.* Mineralogische Studien. Quedlinburg und Leipzig. 1838, p. 4.

Weschnitzgesteine — nennt Chelius (Notizbl. Ver. f. Erdkunde, Darmstadt, 1892, 13, p. 1) eine den Vogesiten entsprechende Gruppe von Ganggesteinen mit Einsprenglingen von Plagioklas, Augit und Biotit.

Wesentliche Gemengtheile — nennt man diejenigen Gemengtheile der Gesteine, die deren mineralogischen und chemischen Charakter bedingen und für ihre Charakteristik nothwendig sind.

Wetzschiefer — dichte quarzreiche, meist hellfarbige, grünliche oder röthliche Thonschiefer mit muscheligem oder splitterigem Bruch: die Benennung rührt von der Anwendung als Schleifstein her. — Syn. coticule, novaculite.

> *Baur.* Karst. u. v. Dechen's Archiv XX, 1864, p. 376.
> *v. Dechen.* Nöggerath Gebirge in Rheinl.-Westph. III, p. 184.

Whinstone — schottische Bezeichnung für Diabase und Basalte, überhaupt verschiedene basische krystallinische Gesteine.

J. Hall. Experiments on whinstone and lava. 1798. Edinb. Roy. Soc. Trans., V, 1805, p. 8 u. 56.

Wichtisit — ist die glasige Ausbildungsform des Diabas bei Wichtis in Finnland; siehe Sordawalit.

Widmanstättensche Figuren — heisst die für Meteoreisen charakteristische Zeichnung der angeätzten geschliffenen Oberfläche, die dadurch bedingt ist, dass das Meteoreisen aus verschiedenen und verschieden durch Säure angreifbaren Eisennickellegirungen zusammengesetzt ist.

Wiesenerz — auf feuchten Wiesen sich bildender poröser Brauneisenstein mit Beimengungen von Sand, Kieselsäure, Quellsäure. Phosphorsäure und organischer Substanzen (Pflanzenresten).

Wiesentorf — auf feuchten Wiesen aus Gräsern (Cyperaceen) entstandener Torf.

Wolhynit = siehe Volhynit.

Wolkenburg-Trachyt — wurden früher Hornblende - Andesite von der Wolkenburg im Siebengebirge genannt.

v. Dechen. Siebengebirge, 1861, pag. 94. — Geogn. Führer in das Siebengebirge, 1862, p. 92—106.

Wollastonitfels — ist ein mittel- bis feinkörniges Gemenge von Wollastonit, das als Einlagerung in Gneiss und archäischen Kalksteinen vorkommt.

Wollengongit = Torbanit.

Wollsackartig — ist die Absonderung des Granits, wenn er aus „dicken, kurz abgesetzten, nach den Seiten sich auskeilenden und gleichsam in einander gezackten Bänken" besteht.

Würfelkohle — ist eine Steinkohle mit scharf ausgeprägter würfelförmiger Absonderung.

Wüstenkiesel — sind die meist glatten, aus Quarz, Chalcedon oder Achat bestehenden Kieselablagerungen der Wüsten, Ueberbleibsel von zerstörten Gesteinen. — Syn. Sserir.

Wüstensalz — als rindenartige Ablagerung auf der Oberfläche von Wüsten vorkommendes Salz.

Wulstglimmerschiefer — ist ein verworrenschieferiger Schiefer mit eingemengten Quarzwülsten.

Wulstig — ist manchmal die Absonderung der Gesteine.

Wurststein = Breccie (Haidinger. Entwurf einer system. Eintheilung der Gebürgsarten, 1785, p. 61).

X.

Xenomorph — synonym mit allotriomorph, vor dem es die Priorität hat.

Rohrbach. Ueber die Eruptivgesteine im Gebiete der schlesisch-mährischen Kreideformation. T. M. P. M. VII, 1886, p. 18.

Xérasite — nannte Hauy wohl die porphyrischen Grünsteine, oder die Aphanite.

Y.

Yate-Andesit — nennt Lang (siehe Dolerit-Diorit) einen Typus seiner Gesteine der Alkalimetall-Vormacht mit mehr Na als Ca und als K.

Z.

Zähnkohle — siehe Blätterkohle.

Zechstein — alter bergmännischer Ausdruck (von zach-zähe) für verschiedene Kalkgesteine der Dyas. — Syn. z. Th. Alpenkalk.

Zeichnenschiefer — grauschwarze durch Kohlenstoff gefärbte weiche, zum Schreiben geeignete, sehr feinerdige Thonschiefer von erdigem Bruch.

Zellig — ist die Structur der porösen Gesteine, wenn die Cavitäten unregelmässig, gewöhnlich mehr oder weniger ebenflächig, gestaltet sind, dabei ziemlich gross, oft mit rauhen zerfressenen Wänden.

Zellendolomit — siehe Zellenkalk.

Zellenkalk (Zellendolomit) — von zahlreichen eckigen Löchern oder Zellen durchsetzte Kalksteine und Dolomite (durch Auswitterung von Bruchstücken entstanden).

Zentralgranit — nannte Raumer (Das Gebirge Nieder-Schlesiens, p. 18) zum Unterschied von dem Gneiss-Granit den typischen massigen Granit.

Zerklüftung — ist die durch die Absonderungsklüfte bedingte Trennung der Gesteinsmasse in mehr oder weniger regelmässige Stücke und Partieen.

Zerspratzung — nennt man den Vorgang, dass eingeschlossene Bruchstücke fremden Gesteins innerhalb des Eruptivgesteins auseinandergetrieben und ihre einzelnen Gemengtheile isolirt werden und auf diese Weise dem Gestein oft ganz fremde Mineralien als porphyrartige Einsprenglinge in demselben erscheinen.

Zerstäubung — so hat Fedorow (Bull. du Com. Géol. Russe, VI, 1887, p. 438) die feine Zertrümmerung der Gesteins-gemengtheile bei der dynamometamorphen Bildung der Grünschiefer genannt.

Zig-zag-plication = Gefältelte Struktur.

Zinngranit — klein- bis feinkörniger, an Zinnstein reicher Granit.

Zirkelit — nennt Wadsworth Diabasglas, das er zu den ver-änderten Basalten rechnet. — Cf. Sordawalit.

    M. E. Wadsworth. Preliminary description of the peridotites, gabbros, diabases and andesites of Minnesota. (Geol. a. Nat. Hist. Survey of Minnesota. Bull. 2, 1887).

Zirkonmiascit — nannte Vogelsang (Z. d. g. G. 1872, 542) den Zirkonsyenit.

Zirkonorthophonit — ist Lasaulx's Bezeichnung (p. 320), für Zirkonsyenit.

Zirkonsand — ein Sand in Columbien der aus 65 % Zirkon, 30 % Titaneisen und 5 % Magnetit besteht.

Zirkonsyenit — zirkonführende südnorwegische Nephelinsyenite.

    Hausmann. Reise nach Skandinavien, II, 103, V, 238.

    L. v. Buch. Reise nach Norwegen. I, 133.

Zobtenfels — Benennung von Buch für Gesteine die von Roth Zobtenit genannt wurden.

    L. v. Buch. Schlesische Provinzialblätter, 1797, Bd. 25. 536, u. — Gesamm. Werke, I, 77.

Zobtenit — Benennung von Roth für den krystallinischen Schiefern angehörende, nicht eruptive, den Gabbros analoge, Plagioklas-Diallaggesteine. Vielleicht liegen hier, wenig-stens z. Th., metamorphe schieferige Gabbros vor. — Syn. Zobtenfels.

    J. Roth. Ueber den Zobtenit. Sitz.-Ber. Berl. Akad. 1887, XXXII, p. 611.

Zoisit-Amphibolit — Amphibole, deren Hauptgemengtheile Zoisit und graugrüne strahlsteinartige Hornblende sind.

    Sauer. Section Wiesenthal. 1884. p. 28.

Zoisitdiallaggestein (Becke) = Zoisitgabbro.

Zoisiteklogit — an Zoisit reicher Eklogit.

Zoisitgabbro — ist ein körniges Gestein, das wesentlich aus Diallag und Zoisit bestehen soll. Kalkowsky, p. 228. — Syn. Zoisit-Diallaggestein.

Zonarer Aufbau der Krystalle — nennt man die durch con-centrische in einander geschachtelte Schaalen oder Zonen bedingte Struktur der Krystalle.

    F. Zirkel. Die mikrosk. Beschaffenh. d. Miner. und Gesteine. 1873, p. 32.

Zoocarbonit — nach Gümbel kohlige Lagen thierischen Ursprungs (z. B. in Münsterappel bei Lebach).

Zoogen — sind die aus Anhäufung thierischer Ueberreste entstandenen organogenen Gesteine.

Zoogenite — nennt Senft die zoogenen Gesteine.

Zoomorphosen — nannte Naumann die zu mineralischer Substanz pseudomorphosirten thierischen fossilen Ueberreste.

Zuckerkörnig — wird manchmal die granitische krystallinischkörnige Struktur, manchmal speciell die drusige, miarolithische genannt.

Zweiglimmer-Glimmerschiefer — ist, entsprechend dem eigentlichen Gneiss, ein G.-Sch. mit Muscovit und Biotit zugleich.

Zweiglimmerig — werden Granite, Gneisse und Glimmerschiefer genannt, die dunklen Magnesiaglimmer und hellen Kaliglimmer nebeneinander enthalten.

Zwiebelmarmor = Cipollin.

Zwischenklemmungsmasse — nennt man die als keilförmige oder unregelmässige Partieen zwischen den krystallinen Gebilden auftretende amorphe Basis der Grundmasse porphyrischer Gesteine. — Syn. Mesostasis.

Zwischenlager — werden manchmal im Gegensatz zu Binnenlagern speciell diejenigen Lager genannt, die verschiedenartige Gesteine trennen.

Zwitter = Zwittergestein.

Zwittergestein — ein Zinnstein („Zwitter") führendes dunkelgraues, splitteriges feinkörniges bis dichtes, hauptsächlich eine eisenschüssige Quarzmasse mit Chlorit, Quarzkörnern, Zinnstein und Arsenkies darstellendes Gestein von Altenberg in Sachsen. Gehört wohl zum Greisen. — Syn. Stockwerksporphyr.

B. v. Cotta. Berg- und Hüttenm. Zeitg., 1860, Nr. 1. 1862, p. 74.

Einige Druckfehler und Berichtigungen.

Seite.	Zeile oben.	unten.	Gedruckt.	Zu lesen.
3	8	—	Bedeutuug	Bedeutung
3	16	—	könnte.	könnten.
4	17	—	Grundriss	Grundzüge
4	17	—	1886	1888.
9	12	—	Albitsteinsprenglinge	Albiteinsprenglinge
13	—	10	Habitus.	Habitus. Nach Stelzner (p. 207) liegt das Charakteristische dieser als Granite, Syenite und Diorite zu bezeichnenden, jungen Eruptivgesteine in ihrem jugendlichen Alter der grobkrystallinischen Struktur und dem andesitischen Habitus.
38	17	—	Chloritgrisonite	Chlorogrisonite
39	—	3	Cimmatisch	Limmatisch (siehe p. 131). Der Ausdruck rührt v. Naumann her.
46	—	5	Verl.	Verhandl.
46	—	6	Untersuch	Untersuch.
46	—	6	Gouber-	Guber-
48	3	—	Blattsteine	Blattersteine
48	—	6	nennt Gümbel (p. 57)	ist nach Dana und Gümbel (Ostbayer. Grenzgebirge, p. 833) die Herausbildung der krystallinischen Schiefer aus Sedimenten, durch Einwirkung von heissen Lösungen auf die noch plastischen Massen (siehe sedimentär-diagnetisch). Gümbel (p. 57) bezeichnet damit auch
50	3	—	Cimmatisch.	Limmatisch.
52	11	—	Metapepsis.	Metapepsis. Pressionsmetamorphismus.
54	—	7	Durchflochtens	Durchflochtene
65	8	—	deren Grundmasse nur ausgeschiedene Sanidin- und Ologoklaskrystalle enthält.	deren Grundmasse als porphyrartige Einsprenglinge nur Sanidin und Oligoklas enthält.
77	6	—	Marschenstructur.	Maschenstructur.
80	—	1	1893	1887

Seite.	Zeile oben.	Zeile unten.	Gedruckt.	Zu lesen.
98	—	16	Grundmasse.	Grundmasse. Früher hatte Dumont diese Bezeichnung auf Gesteine angewandt, die wohl zu den Porphyroiden gehören.
112	9	—	Zimmtstein.	Zinnstein.
138	—	12	Bienenwabenstructur.	Bienenwabenstructur, gestrickte Structur.
163	11	—	p. 1883	p. 163
174	—	20	hierher gehören die Zeilen 10—13 von p. 175.	
175	10—13	—	diese Zeilen kommen auf p. 174, 20. Zeile.	
193	8	—	Quarzophyllades gehört auf p. 196 nach Quarznorit.	
197	4	—	nannte Scherer (N.J. 1864, p. 403).	nennen manche Autoren Syenite mit einem kleinen Quarzgehalt, also Uebergangsglieder vom echten Syenit zum Granit; siehe z. B. Scheerer (N. J. 1864, p.402).
206	—	1	Leon.	Leonh.
206	—	4	Diabastoffe	Diabastuffe
206	—	6	„Shepardit"	„Shepardit" (Bronzit)
206	—	7	(Siehe Pallosit) Metonite	(siehe Pallasit) Meteorite
219	—	12	Physiogn. d. retr.	Physiogr. d. petr.
220	—	18	Ruttey.	Rutley.

Nachwort.

Während des Druckes sind mehrere Abhandlungen er-
schienen, die neue Benennungen und structurelle oder genetische
Bezeichnungen enthalten. Auch hat Verfasser in der ersten
Lieferung so manche Lücke entdeckt und ist auch auf einige
von ihm übersehene Benennungen von Fachgenossen in freund-
licher Weise aufmerksam gemacht worden. Ein Ergänzungs-
heft soll nächstens diese Lücken ausfüllen. Damit auch alle
in Zukunft neu erscheinenden Bezeichnungen nach Möglichkeit
in spätere Ergänzungslieferungen aufgenommen werden können,
wendet sich der Verfasser an alle Fachgenossen, besonders
wenn sie ihre Abhandlungen in wenig verbreiteten Zeitschriften
oder Berichten veröffentlichen. mit der ergebensten Bitte ihn
auf diese neuen Bezeichnungen aufmerksam machen zu wollen.

August 1894.

www.ingramcontent.com/pod-product-compliance
Lightning Source LLC
Chambersburg PA
CBHW021947220326
41599CB00012BA/1352